油库技术与管理系列丛书

# 油库设计简明速查手册

马秀让　主编

石油工业出版社

## 内 容 提 要

本书以表格的形式给出油库设计的相关技术内容及数据,主要内容包括油库设计总原则、选址原则、油库总体设计、金属油罐设计、油罐区设计、油库管路设计、油罐和管路加热保温设计、油泵站设计、铁路油品装卸设计、汽车油品灌装设计、码头油品装卸设计、油库辅助作业设计、油库金属设备防腐设计、油库消防设计等。

本书可作为油库设计人员便于携带、查阅的工具书、指导书,亦可作为为油库管理、承建、施工、监理人员和石油院校相关专业师生提供设计依据的参考书。

**图书在版编目(CIP)数据**

油库设计简明速查手册 / 马秀让主编 . —北京:

石油工业出版社,2017.8

(油库技术与管理系列丛书)

ISBN 978-7-5183-1978-7

Ⅰ.①油… Ⅱ.①马… Ⅲ.①油库-设计-手册

Ⅳ.①TE972-62

中国版本图书馆 CIP 数据核字(2017)第 164632 号

出版发行:石油工业出版社

       (北京安定门外安华里 2 区 1 号   100011)

       网    址:www.petropub.com

       编辑部:(010)64523583   图书营销中心:(010)64523633

经    销:全国新华书店

印    刷:北京中石油彩色印刷有限责任公司

2017 年 8 月第 1 版   2017 年 8 月第 1 次印刷

710×1000 毫米  开本:1/16  印张:17.25

字数:329 千字

定价:85.00 元

(如出现印装质量问题,我社图书营销中心负责调换)

**版权所有,翻印必究**

# 《油库技术与管理系列丛书》
# 编 委 会

主 任　侯志平
副主任　王 峰　陈 勇　王冠军
委 员　（按姓氏笔画排序）

丁 鹏　马华伟　王晓瑜　王常莲　刘凤欣
许道振　纪 红　杜秀菊　吴梁红　张秀玲
屈统强　周方晓　夏礼群　徐华义　曹振华
曹常青　章卫兵　梁检成　寇恩东　温小容
魏海国

策 划　章卫兵
主 编　马秀让

# 《油库设计简明速查手册》分册
# 编 写 组

主 编　马秀让
副主编　刑科伟　王银锋　杨 恩　曹振华　马介威
编写人员　（按姓氏笔画排序）

马晓慧　王 岩　王立明　王冠军　申兆兵
齐本军　安笑静　孙海君　许胜利　远 方
苏奋华　李晓鹏　李慧炎　轩志勇　何岱格
张 云　张宏印　张传福　陈 伟　郑 寻
邵海永　周献祥　范棕楠　罗晓霞　赵仁广
赵希捷　郭广东　曹常青

# 序一

  读完摆放在案头的《油库技术与管理系列丛书》，平添了几分期待，也引发对油库技术与管理的少许思考，叙来共勉。

  能源是现代工业的基础和动力，石油作为能源主力，有着国民经济血液之美誉，油库处于产业链的末梢，其技术与管理和国家的经济命脉息息相关。随着世界工业现代化进程的加快及其对能源需求的增长，作为不可再生的化石能源，石油已成为主要国家能源角逐的主战场和经济较量的战略筹码，甚至围绕石油资源的控制权，在领土主权、海洋权益、地缘政治乃至军事安全方面展开了激烈的较量。我国政府审时度势，面对世界政治、经济格局的重大变革以及能源供求关系的深刻变化，结合我国能源面临的新问题、新形势，提出了优化能源结构、提高能源效率、发展清洁能源、推进能源绿色发展的指导思想。在能源应急储备保障方面，坚持立足国内，采取国家储备与企业储备结合、战略储备与生产运行储备并举的措施，鼓励企业发展义务商业储备。位卑未敢忘忧国。石油及其成品油库，虽处在石油供应链的末梢，但肩负上下游生产、市场保供的重担，与国民经济高速、可持续发展息息相关，广大油库技术与管理从业人员使命光荣而艰巨，任重而道远。

  油库技术与管理包罗万象，工作千头万绪，涉及油库建设与经营、生产与运行、安全与环保等方方面面，其内涵和外延也随着社会的转型、能源结构及政策的调整、国家法律和行业法规的完善，以及互联网等先进技术的应用而与时俱进、日新月异。首先，随着中国社会的急剧转型，企业不仅要创造经济利润，还须承担安全、环保等社会责任。要求油库建设依法合规，经营管理诚信守法，既要确保上游平稳生产和下游的稳定供应，又要提供优质保量的产品和服务。而易燃、易爆、易挥发是石油及其产品的固有特性，时刻威胁着油库的安全生产，要求油库不断通过技术改造、强化管理，提高工艺技术，优化作业流程，规范作业行为，强化设备管理，持续开展隐患排查与治理，打造强大作业现场，实现油库的安全平稳生产。其次，随着国家绿色低碳新能源战略的实施及社会公民环保意识的提升，要求油库采用节能环保技术和清洁生产工艺改造传统工艺技术，降低油品挥发和损耗，创造绿色环保、环境友好油库；另外，随着成品油流通领域竞争日趋激烈，盈利空间、盈利能力进一步压缩，要求油库持续实施专业化、精细化管理，优化库存和劳动用工，实现油库低成本运作、高效率运行。人无远虑必有近忧。随着国家能源创新行动计划的实施，可再生能源技术、通信技术以及自动控制技术快速发展，依托实时高速的双向信息数据交互技术，以电能为核心纽带，涵盖煤炭、石油多类型能源以及公路和铁路运输等多形态网络系统的新型能源利用体系——能源互联网呼之欲出，预示着我国能源发展将要进入一个全新的历史阶段，通过能源互联网，推动能源生产与消费、结构与体制的链式变革，冲击传统的以生产顺应需求的能源供给模式。在此背景下，如何提升油库信息化、自动化水平，探索与之相融合的现代化油库经营模式就成为油库技术与管理需要研究的新课题。

这套丛书，从油库使用与管理的实际需要出发，收集、归纳、整理了国内外大量数据、资料，既有油库生产应知应会的理论知识，又有油库管理行之有效的经验方法，既涉及油库"四新技术"的推广应用，又收纳了油库相关规范标准的解读以及事故案例的分析研究，涵盖了油库建设与管理、生产与运行、工艺与设备、检修与维护、安全与环保、信息与自动化等方方面面，具有较强的知识性和实用性，是广大油库技术与管理从业人员的良师益友，也可作为相关院校师生和科研人员的学习和参考素材，必将对提高油库技术与管理水平起到重要的指导和推动作用。希望系统内相关技术和管理人员能从中汲取营养并用于工作，提升油库技术与管理水平。

中国石油副总裁　闫昱惠

2016 年 5 月

# 序二

　　油库是储存、输转石油及其产品的仓库，是石油工业开采、炼制、储存、销售必不可少的中间重要环节。油库在整个销售系统中处在节点和枢纽的位置，是协调原油生产、加工、成品油供应及运输的纽带，是国家石油储备和供应的基地，它对于保障国防安全、促进国民经济高速发展具有相当重要的意义。

　　在国际形势复杂多变的当今，在国际油价涨落难以预测的今天，多建油库、增加储备，是世界各国采取的对策；管好油库、提高其效，是世界各国经营之道。

　　国家战略石油储备是政府宏观市场调控及应对战争、严重自然灾害、经济失调、国际市场价格的大幅波动等突发事件的重要战略物质手段。西方国家成功的石油储备制度不仅避免因突发事件引起石油供应中断、价格的剧烈波动、恐慌和石油危机的发生，更对世界石油价格市场，甚至是对国际局势也起到了重要影响。2007年12月，中国国家石油储备中心正式成立，旨在加强中国战略石油储备建设，健全石油储备管理体系。决策层决定用15年时间，分三期完成石油储备基地的建设。由政府投资首期建设4个战略石油储备基地。国际油价从2014年年底的140美元/桶降到2016年年初的不到40美元/桶，对于国家战略石油储备是一个难得的好时机，应该抓住这个时机多建石油储备库。我国成品油储备库的建设，在近几年亦加快进行，动员石油系统各行业，建新库、扩旧库，成绩显著。

　　油库的设计、建造、使用、管理是密不可分的四个环节。油库设计建造的好坏、使用管理水平的高低、经营效益的大小、使用寿命的长短、安全可靠的程度，是相互关联的整体。这就要求我们油库管理使用者，不仅应掌握油库管理使用的本领，而且应懂得油库设计建造的知识。

为了适应这种需求，由中央军委后勤保障部建筑规划设计研究院与部分军内油库建设与管理专家和中国石油天然气集团公司部分专家合作编写了《油库技术与管理系列丛书》。丛书从油库使用与管理者实际工作需要出发，吸取了《油库技术与管理手册》的精华，收集了国内外油库管理及建设的新知识、新技术、新工艺、新标准、新设备、新材料，总结了国内油库管理的新经验、新方法，涵盖了油库技术与业务管理的方方面面。

　　丛书共 13 分册，各自独立、相互依存、专册专用，便于选择携带，便于查阅使用，是一套灵活实用的好书。本丛书体现了军队油库和民用油库的技术与管理特点，适用于军队和民用油库设计、建造、管理和使用的技术与管理人员阅读。也可作为石油院校教学的重要参考资料。

　　本丛书主编马秀让毕业于原北京石油学院石油储运专业，从事油库设计、施工、科研、管理 40 余年，曾出版多部有关专著，《油库技术与管理系列丛书》是他和石油工业出版社副总编辑章卫兵组织策划的又一部新作，相信这套丛书的出版，必将对军队和地方的油库建设与管理发挥更大作用。

解放军后勤工程学院原副院长、少将
原中国石油学会储运专业委员会理事

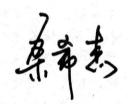

2016 年 5 月

# 丛书前言

油库技术是涉及多学科、多领域较复杂的专业性很强的技术。油库又是很危险的场所，于是油库管理具有很严格很科学的特定管理模式。

为了满足油料系统各级管理者、油库业务技术干部及油库一线操作使用人员工作需求，适应国内外油库技术与管理的发展，几年前马秀让和范继义开始编写《油库业务工作手册》，由于各种原因此书未完成编写出版。《油库技术与管理系列丛书》收集了国内外油库管理及建设的新知识、新技术、新工艺、新标准、新设备、新材料，采用了《油库业务工作手册》中部分资料。

本丛书由石油工业出版社副总编辑章卫兵策划，邀中央军委后勤保障部建筑规划设计研究院与部分军内油库建设与管理专家和中国石油天然气集团公司部分专家用3年时间完成编写。丛书共分13分册，总计约400多万字。该丛书具有技术知识性、科学先进性、丛书完整性、单册独立性、管建相融性、广泛适用性等显著特性。丛书内容既有油品、油库的基本知识，又有油库建设、管理、使用、操作的技术技能要求；既有科学理论、科研成果，又有新经验总结、新标准介绍及新工艺、新设备、新材料的推广应用；既有油库业务管理方面的知识、技术、职责及称职标准，又有管理人员应知应会的油库建设法规。丛书整体涵盖了油库技术与业务管理的方方面面，而每本分册又有各自独立的结构，适用于不同工种。专册专用，便于选择携带，便于查阅使用，是油料系统和油库管理者学习使用的系列丛书，也可供油库设计、施工、监理者及高等院校相关专业师生参考。

丛书编写过程中，得到中国石油销售公司、中国石油规划总院等单位和同行的大力支持，特别感谢中国石油规划总院魏海国处长组织有关专家对稿件进行审查把关。书中参考选用了同类书籍、文献和生产厂家的不少资料，在此一并表示衷心地感谢。

丛书涉及专业、学科面较宽，收集、归纳、整理的工作量大，再加时间仓促、水平有限，缺点错误在所难免，恳请广大读者批评指正。

《油库技术与管理系列丛书》编委会

2016 年 5 月

# 目　　录

# 第一章 油库设计总原则及前期工作

## 第一节 油库设计总原则

油库设计总原则，见表1-1。

表1-1 油库设计总原则

| 序号 | 油库设计总原则 |
|---|---|
| 1 | 应符合国家方针政策，应遵循 GB 50074《石油库设计规范》等国家及行业的相关标准 |
| 2 | 应按照本行业上级批复文件与本油库《设计任务书》的要求及相关文件进行设计 |
| 3 | 不得自行改变油库规模、油库性质、增减工程项目 |
| 4 | 选择安全可靠、技术先进、经济合理的设计方案，并进行比较后择优确定 |
| 5 | 应为使用与施工着想，设计有益于使用管理、方便操作、便于安装施工的作品 |
| 6 | 应按相关标准、规定、要求，掌握建设标准、控制工程投资 |
| 7 | 应认真负责、精心设计、严格把关、杜绝错误 |
| 8 | 应讲诚信、遵守合同，保质保量、按期完成设计任务，做好现场设计服务工作 |

## 第二节 油库设计前期工作

油库设计主要前期工作内容见表1-2。

表1-2 油库设计主要前期工作内容

| 序号 | 油库设计主要前期工作内容 | 完成单位或专业 |
|---|---|---|
| 1 | 签订设计合同，明确设计任务，估算设计工作量，组织设计力量 | 建设单位与设计单位 |
| 2 | 编制《油库设计任务书》 | 建设单位为主，设计单位协助 |
| 3 | 收集设计资料，包括设计基础资料和设计通用资料 | 设计单位为主，建设单位协助 |
| 4 | 制订设计计划、选择设计人员、进行设计分工 | 设计单位 |
| 5 | 熟悉设计资料，领会设计意图 | 设计单位与设计人员 |

## 一、编制《油库设计任务书》

《油库设计任务书》编制，见表1-3。

### 表1-3 《油库设计任务书》编制

| 项目 | 说　明 | |
|---|---|---|
| （一）编制单位及作用 | 1. 油库设计任务书应由油库建设单位负责编制，也可委托设计单位协助编制，但成果应以建设单位名义上报审批 | |
| | 2. 油库设计任务书是油库建设单位对油库设计提出的技术要求，是设计单位进行设计的主要依据，也是油库建设单位考查设计完成情况和设计质量的依据 | |
| （二）编制依据 | 1. 上级批准的油库建设项目建议书或可行性研究报告，军用油库主要是依据总参谋部和总后勤部下达的建库任务 | |
| | 2. 油库建设前有关会议纪要、上级指示等 | |
| | 3. 与油库设计有关的合同、协议 | |
| | 4.《石油库设计规范》及其他有关设计规范、规定、标准等 | |
| | 5. 油库设计有关基础资料等 | |
| （三）主要内容 | 1. 建库战略意图和设计指导思想 | （1）根据经济建设或国防建设的需要，进一步预测、分析、肯定和充实建设项目的必要性和可能性 |
| | | （2）对扩建、改建工程还应说明现有油库的现状及新旧工程项目的有机联系 |
| | | （3）阐明建库战略和社会意图 |
| | | （4）根据国家的方针政策和行业的建库要求，提出对设计的指导思想 |
| | 2. 建库依据 | 同设计任务书编制依据 |
| | 3. 建库地点 | 说明库址位置、相邻单位和占地面积及征地和拆迁情况 |
| | 4. 建库条件 | （1）油库地理位置、地形、地质、气象、水文、交通、水电及材料供应等情况 |
| | | （2）当地社会政治、经济现状；临近单位和企业可协作的项目及消防力量等 |
| | 5. 建库规模 | （1）油库总容量 |
| | | （2）储油品种及各种油品储量或储存比例 |
| | | （3）罐装和桶装的分别储量或储存比例 |
| | | （4）罐装油料的装卸能力和桶装油料灌装能力 |
| | | （5）辅助作业的项目容量及建筑面积 |
| | | （6）办公生活用房的面积 |
| | | （7）油库体制和人员编制等 |
| | 6. 主要建、构筑物结构形式及建筑装修标准 | 如油罐、油泵站、铁路收发油栈桥、桶装库、器材库、化验室等结构形式、装修标准 |

| 项目 | | | 说　明 |
|---|---|---|---|
| （三）主要内容 | 7. 主要系统的设计方案或设计要求 | （1）油工艺系统 | 铁路收发油流程；码头收发油流程；飞机加油流程；汽车发油和油桶灌装流程等的设计方案或设计要求 |
| | | （2）给排水及消防系统 | 水源、水量、水压及水管网布置和水处理等设计方案或设计要求 |
| | | （3）供热及黏油加热系统 | 热源选择、黏油加热方式、管网敷设等设计方案或设计要求 |
| | | （4）供电及通信系统 | 电源选择、配电分区、通信网络等设计方案或设计要求 |
| | | （5）洗修桶系统 | 日洗修桶量、洗修桶方式及设备选择等设计方案或设计要求 |
| | | （6）信息化、自动化、机械化系统 | 油库信息化、自动化、机械化设计程度和要求等 |
| | | （7）环保与防护系统 | 油库库区绿化、环境保护及抗震、人防等技术要求 |
| | 8. 建库进度 | | 设计、施工单位落实情况，设计期限及开工、竣工时间 |
| | 9. 投资总概算及分期投资控制额；概算定额选择及取费标准 | （1）投资总概算及分期投资控制额 | ①投资总概算 |
| | | | ②分期投资控制额 |
| | | （2）概算定额选择 | |
| | | （3）取费标准 | |
| | 10. 其他需要说明问题 | （1）设计分段 | ①油库设计通常分为初步设计和施工图设计两个阶段 |
| | | | ②大型或复杂的油库工程应分为初步设计、技术设计和施工图设计三个阶段 |
| | | | ③小型或简单的油库工程可分为方案设计和施工图设计两个阶段 |
| | | （2）设计时间 | 设计总的完成时间和分阶段大体时间划分 |
| | | （3）人员及质量 | 设计人员素质及设计质量保证措施 |
| | | （4）文件的审批 | 设计文件的审批程序及要求 |
| | | （5）保密要求 | 对设计文件的保密要求 |

## 二、收集油库设计基础资料

（1）各专业设计应收集的基础资料，见表1-4。

表1-4　各专业设计应收集的基础资料

| 资料类型 | | 资料内容 |
|---|---|---|
| 1. 位置及政治经济资料 | | 指油库地点(如省、市、县、乡、沟名)及库址周围社会政治、经济条件，工、农、商业状况、征地搬迁情况等 |
| 2. 地形资料 | | 地形指山形、相对高度、海拔高度、坡度、山体肥瘦、山腿长短及走向；沟形、沟长、沟底宽度、坡度及支沟布置；植物种类及分布；地形自然防护隐蔽程度等 |
| 3. 地质资料(地质资料是进行建、构筑物的结构设计时，确定山洞、地下库储油区位置，决定施工方法和制订施工技术措施等的重要依据。) | (1) 地质结构 | 岩层分布，岩石类型、性质、坚固系数，岩层年代、走向、褶曲、倾向、倾角等 |
| | (2) 地质的稳定性 | 有无滑坡、溶洞、暗河、土崩、泥石流、雪崩、陷落等，分布的范围、高度和形成的原因 |
| | (3) 岩层覆盖 | 岩层的土壤覆盖厚度、土壤密实状况，土壤名称、成分、特性及容许耐压力，土壤的冻结深度、冻胀情况 |
| | (4) 岩层的完整性 | 节理裂隙的发育程度和分布；断层的位置、方向、类型、密度和充实情况；岩石露头及风化程度 |
| | (5) 岩、土的物化性质 | 抗压、抗剪强度，承压力和弹性抗力系数，内摩擦角，容重和围岩分类 |
| | (6) 地下水的特性 | 地层深水层深度，地下水的类型、流量、流向、渗透性、水位、水质，泉水的位置、数量和流量等 |
| | (7) 地震 | 当地的地震历史，震级、烈度、震中、震源、地震断裂带、设防裂度等 |
| | (8) 矿物 | 有无开采价值的矿藏 |
| 4. 交通资料(交通资料是考虑铁路专用线、公路和码头的修建，库内外联系方式的重要依据。) | (1) 铁路 | ①预定接轨(中转)站名、站级、站况、货运量、机车牵引力、调车能力、调车方式、接轨站的平面及纵断面图 |
| | | ②预定接轨点的轨面标高、车站与库址距离、线路坡度、曲率半径、路径地段的地形、地质以及是否需要建筑桥梁、隧道、涵洞等 |
| | (2) 水运 | ①航运条件，包括历年平均最高水位和最低水位、最小通航保证深度、最大通行吨位、河流的封冻和开冻日期，历年每月雾日，雾日年平均天数、能见度及延时规律 |
| | | ②沿岸地形地质资料，包括泥沙淤积和沿岸冲刷情况、水深、水速、波高及回流等情况 |
| | | ③水质的化学性质；现有码头位置、结构及使用情况，新建码头的可能性，码头至库区距离及沿途地形情况等 |

| 资料类型 | 资料内容 |  |
|---|---|---|
| 4. 交通资料(交通资料是考虑铁路专用线、公路和码头的修建，库内外联系方式的重要依据。) | (3)公路 | ①库外原有公路的名称、性质(国防或民用)、起讫点、运输条件、公路等级、路基路面宽度、现有路面质量和养护情况；库外需建路段可能通过的沿线地形情况 |
|  |  | ②库内需建路段的长度、坡度、工程量；库内与库外公路连接点的位置、标高、距库区距离；当地一般道路做法(结构层厚度及材料)、桥涵孔径等 |
| 5. 气象资料(气象资料是油库水力计算、热力计算，防洪排水措施，建、构筑物基础与管线深埋、做法的依据。) | (1)气温 | 年最高温度与最低温度、气温平均最冷与最热月份、最热月平均温度、最冷月平均温度、绝对最高与最低温度及土壤温度、土壤冻结最大深度、冰冻期(-5℃以下) |
|  | (2)气压 | 累年平均气压、绝对最高气压与最低气压 |
|  | (3)空气湿度 | 平均、最大、最小、相对湿度和绝对湿度，最大湿度持续时间，雨季和干燥季节等 |
|  | (4)降雨量 | 多年平均降雨量、最大与最小降雨量、一昼夜最大降雨量、一次暴雨持续时间及最大雨量，本地区雨量计算公式及有关参数值 |
|  | (5)降雪量 | 一次最大积雪厚度和平均积雪厚度 |
|  | (6)风向风速 | 主导风向、风级、平均最大风速、绝对最大风速(附风玫瑰图) |
|  | (7)日照 | 日照角度、全年晴天及阴天日数、雾日天数 |
|  | (8)所在山区局部小气象 | 风向、温度、湿度、雪量、雨量等 |
|  | (9)土壤 | 冻结厚度、时间与开化时间，土壤性质及地下水位高度等 |
| 6. 给排水资料 | 供水方式(河水、井水、自来水)和水源地点，可能的最小供水量和水源的可靠程度，水质情况，历年洪水最高水位、泄洪沟的最大允许流量，作业及生活污水的排泄场地及对周围农田有无影响等 |  |
| 7. 电源资料 | 与外线电源距离，电压、容量、剩余容量、线路概况，电源性质(如工业用或农业用)，供电的可靠性，电费规定，是否需要建变电所与备用电源等 |  |
| 8. 预算资料 | 建筑材料和设备价格，施工单位技术情况，交通单位运价，水电单价，建(构)筑物每平方米造价，地方工资、材料差价和换算率，当地的概(预)算定额等 |  |
| 9. 其他资料 | (1)当地有关部门的有关规定和要求 |  |
|  | (2)将调查所得的资料进行研究、整理、核算和评定 |  |
|  | (3)结合具体工程，提出设计、施工所需的数据、要求和注意事项 |  |
|  | (4)供总体布置、工艺设计及其他项目的设计、施工和编制工程概算时参考及应用 |  |

（2）工艺设计必须具备的资料，见表1-5。

**表1-5　工艺设计必须具备的资料**

| 资料类型 | 资料内容 |
|---|---|
| 1. 地形图 | （1）为满足设计要求，地形图应有1∶2000或1∶5000的比例，1~5m等高距的库址地形图 |
| | （2）1∶500或1∶1000的比例，0.5~1m等高距的油库区地形图 |
| | （3）用于布置工艺管网、确定工艺计算中管线长度和管线起讫点标高等参数 |
| 2. 气象资料 | 月平均最高、最低气温，绝对最高、最低气温及土壤温度等。用于工艺计算、黏油系统的热力计算和管线热补偿计算 |
| 3. 地下水位高度及土壤冻结深度 | （1）地下水位高度及土壤冻结深度 |
| | （2）用来确定工艺管线的允许埋设深度 |
| 4. 土壤性质 | 用来确定管路的防腐措施，计算热油管路的热损失等 |
| 5. 铁路运输资料 | （1）铁路干线上机车的牵引能力、列车编组特征等铁路运输资料 |
| | （2）用来确定铁路装卸设备数量 |
| 6. 码头资料 | （1）码头允许停靠油船的最大吨位、油船型号以及油船上有无装卸设备等 |
| | （2）用来确定水运码头的装卸能力 |
| 7. 设备与材料 | 机泵设备、钢材、管材等的型号、规格及供应情况 |

# 第二章 油库选址与数据

## 第一节 油库选址原则与过程

油库选址的原则与过程，见表2-1。

表2-1 油库选址原则与过程

| 项目 | 内 容 |
|---|---|
| （一）选址原则 | 1. 石油库的库址选择应根据建设规模、地域环境、油库各区的功能及作业性质、重要程度，以及可能与邻近建(构)筑物、设施之间的相互影响等，综合考虑库址的具体位置，并应符合城镇规划、环境保护、防火安全和职业卫生的要求，且交通运输应方便 |
| | 2. 为城镇服务的商业石油库，在符合城镇规划、环境保护和防火安全要求的前提下，应靠近城镇，以便减少运输距离，保证及时供油 |
| | 3. 企业附属石油库的库址，应结合该企业主体工程统一考虑，并应符合城镇或工业区规划、环境保护和防火安全的要求 |
| | 4. 石油库的库址应具备良好的地质条件，不得选择在有土崩、断层、滑坡、沼泽、流沙及泥石流的地区和地下矿藏开采后有可能塌陷的地区 |
| | 5. 人工洞石油库的库址，应选在地质构造简单、岩性均一、石质坚硬与不易风化的地区，并宜避开断层和密集的破碎带。覆土立式油罐区宜在山区或建成后能与周围地形环境相协调的地带选址 |
| | 6. 一、二、三级石油库的库址，不得选在地震基本烈度为9度及以上的地区。一级石油库不宜建在抗震设防烈度为8度的Ⅳ类场地地区 |
| | 7. 石油库应选在不受洪水、潮水或内涝威胁的地带；当不可避免时，应采取可靠的防洪、排涝措施 |
| | 8. 石油库的库址应具备满足生产、消防、生活所需的水源和电源的条件，还应具备污水排放的条件 |
| | 9. 石油库与库外居住区、公共建筑物、工矿企业、交通线的安全距离，不得小于GB 50074—2014《石油库设计规范》的规定 |

| 项目 | | | 内　容 | | |
|---|---|---|---|---|---|
| （二）选址过程 | 1. 图上选点 | | 根据建库任务书中指定的地区范围，在比例尺通常为 1：50000 或 1：100000 的地图上选 2~3 个宜建库的场址 | | |
| | 2. 初勘 | （1）单位 | 初勘一般是由建库单位或建库单位委托设计单位来做 | | |
| | | （2）任务 | 对地形图上的初选点逐一进行初步现场踏勘 | | |
| | | （3）目的 | 核实地形图上所载的地形地貌，并对库址的基本要求进行全面调查了解 | | |
| | | （4）工作内容 | ①在初勘中一般不作地址钻探分析 | | |
| | | | ②现场踏勘时对库址内岩石的露头情况，土壤分层情况，在库址内及附近有无崩塌、断层、滑坡等工程地质问题应作详细的调查和记录 | | |
| | | | ③在初勘中，应根据现场踏勘的情况，对初选点做现场总体布置方案，绘制出初选点总体布置示意图 | | |
| | | （5）成果 | ①初勘结束后，应写出初勘报告，报上级审议 | | |
| | | | ②初勘报告的主要内容包括 | a. 勘察依据 | |
| | | | | b. 勘察方向与地区 | |
| | | | | c. 勘察时间与参加人员 | |
| | | | | d. 至少有两个勘察点的地形、地质、交通、水电等情况 | |
| | | | | e. 拟建油库的容量、形式与主要建（构）筑物概况 | |
| | | | | f. 对勘察点的总体布置、优缺点与存在问题的处理意见，并附以总体布置示意图 | |
| | 3. 复勘 | （1）目的 | ①初勘报告经上级审议后，为了对有使用价值的库址进行更全面的研究，进一步修订和充实总体布置方案 | | |
| | | | ②对某些重大问题的处理提出具体意见 | | |
| | | | ③在初勘的基础上选出更为合适的库址 | | |
| | | （2）重要性 | 初勘是选择库址的基础，复勘是选择库址的关键 | | |
| | | （3）参加人员 | 复勘时除参加初勘的人员必须到场外，有关部门的主管领导也应参加 | | |
| | | （4）工作内容 | ①复勘中一般应进行地形测量和地质勘探 | | |
| | | | ②设计单位应根据设计方案提出地形测量和地质勘探的重点和要求 | | |

| 项目 | | 内　容 |
|---|---|---|
| （二）选址过程 | 4. 定点 | （1）通过复勘，根据有关部门的指示，对总体布置方案再做某些必要的修订，整理好各种技术资料，并对油库建设提出意见，报请有关领导审批 |
| | | （2）领导同意建库的库址后，编制油库建设项目建议书，报请有权审批的部门审核批准定点，列入基本建设计划 |

# 第二节　对库址区域环境的要求

对库址区域环境的要求，见表 2-2。

表 2-2　对库址区域环境的要求

| 项　　目 | 要　　求 |
|---|---|
| 1. 符合批示 | 按照上级批准的设计任务书，根据油库规模等级，估算出油库大体的占地面积，在指定的地域内进行库址选择 |
| 2. 远离重要建筑 | 油库的位置应尽量远离大中型城市、大型水库、重要的交通枢纽、机场、电站、重点工矿企业和军事战略目标，以免相互影响 |
| 3. 符合防火安全距离 | （1）油库和临近住宅区、工矿企业以及各种建（构）筑物之间应满足一定的安全防火距离 |
| | （2）按照《石油库设计规范》的规定，油库按其储油容量分为六个等级，详见表 2-3；各级油库与库外居住区、公共建筑物、工矿企业及交通线的安全距离不得小于表 2-4 的规定；其他安全距离不得小于表 2-5 的规定 |
| 4. 遇江河湖 | 当库址选在靠近江河、湖泊或水库的滨水地段时，通常布置在码头、水电站、桥梁和城市的下游 |
| 5. 设计标高 | 库区场地的最低设计标高，应高于计算最高洪水位 0.5m。当有防止油库受淹的可靠措施，且技术经济合理时，库址亦可选在低于计算最高洪水位的地段 |
| 6. 机场库要求 | 油库与机场的距离，应符合各机场对净空的要求 |
| 7. 风向要求 | 油库的位置最好是处于邻近住宅区的下风方向，以免油蒸气刮向居民区 |
| 8. 商业库要求 | 商业库最好靠近城市或基本用户。这样不但有利于缩短用户到油库取油的汽车运输里程，而且油库建设时也可利用城市条件，减少水、电、交通等建设投资 |

# 第三节　油库等级划分及安全距离要求

按 GB 50074—2014 的规定，油库等级划分见表 2-3，安全距离要求见表 2-4 和表 2-5。

**表 2-3　油库等级划分表**

| 等　　级 | 石油库储罐计算总容量 $V_T(m^3)$ |
|---|---|
| 特级 | $1200000 \leqslant V_T \leqslant 3600000$ |
| 一级 | $100000 \leqslant V_T < 1200000$ |
| 二级 | $30000 \leqslant V_T < 100000$ |
| 三级 | $10000 \leqslant V_T < 30000$ |
| 四级 | $1000 \leqslant V_T < 10000$ |
| 五级 | $V_T < 1000$ |

注：（1）表中 $V_T$ 不包括零位罐、中继罐和放空罐的容量。

（2）甲 A 类液体储罐容量、Ⅰ级和Ⅱ级毒性液体储罐容量应乘以系数 2 计入储罐计算总容量，丙 A 类液体储罐容量可乘以系数 0.5 计入储罐计算总容量，丙 B 类液体储罐容量可乘以系数 0.25 计入储罐计算总容量。

**表 2-4　油库与库外居住区、公共建筑物、工矿企业、交通线的安全距离**

（单位：m）

| 序号 | 石油库设施名称 | 石油库等级 | 库外建(构)筑物和设施 | | | | |
|---|---|---|---|---|---|---|---|
| | | | 居住区和公共建筑物 | 工矿企业 | 国家铁路线 | 工业企业铁路线 | 道路 |
| 1 | 甲 B、乙类液体地上罐组；甲 B、乙类覆土立式油罐；无油气回收设施的甲 B、乙 A 类液体装卸码头 | 一 | 100(75) | 60 | 60 | 35 | 25 |
| | | 二 | 90(45) | 50 | 55 | 30 | 20 |
| | | 三 | 80(40) | 40 | 50 | 25 | 15 |
| | | 四 | 70(35) | 35 | 50 | 25 | 15 |
| | | 五 | 50(35) | 30 | 50 | 25 | 15 |
| 2 | 丙类液体地上罐组；丙类覆土立式油罐；乙 B、丙类和采用油气回收设施的甲 B、乙 A 类液体装卸码头；无油气回收设施的甲 B、乙 A 类液体铁路或公路罐车装车设施；其他甲 B、乙类液体设施 | 一 | 75(50) | 45 | 45 | 26 | 20 |
| | | 二 | 68(45) | 38 | 40 | 23 | 15 |
| | | 三 | 60(40) | 30 | 38 | 20 | 15 |
| | | 四 | 53(35) | 26 | 38 | 20 | 15 |
| | | 五 | 38(35) | 23 | 38 | 20 | 15 |

| 序号 | 石油库设施名称 | 石油库等级 | 库外建（构）筑物和设施 | | | | |
|---|---|---|---|---|---|---|---|
| | | | 居住区和公共建筑物 | 工矿企业 | 国家铁路线 | 工业企业铁路线 | 道路 |
| 3 | 覆土卧式油罐；乙B、丙类和采用油气回收设施的甲B、乙A类液体铁路或公路罐车装车设施；仅有卸车作业的铁路或公路罐车卸车设施；其他丙类液体设施 | 一 | 50（50） | 30 | 30 | 18 | 18 |
| | | 二 | 45（45） | 25 | 28 | 15 | 15 |
| | | 三 | 40（40） | 20 | 25 | 15 | 15 |
| | | 四 | 35（35） | 18 | 25 | 15 | 15 |
| | | 五 | 25（25） | 15 | 25 | 15 | 15 |

注：（1）表中的工矿企业指除石油化工企业、石油库、油气田的油品站场和长距离输油管道的站场以外的企业。其他设施指油气回收设施、泵站、灌桶设施等设置有易燃和可燃液体、气体设备的设施。

（2）表中的安全距离，库内设施有防火堤的储罐区从防火堤中心线算起，无防火堤的覆土立式储罐从罐室出入口等孔口算起，无防火堤的覆土卧式储罐从储罐外壁算起；装卸设施从装卸车（船）时鹤管口的位置算起；其他设备布置在房间内的，从房间外墙轴线算起；设备露天布置的（包括设在棚内），从设备外缘算起。

（3）表中括号内数字为石油库与少于100人或30户居住区的安全距离。居住区包括石油库的生活区。

（4）Ⅰ、Ⅱ级毒性液体的储罐等设施与库外居住区、公共建筑物、工矿企业、交通线的最小安全距离，应按相应火灾危险性类别和所在石油库的等级在本表规定的基础上增加30%。

（5）特级石油库中，非原油类易燃和可燃液体的储罐等设施与库外居住区、公共建筑物、工矿企业、交通线的最小安全距离，应在本表规定的基础上增加20%。

（6）铁路附属石油库与国家铁路线及工业企业铁路线的距离，应按铁路机车走行线的规定执行。

### 表2-5　油库与其他单位及设施的安全距离　　　（单位：m）

| 序号 | 油库设施名称 | 其他单位及设施名称 | 安全距离 |
|---|---|---|---|
| 1 | 油库的储罐区、水运装卸码头 | 架空通信线路（或通信发射塔）、架空电力线路 | 不应小于1.5倍杆（塔）高 |
| 2 | 油库的铁路罐车和汽车罐车装卸设施、其他易燃可燃液体设施 | 架空通信线路（或通信发射塔）、架空电力线路 | 不应小于1倍杆（塔）高 |
| 4 | 以上各设施 | 电压不小于35kV的架空电力线路的安全距离 | 不应小于30m |
| 5 | 油库围墙 | 爆破作业场地（如采石场） | 不应小于300m |
| 6 | 油库围墙 | 非石油库用的库外埋地电缆 | 不应小于3m |
| 7 | 油库 | 石油化工企业 | 应符合现行国家标准 GB 50160—2008《石油化工企业设计防火规范》的有关规定 |

| 序号 | 油库设施名称 | 其他单位及设施名称 | 安全距离 |
|---|---|---|---|
| 8 | 油库 | 石油储备库 | 应符合现行国家标准 GB 50737—2011《石油储备库设计规范》的有关规定 |
| 9 | 油库 | 石油天然气站场、长距离输油管道站场 | 应符合现行国家标准 GB 50183—2015《石油天然气工程设计防火规范》的有关规定 |
| 10 | 油库 | 油库（相邻油库的相邻储罐中较大罐直径大于 53m 时） | 相邻储罐之间的安全距离不应小于相邻储罐中较大罐直径，且不应小于 80m |
| | | 油库（相邻油库的相邻储罐直径小于或等于 53m 时） | 任意两个储罐之间的安全距离不应小于其中较大罐直径的 1.5 倍，且不应小于 30m |
| | | 油库[相邻油库除储罐之外的建(构)筑物、设施] | 应按 GB 50074—2014《石油库设计规范》的规定增加 50% |
| 11 | 油库 | 重要物品仓库（或堆场）、军事设施、飞机场等有特殊要求时 | 应按有关规定执行或协商解决 |

# 第四节　对库址的其他要求

对库址的其他要求，见表 2-6。

表 2-6　对库址的其他要求

| 要求项目 | | 要　求　内　容 |
|---|---|---|
| （一）对地形的要求 | 1. 总要求 | (1)不同类型的油库对库址地形的要求有所不同 |
| | | (2)主要相同之处是所选的地形有利于减少油库的经营和投资费用，并且符合安全隐蔽要求 |
| | 2. 平原地区要求 | (1)平原地区建库，库址最好具有较明显的缓坡地形 |
| | | (2)以利于油品的自流作业，而且使油库易于排水 |
| | 3. 山区建库要求 | (1)山区建库要尽量利用地形高低的特点，实现油品自流作业 |
| | | (2)最理想的地形是铁路油罐车由较高地段入库区，利用自流将油品卸向储油罐，再从储油罐向位置更低的灌桶间或用户发油，全部作业完全自流。这样的地形不但可以减少经营费用，还能保证生产不间断进行，不受外电源影响 |
| | 4. 洞式油库要求 | 洞式油库，应选择山体肥厚的山沟和既有利于隐蔽又有利于建设的地段，利用山体地势的阻隔和遮挡减少目标 |
| | 5. 防淹没 | 库址尚需注意不要位于低洼地段，以免在雨季遭受淹没 |

续表

| 要求项目 | | 要　求　内　容 | | |
|---|---|---|---|---|
| （二）对地质的要求 | 1. 工程地质 | (1)库址应具备良好的地质条件，不得选在有土崩、断层、滑坡、沼泽、流沙和泥石流的地区以及地下矿藏开采后可能塌陷的地区 | | |
| | | (2)最宜于建库的土质是沙土层，这种土壤坚固，易排水，腐蚀性小，沉陷均匀 | | |
| | | (3) 杂土和黏土 | ①杂土层大多是多空性结构，不稳定，当土壤湿度大时，沉陷增加，地耐压力显著降低 | |
| | | | ②黏土层虽然坚固，但冬季容易发生隆起现象，破坏建筑物的基础，而春秋两季，建筑物又可能沿结冰层滑动 | |
| | | | ③杂土和黏土层上都不宜建库，特别是储油罐区，更应予以注意 | |
| | | (4)库址的耐压力必须满足相应油罐的荷载要求，具有足够的承载能力和稳定性 | | |
| | | (5)一、二、三级油库的库址，不宜选在地震基本烈度九度及以上的地区 | | |
| | 2. 水文地质 | (1)库址应选在既无地上浸水，而地下水位又低的地方 | | |
| | | (2)最高地下水位一般不得超过油库建筑物基础的底面。对于地下建筑多的油库更应注意这个问题 | | |
| | | (3)山区建库 | ①必须将多雨季节，洪水期的汇水面积、水位以及泄洪沟等情况调查清楚 | |
| | | | ②一般以山腰建库为宜 | |
| | | (4)洪水频率 | 计算最高洪水位采用的洪水频率，应符合右列规定 | 一、二、三级油库为50年一遇 |
| | | | | 四、五级油库为25年一遇 |
| | 3. 山洞库的特殊要求 | (1)要求山体高而肥厚，山坡最好大于30°角。这样可以缩短引洞长度，扩大储油容量，提高洞库防护能力 | | |
| | | (2)防护层的厚度要求应按防护等级和岩石强度决定 | | |
| | | (3)要求地质构造简单，岩性均一，结构完整，石质坚硬，普氏系数在6以上 | | |
| | | (4)要求油罐区尽量避开断层和密集的破碎带 | | |
| （三）对交通运输的要求 | 1. 原则 | 油库的库址，应选在交通方便的地方，以利于接卸和输转油品 | | |
| | 2. 以铁路运输为主的油库 | (1)应靠近有条件接轨的地方 | | |
| | | (2)铁路专用线的长度一般不应超过3km | | |
| | | (3)铁路专用线经过的地区，地形要尽量简单 | | |
| | | (4)避免架设桥梁和开挖隧道等重大工程 | | |

| 要求项目 | | 要 求 内 容 |
|---|---|---|
| （三）对交通运输的要求 | 3. 以公路运输为主的油库 | (1)应尽量设置在现有公路附近，以便将道路以较短的距离引入油库 |
| | | (2)同时也要注意引入公路时不要穿越铁路和河渠 |
| | 4. 以水运为主的油库 | (1)使油库库址靠近有条件建设装卸油品码头的地方 |
| | | (2)了解和收集有关河床的水文地质资料以及有关船舶的规格、载重量和吃水深度，特别是码头地区的水深和冲刷情况 |
| （四）对水电供应的要求 | 1. 水源和电源 | (1)油库库址应具备生产、消防、生活所需的水源和电源的条件，还应具备排水的条件 |
| | | (2)应调查库址附近在用及设计中的上水道情况，并与有关部门联系，掌握确切的水源资料，了解天然水源及地下水情况，打井取水的可能性以及水质、水量情况 |
| | 2. 接线的可能性 | 查明附近动力线和通信线路的接线位置和接线的可能性，并了解清楚现有线路的容量、负荷，油库接线后是否需要换线等 |
| | 3. 排水 | 油库的排水问题，特别是含油污水的排放，要征得环境保护部门的同意 |
| （五）对附属油库选址的特殊要求 | 1. 机场附属油库 | (1)机场附属油库是为机场用油服务的机场下属单位，它的选址应考虑既方便飞机加油又保证机场的安全，应以机场为中心考虑问题 |
| | | (2)常把机场油库分为消耗油库和储备油库两个分库 |
| | | (3)消耗油库容量小，库址靠近机场，便于给飞机供油 |
| | | (4)储备油库容量较大，库址远离机场，以保证机场安全 |
| | | (5)两库通常用输油管线连接 |
| | | (6)当储备油库远离铁路专用线时，还应在专用线附近专设接收油库 |
| | 2. 码头附属油库 | (1)码头附属油库是为舰船用油服务的港区基地下属单位，它的选址应考虑既方便舰船加油又保证基地的安全，应以基地为中心考虑问题 |
| | | (2)储油区常远离加油码头，用油管直接通至码头加油口 |
| | | (3)若此油管需要放空或考虑待修的舰船需要退油时，在码头附近的岸边需设放空罐或退油罐及相应的配套设施 |
| | 3. 长距离输油管线配套油库 | (1)随着我国石油事业的蓬勃发展，成品油长输管线已成为我国成品油输送的重要工具。长距离输油管线配套油库，是为满足长输管线输油接力油泵站转输油品而设置的长输管线的配套工程，一般应与长输管线同步建设 |
| | | (2)它的库址一般就是输油接力油泵站的站址，总平面布置应与该油泵站统一考虑 |
| | | (3)若遇到此库(站)址确实不合理时，可重新选择前面油泵站的油泵，使其改变输油杨程，调整油泵站间距，使库(站)址满足油库选址的基本要求 |

# 第三章　油库总体设计与数据

油库总体设计包括总图运输设计、总流程设计和总说明编制，这是对油库各种设施综合考虑的结果。它先行于各项目的单体设计，但又受各单体设计的制约。随着各单体设计的逐步深入，总体设计尚需不断做相应局部调整。因此总体设计的定稿，往往又在各单体设计之后，即总体设计贯穿于油库设计的全过程。

## 第一节　总图运输设计内容、方法步骤及表示内容

总图运输设计内容、方法步骤及表示内容，见表3-1。

表 3-1　总图运输设计内容、方法步骤及表示内容

| 项目 | | 内　容 |
|---|---|---|
| （一）设计内容 | GB/T　51026—2014《石油库设计文件编制标准》规定总图运输部分基础工程设计文件应包括右列内容 | 1. 说明书 |
| | | 2. 设计规定 |
| | | 3. 运输装卸设备表 |
| | | 4. 材料表 |
| | | 5. 库区区域位置图 |
| | | 6. 库区总平面布置图 |
| | | 7. 库区竖向布置图 |
| | | 8. 库区道路及排雨水图 |
| | | 9. 土方工程图 |
| | | 10. 单元(主项)竖向布置图 |
| （二）设计方法步骤 | 油库总图运输设计应采取由粗到细、由浅到深、分段考虑、逐步完成的方法。设计步骤一般可按方案设计、初步设计和施工设计三步进行，产生三种不同深度的总图 | 1. 方案设计总图应初步反映设计意图、总平面布局特点和分区情况及交通运输、储输油、给排水、供电、供热等系统的选择和概况。图面不必过细，但应做多方面比较。如比较油库与周围单位的相互协作和影响，土地利用率，地形、地貌利用情况，油罐等主要设备设施所占场址的地质条件，油库施工难易程度和工期长短，一次投资费用，油库经营管理费用及使用管理难易程度等，以供审核方案优劣时参考 |

| 项目 | | 内　　容 |
|---|---|---|
| （二）设计方法步骤 | 油库总图运输设计应采取由粗到细、由浅到深、分段考虑、逐步完成的方法。设计步骤一般可按方案设计、初步设计和施工设计三步进行，产生三种不同深度的总图 | 2. 初步设计总图应按规定图例分别绘出原有、拟建及将来扩建的建（构）筑物的位置，并注明坐标及设计标高。对于油罐区防火堤、库区道路、围墙、各种管路走向、库区绿化美化等应予以表示，为指导整体施工和协调各单体设计关系提供遵循的依据 |
| | | 3. 施工设计总图其要求与初步设计总图基本相同。在初步设计总图的基础上，进一步详细准确地表示。根据各项单体设计结果，不断修正初步设计总图，使其上各建（构）筑物的形状、大小及平面、立面位置都应与各单体设计相符合 |
| （三）各总图表示的内容 | 1. 库区区域位置图应表示右列内容 | （1）风玫瑰图、图例、说明等内容 |
| | | （2）与本工程有关的已建及已规划的相邻企业或设施之间的位置关系 |
| | | （3）库区与库外配套工程的位置及边界线 |
| | | （4）进出库区的铁路、公路、高压输电线、给排水管道、工艺管道、热力管道、排洪沟、排水沟等的走向和位置 |
| | | （5）库区与码头之间的道路、管廊等 |
| | 2. 库区总平面布置图宜表示右列内容 | （1）测量坐标网、建筑坐标网、风玫瑰图、图例和说明等内容 |
| | | （2）自然地形、地貌或现状图 |
| | | （3）库区用地边界线、围墙、大门及守卫室的位置及坐标；库内道路的位置及坐标，以及人流、物流出入口；库内铁路、挡土墙、护坡和排洪沟等的位置及坐标 |
| | | （4）各设施的边界线、坐标、设施内主要设备及建（构）筑物的平面布置 |
| | | （5）铁路线路、计量设施、运输装卸设施等的位置及坐标；库区内外铁路分界点坐标 |
| | | （6）与周边主要设施的防火、安全防护间距 |
| | | （7）库区主要管网的走向 |
| | 3. 库区竖向布置图应表示右列内容 | （1）指北、图例、说明和工程量表等 |
| | | （2）库区围墙大门及守卫室、各设施的边界线、库区道路、铁路、挡土墙、护坡等的位置、坐标和控制点标高 |
| | | （3）各设施及主要建（构）筑物的名称 |
| | | （4）库区和各设施的设计标高或坡向及主要建筑物室内、室外地坪标高 |
| | | （5）库区场地的最终设计标高 |

续表

| 项 目 | | 内　　容 | |
|---|---|---|---|
| （三）各总图表示的内容 | 4. 库区道路及排雨水图宜表示右列内容 | （1）指北、图例、说明和工程量表等 | |
| | | （2）库区围墙、大门及守卫室的平面位置；各设施的边界线、名称及坐标；铁路线路、计量设施、运输装卸设施等平面位置及坐标 | |
| | | （3）道路的平面位置及中心坐标，路面宽度，道路交叉点及变坡点的路面设计标高；道路纵坡的坡向、坡度及坡长，平交道口、广场、回车场的位置；排雨水明沟、桥涵、急流槽、跌水设施的位置，排水沟的宽度、坡度、坡向、沟长、起点及终点的沟底标高 | |
| | | （4）道路、水沟等的断面图 | |
| | 5. 土方工程图应按右列规定绘制相应的图表 | （1）采用方格网法计算土方时，土方工程图应表示右列内容 | ①指北、图例和说明 |
| | | | ②场地平整范围线、各设施的边界线、围墙大门和厂区道路的位置 |
| | | | ③绘制方格网图时，方格宜采用 20m×20m 或 40m×40m，在方格网各角点标注自然地面标高、设计标高和施工高度 |
| | | | ④绘制填、挖零线，计算方格内的土方量并汇总填、挖方总量 |
| | | （2）采用断面法计算土方时，土方工程图应表示右列内容 | ①在场地平整图上确定所取断面的位置并编号 |
| | | | ②在断面图上绘出自然地面线和设计地面线，计算出填、挖方的断面面积 |
| | | | ③根据各个断面的填挖方面积以及各个断面之间的间距列表计算填、挖方总量 |
| | 6. 单元（主项）竖向布置图应表示右列内容 | （1）指北、图例、说明和工程量表等内容 | |
| | | （2）单元（主项）边界线与边界线内的设备及建（构）筑物的布置 | |
| | | （3）单元（主项）边界线的坐标 | |
| | | （4）设计标高及坡向，独立建筑物的竖向布置图尚应注明室内地坪标高 | |
| | | （5）车行铺砌、人行铺砌、人行道、回车场的位置、转弯半径及尺寸；排雨水明沟的位置、宽度、坡度、坡向、沟长、起点及终点的沟底标高；防火堤及隔堤的位置、坐标和堤顶标高；涵洞、跨越梯、跨越桥、截油排水阀、集水井等的位置 | |
| | | （6）单元（主项）边界线外的场地设计标高及坡向；单元引道的位置、坐标、路面宽度、转弯半径、交叉点及变坡点的路面设计标高、引道的纵坡坡向、坡度和坡长 | |

# 第二节　油库总平面布置方法、原则及要点

油库总平面布置方法、原则及要点，见表 3-2。

表 3-2　油库总平面布置方法、原则及要点

| 项目 | 内　容 |
|------|--------|
| （一）布置方法 | 1. 总平面布置，应在进行实地勘察、深入调查，充分了解和熟悉现场实际的基础上 |
| | 2. 根据设计任务书确定的规模、性质和任务进行设计 |
| （二）布置原则 | 1. 保证油库与周围单位的安全距离不小于表 2-4 和表 2-5 的规定，避免相互影响。特别是储油区和油库有爆炸危险的场所，须避开有明火的邻居或重要公共企事业单位 |
| | 2. 分区应明显，划区要合理，避免非生产人员和车辆往返穿行储存和作业区域。油库分区及各区建（构）筑物见表 3-4 |
| | 3. 严格控制油库内各区建（构）筑物的防火安全距离，使其不小于表 3-5 的规定，以提高油库安全度 |
| | 4. 油库内的建（构）筑物，在符合生产使用和安全防火的要求下，宜合并建造 |
| | 5. 充分利用地形，造成便于自流收发作业的条件，提高油料供应保障可靠程度，减少经营费用 |
| | 6. 合理利用地形、地貌，尽量利用自然环境，做好库区隐蔽伪装 |
| | 7. 充分利用土地面积和地质条件，尽量不占农田、良地和果园，并使油罐等重型构筑物建在地质良好的场地 |
| | 8. 铁路装卸和汽车灌装区尽可能靠近交通线，使铁路专用线和公路支线尽量减短 |
| | 9. 有密切联系的建（构）筑物（洗修桶间、堆场场、灌桶间、桶装库等），应按生产顺序合理布置流向，避免往返交叉，并在满足防火安全距离的前提下，尽量靠近，缩短运距 |
| | 10. 变配电间及锅炉房等辅助设施，要尽量靠近主要用电、用汽单位，以节省建设投资和经营费用 |
| | 11. 行政管理和业务用房一般应在出入门口附近，并宜与生产作业区用栏杆墙隔开 |
| | 12. 生活区一般宜布置在库外附近 |
| | 13. 考虑到油库今后的发展，应适当留有扩建余地 |
| | 14. 绿化　（1）库内绿化既考虑美化环境，又不影响安全<br>（2）除行政管理区外不应栽植油性大的树种<br>（3）防火堤内严禁植树，但在气温适宜地区可铺设高度不超过 0.15m 的四季常绿草皮<br>（4）在消防道路与防火堤之间，不宜种树<br>（5）库内绿化，不应妨碍消防操作 |

续表

| 项目 | | 内　容 | | |
|---|---|---|---|---|
| （二）布置原则 | 15. 围墙 | (1)油库应设高度不低于2.5m的非燃烧材料的实体围墙 | | |
| | | (2)山区或丘陵地带的油库，可设置镀锌铁丝网围墙 | | |
| | | (3)企业附属油库与企业毗邻一侧的围墙高度不宜低于1.8m | | |
| （三）主要建（构）筑物平面布置要点 | 1. 铁路装卸区布置要点 | (1)装卸区的方位须与铁路专用线进库方向一致，并尽量布置在库区边缘地带，应避免与库内道路交叉 | | |
| | | (2)装卸区布置应兼顾到油泵房、器材库、桶装库等相关建筑布置的可行性 | | |
| | | (3) | ①装卸区与周围建(构)筑物的安全防火距离除满足表3-5的要求外，还应满足以下常用的安全系数 | |
| | | | ②装卸油鹤管距油库围墙的铁路大门，不应小于20m | |
| | | | ③铁路专用线的中心线距油库铁路大门边缘 | a. 有附挂调车作业时不应小于3.2m |
| | | | | b. 无附挂调车作业时不应小于2.44m |
| | | | ④铁路专用线的中心线距装卸油暖库大门边缘，不得小于2m | |
| | | | ⑤暖库大门的净空高度(自轨面算起)不应小于5m | |
| | 2. 水运装卸区布置要点 | (1)内河油码头应建在其他相邻码头或建(构)筑物的下游，如确有困难时，在设有可靠的安全设施条件下，亦可建在上游 | | |
| | | (2)海港(含河口港)装卸油码头，不宜与其他码头建在同一港区水域内 | | |
| | | (3)油码头与其他码头或建(构)筑物的安全距离不小于相关规定的规定 | | |
| | 3. 公路装卸区布置要点 | (1)装卸区应布置在油库面向公路的一侧，油库出入口附近，并尽量靠近公路干线 | | |
| | | (2)人员和车辆来往较多的区域，宜设栏杆墙与其他各区隔开，并应设单独的出入口 | | |
| | | (3)装卸区的场地要根据来车的车型大小和来车量，规划行车路线、倒车和回车面积，出入口外应设停车场 | | |
| | | (4)有拖拉机提运油的油库，必须设专门的拖拉机灌装场 | | |
| | 4. 储油区布置要点 | (1)须满足设计任务书要求的防护能力。如要求建洞库，应选择高度和宽度能有足够容量的山体；如要求建掩体地下罐，则应选择丘陵或坡地 | | |
| | | (2)须满足与周围建(构)筑物的安全防火距离，见表2-4和表2-5 | | |
| | | (3)应使收发油作业方便、可靠、省动力，既满足泵送能力，又尽量能自流发油，并尽量使输油管路短，管路施工简单 | | |
| | | (4)尽量选择地质条件好的位置 | | |

| 项目 | | 内　容 |
|---|---|---|
| （三）主要建（构）筑物平面布置要点 | 5. 库内道路的布置要点 | （1）一级油库油罐区和装卸区消防道路的路面宽度不应小于 6m，转弯半径不宜小于 12m；其他级别油库的油罐区和装卸区道路的路面宽度不应小于 4m |
| | | （2）油罐区应设环行消防道，油罐组之间宜设 3.5m 宽消防道与环行消防道相连。四、五级油库、山区或丘陵地带的油库亦可设有回车场的尽头式消防道 |
| | | （3）铁路装卸区应设消防道，并宜与库内道路构成环行道，也可设有回车场的尽头式道路 |
| | | （4）油库通向公路的车辆出入口（公路装卸区的单独出入口除外），一、二、三级油库不宜少于两处，四、五级油库可设一处 |
| | 6. 库内各种管道、线路布置要点 | （1）库内各种管道、线路的布置应综合考虑，由总图设计协调平衡，划定走向与范围，统一布置 |
| | | （2）管道、线路尽量平行布置，减少交叉 |
| | | （3）管道、线路尽量避免穿越跨建（构）筑物 |
| | | （4）管道、线路之间的垂直和平行净距应符合有关规范和规定的要求 |
| | | （5）管道、线路布置尽量缩短长度，节省投资 |

# 第三节　油库总平面布置技术数据和资料

## 一、油库内生产性建（构）筑物的耐火等级

油库内生产性建（构）筑物的最低耐火等级应符合表 3-3 的规定。其中，建（构）筑物构件的燃烧性能和耐火极限应符合 GB 50016—2014《建筑设计防火规范》的有关规定；三级耐火等级建（构）筑物的构件不得采用可燃材料；敞棚顶承重构件及顶面的耐火极限可不限，但不得采用可燃材料。

**表 3-3　石油库内生产性建（构）筑物的最低耐火等级**

| 序号 | 建（构）筑物 | 液体类别 | 耐火等级 |
|---|---|---|---|
| 1 | 易燃和可燃液体泵房、阀门室、灌油间（亭）、铁路液体装卸暖库、消防泵房 | 一 | 二级 |
| 2 | 桶装液体库房及敞棚 | 甲、乙 | 二级 |
| | | 丙 | 三级 |

| 序号 | 建(构)筑物 | 液体类别 | 耐火等级 |
|---|---|---|---|
| 3 | 化验室、计量间、控制室、机柜间、锅炉房、变配电间、修洗桶间、润滑油再生间、柴油发电机间、空气压缩机间、储罐支座(架) | — | 二级 |
| 4 | 机修间、器材库、水泵房、铁路罐车装卸栈桥及罩棚、汽车罐车装卸站台及罩棚、液体码头栈桥、泵棚、阀门棚 | — | 三级 |

## 二、油库分区及各区内主要建(构)筑物或设施

GB 50074—2014《石油库设计规范》中对油库分区及各区内主要建(构)筑物或设施的规定，见表3-4。

表3-4　油库分区及各区内主要建(构)筑物或设施表

| 分区 | | 区内主要建(构)筑物或设施 |
|---|---|---|
| 1. 储罐区 | | 储罐组、易燃和可燃液体泵站、变配电间、现场机柜间等 |
| 2. 易燃和可燃液体装卸区 | ①铁路装卸区 | 铁路罐车装卸栈桥、易燃和可燃液体泵站、桶装易燃和可燃液体库房、零位罐、变配电间、油气回收处理装置等 |
| | ②水运装卸区 | 易燃和可燃液体装卸码头、易燃和可燃液体泵站、灌桶间、桶装液体库房、变配电间、油气回收处理装置等 |
| | ③公路装卸区 | 灌桶间、易燃和可燃液体泵站、变配电间、汽车罐车装卸设施、桶装液体库房、控制室、油气回收处理装置等 |
| 3. 辅助作业区 | | 修洗桶间、消防泵房、消防车库、变配电间、机修间、器材库、锅炉房、化验室、污水处理设施、计量室、柴油发电机间、空气压缩机间、车库等 |
| 4. 行政管理区 | | 办公用房、控制室、传达室、汽车库、警卫及消防人员宿舍、倒班宿舍、浴室、食堂等 |

## 三、GB 50074—2014《石油库设计规范》中防火距离的规定

(1) 油库内建(构)筑物、设施之间的防火距离，不得小于表3-5的规定。

(2) 企业附属石油库与本企业建(构)筑物、交通线等的安全距离，不得小于表3-6的规定。

表3-5　油库内建（构）筑物、设施之间的防火距离

（单位：m）

| 序号 | 建（构）筑物和设施名称 | | 易燃和可燃液体泵房 甲B、乙类液体 | 丙类液体 | 灌桶间 甲B、乙类液体 | 丙类液体 | 汽车罐车装卸设施 甲B、乙类液体 | 丙类液体 | 铁路罐车装卸设施 甲B、乙类液体 | 丙类液体 | 液体装卸码头 甲B、乙类液体 | 丙类液体 | 桶装液体库房 甲B、乙类液体 | 丙类液体 | 隔油池 150m³及以下 | 150m³以上 | 消防车库、消防泵房 | 露天变配电所、变压器、装油发电机间 10kV及以下 | 10kV以上 | 独立变配电间 | 办公用房、中心控制室、宿舍、食堂等人员集中场所 | 铁路走行线 | 有明火及散发火花的建（构）筑物及地点 | 油罐车车库 | 库区围墙 | 其他建（构）筑物 | 河（海）岸边 |
|---|---|---|---|---|---|---|---|---|---|---|---|---|---|---|---|---|---|---|---|---|---|---|---|---|---|---|---|
| | | | 10 | 11 | 12 | 13 | 14 | 15 | 16 | 17 | 18 | 19 | 20 | 21 | 22 | 23 | 24 | 25 | 26 | 27 | 28 | 29 | 30 | 31 | 32 | 33 | 34 |
| 1 | 外浮顶储罐 | V≥50000 | 20 | 15 | 30 | 25 | 30/23 | 23 | 30/23 | 23 | 50 | 35 | 30 | 25 | 25 | 30 | 40 | 40 | 50 | 40 | 60 | 35 | 35 | 28 | 25 | 25 | 30 |
| 2 | 内浮顶储罐 | 5000<V<50000 | 15 | | 19 | 15 | 20/15 | 15 | 20/15 | 15 | 35 | 25 | 19 | | 19 | 23 | 26 | 30 | 30 | | 38 | 19 | 26 | 23 | 11 | 19 | 30 |
| 3 | 覆土立式油罐 | 1000<V≤5000 | 11 | 9 | 15 | 11 | 15/11 | 11 | 15/11 | 11 | 30 | 15 | 15 | 11 | 15 | 19 | 26 | 30 | 30 | 19 | 30 | 19 | 26 | 23 | 7.5 | 15 | 30 |
| 4 | 储存丙类液体的立式固定顶储罐 | V≤1000 | 9 | 7.5 | 11 | 9 | 11/9 | 9 | 11/9 | 11 | 30 | 23 | 15 | 11 | 15 | 19 | 23 | 23 | 23 | 19 | 30 | 19 | 26 | 19 | 7.5 | 11 | 20 |
| 5 | 储存丙类液体的立式固定顶储罐 | V>5000 | 20 | 15 | 25 | 20 | 25/20 | 20 | 25/20 | 20 | 50 | 35 | 25 | 25 | 25 | 30 | 35 | 32 | 39 | 32 | 50 | 25 | 35 | 30 | 15 | 25 | 30 |
| 6 | 储存甲B、乙类液体的立式固定顶储罐 | 1000<V≤5000 | 15 | 9 | 20 | 15 | 20/15 | 15 | 20/15 | 15 | 40 | 25 | 20 | 20 | 20 | 25 | 30 | 25 | 25 | 15 | 40 | 25 | 35 | 25 | 15 | 20 | 30 |
| 7 | 储存甲B、乙类液体的立式固定顶储罐 | V≤1000 | 12 | 10 | 15 | 11 | 15/11 | 11 | 15/11 | 11 | 35 | 20 | 15 | 15 | 15 | 20 | 25 | 20 | 20 | 15 | 30 | 19 | 35 | 20 | 8 | 15 | 20 |
| 8 | 甲B、乙类液体地上卧式储罐，丙类液体 | | 9 | 7.5 | 11 | 8 | 11/8 | 8 | 11/8 | 8 | 25 | 15 | 11 | 8 | 11 | 15 | 19 | 15 | 23 | 11 | 23 | 19 | 25 | 15 | 6 | 11 | 20 |
| 9 | 覆土卧式油罐，地上卧式储罐 | | 7 | 6 | 8 | 6 | 8/6 | 6 | 8/8 | 8 | 20 | 15 | 8 | 6 | 8 | 11 | 15 | 11 | 15 | 8 | 18 | 15 | 20 | 15 | 4.5 | 8 | 20 |
| 10 | 易燃和可燃液体泵房 甲B、乙类液体 | | 12 | 12 | 12 | 12 | 8/8 | 8/8 | 8/6 | 6 | 15 | 11 | 12 | 9 | 15/7.5 | 20/10 | 30 | 11 | 11 | 15 | 30 | 15 | 15 | 12 | 5 | 12 | 10 |
| 11 | 丙类液体 | | 12 | 9 | 12 | 9 | 8/6 | 8/6 | 15/11 | 11 | 15 | 11 | 12 | 9 | 10/5 | 15/7.5 | 15 | 10 | 15 | 10 | 20 | 12 | 20 | 15 | 10 | 10 | 10 |
| 12 | 灌桶间 甲B、乙类液体 | | 12 | 12 | 12 | 12 | 15/15 | 15/11 | 15/11 | 15 | 15 | 12 | 12 | 12 | 20/10 | 25/12.5 | 10 | 15 | 15 | 15 | 40 | 20 | 15 | 12 | 10 | 12 | 10 |
| 13 | 丙类液体 | | 12 | 9 | 12 | 9 | 15/11 | 15/11 | 15/11 | 15 | 15 | 12 | 12 | 9 | 15/7.5 | 20/10 | 10 | 10 | 15 | 10 | 25 | 15 | 20 | 12 | 5 | 10 | 10 |
| 14 | 汽车罐车装卸设施 甲B、乙类液体 | | 15/15 | 15/11 | 15/15 | 15/11 | — | — | 15/11 | 15 | 15 | 15 | 15/11 | 15/11 | 20/15 | 25/19 | 15/15 | 20/15 | 30/23 | 15/11 | 30/23 | 20/15 | 30/23 | 20 | 15/11 | 15/11 | 10 |
| 15 | 丙类液体 | | 11 | 8 | 11 | 8 | — | — | 15/11 | 11 | 15 | 11 | 11 | 8 | 15/7.5 | 20/10 | 12 | 10 | 10 | 10 | 20 | 15 | 20 | 15 | 5 | 11 | 10 |

续表

| 序号 | 建（构）筑物和设施名称 | | 易燃和可燃液体泵房 甲B、乙类液体 (10) | 易燃和可燃液体泵房 丙类液体 (11) | 灌桶间 甲B、乙类液体 (12) | 灌桶间 丙类液体 (13) | 汽车罐车装卸设施 甲B、乙类液体 (14) | 汽车罐车装卸设施 丙类液体 (15) | 铁路罐车装卸设施 甲B、乙类液体 (16) | 铁路罐车装卸设施 丙类液体 (17) | 液体装卸码头 甲B、乙类液体 (18) | 液体装卸码头 丙类液体 (19) | 桶装液体库房 甲B、乙类液体 (20) | 桶装液体库房 丙类液体 (21) | 隔油池 150m³以下 (22) | 隔油池 150m³以上 (23) | 消防车库、消防泵房 (24) | 露天变压器所变配电装置发电机房 10kV及以下 (25) | 露天变压器所变配电装置发电机房 10kV以上 (26) | 独立变配电间 (27) | 办公用室、中心控制室、宿舍、食堂等人员集中场所 (28) | 铁路走行线 (29) | 有明火及散发火花的建筑物及地点 (30) | 油罐车库 (31) | 库区围墙 (32) | 其他建（构）筑物 (33) | 河（海）岸边 (34) |
|---|---|---|---|---|---|---|---|---|---|---|---|---|---|---|---|---|---|---|---|---|---|---|---|---|---|---|
| 16 | 铁路罐车装卸设施 | 甲B、乙类液体 | 8/8 | 8/6 | 15/11 | 15/11 | 15/11 | 15/11 | 见本规范第8.1节 | | 20/20 | 20/15 | 8/8 | 8/8 | 25/19 | 30/23 | 15/15 | 20/15 | 30/23 | 15/11 | 30/23 | 20/15 | 30/23 | 20 | 15/11 | 15/11 | 34 |
| 17 | | 丙类液体 | 6 | 6 | 11 | 11 | 15 | 15 | | | 20 | 15 | 8 | 8 | 19 | 23 | 12 | 10 | 23 | 10 | 20 | 15 | 15 | 15 | 5 | 11 | 10 |
| 18 | 液体装卸码头 | 甲B、乙类液体 | 15 | 15 | 15 | 15 | 15 | 15 | 20/20 | 20 | 见本规范第8.3节 | | 15 | 15 | 20/10 | 25/12.5 | 25 | 20 | 30 | 15 | 45 | 20 | 40 | 20 | — | 15 | 10 |
| 19 | | 丙类液体 | 15 | 15 | 15 | 15 | 15 | 15 | 20/15 | 15 | | | 15 | 15 | 25/12.5 | 30/23 | 20 | 10 | 30 | — | 30 | — | — | — | — | 15 | — |
| 20 | 桶装液体库房 | 甲B、乙类液体 | 12 | 12 | 12 | 12 | 15/11 | 11 | 8/8 | 8 | 15 | 15 | 12 | 12 | 15/7.5 | 20/10 | 20 | 15 | — | 12 | 40 | 15 | 30 | 15 | 5 | 12 | — |
| 21 | | 丙类液体 | 12 | 9 | 12 | 10 | 11 | 8 | 8/8 | 8 | 15 | 15 | 12 | 10 | 10/5 | 15/7.5 | 15 | 10 | 15 | 10 | 25 | 10 | 30 | 10 | 5 | 10 | 10 |
| 22 | 隔油池 | 150m³及以下 | 15/7.5 | 10/5 | 20/10 | 15/7.5 | 15/7.5 | 15/7.5 | 25/19 | 20/15 | 25/19 | 25/12.5 | 15/7.5 | 15/7.5 | — | — | 20/15 | 15/11 | 20/15 | 15/11 | 30/23 | 15/7.5 | 30/23 | 15/11 | 10/5 | 15/7.5 | 10 |
| 23 | | 150m³以上 | 20/10 | 15/7.5 | 25/12.5 | 20/10 | 25/19 | 20/10 | 30/23 | 25/19 | 30/23 | 30/12.5 | 20/10 | 20/10 | — | — | 25/19 | 20/... | 30/20 | 15 | 40/30 | 20 | 40/30 | 15 | 10/5 | 15/7.5 | 10 |

注：
（1）表中序号1~7中的"V"指储罐单罐容量，单位为m³。
（2）序号14中，分子数字为采用油气回收设施的汽车罐车装卸设施与建（构）筑物或设施的防火距离，分母数字为未采用油气回收设施的汽车罐车装卸设施与建（构）筑物或设施的防火距离。
（3）序号16中，分子数字为采用油气回收设施的铁路罐车装卸设施或仅用于留车作业的铁路罐车装卸设施与建（构）筑物或设施的防火距离，分母数字为未采用油气回收设施的铁路罐车装卸设施与建（构）筑物或设施的防火距离。
（4）序号14与序号16相交叉处的分母，仅适用于相邻装卸设施均采用油气回收设施的情况。
（5）序号14与数字16、23中的隔油池，系指设置在罐组防火堤外侧的隔油池，其中分母数字为有盖板的密闭式油罐池，分子数字为无盖板的隔油池的防火距离。
（6）罐组专用变配电间和机柜间与石油库内与散发火花的建（构）筑物及地点的防火距离，应与易燃和可燃液体储罐相同，但变配电间和机柜间的门窗位置应位于易燃和可燃液体危险区域之外。
（7）撬装式可燃气体装置应按有散发火花的建（构）筑物及地点执行，其他建（构）筑物、设施之间的防火距离应按石油库内其他相应的防火距离。
（8）Ⅰ、Ⅱ级毒性液体的储罐、设备和设施的防火距离应按相应火灾危险性类别在本表规定的基础上增加30%。
（9）"—"表示没有防火距离要求。

### 表3-6 企业附属石油库与本企业建(构)筑物、交通线等的安全距离

(单位：m)

| 库内建(构)筑物和设施 | | 液体类别 | 企业建(构)筑物等 | | | | | | | | |
|---|---|---|---|---|---|---|---|---|---|---|---|
| | | | 甲类生产厂房 | 甲类物品库房 | 乙、丙、丁、戊类生产厂房及物品库房耐火等级 | | | 明火或散发火花的地点 | 厂内铁路 | 厂内道路 | |
| | | | | | 一、二 | 三 | 四 | | | 主要 | 次要 |
| 储罐 ($V_T$ 为罐区总容量 m³) | $V_T \leqslant 50$ | 甲B、乙 | 25 | 25 | 12 | 15 | 20 | 25 | 25 | 15 | 10 |
| | $50 < V_T \leqslant 200$ | | 25 | 25 | 15 | 20 | 25 | 30 | 25 | 15 | 10 |
| | $200 < V_T \leqslant 1000$ | | 25 | 25 | 20 | 25 | 30 | 35 | 25 | 15 | 10 |
| | $1000 < V_T \leqslant 5000$ | | 30 | 30 | 25 | 30 | 40 | 40 | 25 | 15 | 10 |
| | $V_T \leqslant 250$ | 丙 | 15 | 15 | 12 | 15 | 20 | 20 | 20 | 10 | 5 |
| | $250 < V_T \leqslant 1000$ | | 20 | 20 | 15 | 20 | 25 | 20 | 20 | 10 | 5 |
| | $1000 < V_T \leqslant 5000$ | | 25 | 25 | 20 | 25 | 30 | 30 | 20 | 15 | 10 |
| | $5000 < V_T \leqslant 25000$ | | 30 | 30 | 25 | 30 | 40 | 40 | 25 | 15 | 10 |
| 油泵房、灌油间 | | 甲B、乙 | 12 | 15 | 12 | 14 | 16 | 30 | 20 | 10 | 5 |
| | | 丙 | 12 | 12 | 10 | 12 | 14 | 15 | 12 | 8 | 5 |
| 桶装液体库房 | | 甲B、乙 | 15 | 20 | 15 | 20 | 25 | 30 | 30 | 10 | 5 |
| | | 丙 | 12 | 15 | 10 | 12 | 14 | 20 | 15 | 8 | 5 |
| 汽车罐车装卸设施 | | 甲B、乙 | 14 | 14 | 15 | 16 | 18 | 30 | 20 | 15 | 15 |
| | | 丙 | 10 | 10 | 10 | 12 | 14 | 20 | 10 | 8 | 5 |
| 其他生产性建筑物 | | 甲B、乙 | 12 | 12 | 10 | 12 | 14 | 25 | 10 | 3 | 3 |
| | | 丙 | 9 | 9 | 8 | 9 | 10 | 15 | 8 | 3 | 3 |

注：(1) 当甲B、乙类易燃和可燃液体与丙类可燃液体混存时，丙A类可燃液体可按其容量的50%折算计入储罐区总容量，丙B类可燃液体可按其容量的25%折算计入储罐区总容量。

(2) 对于埋地卧式储罐和储存丙B类可燃液体的储罐，本表距离(与厂内次要道路的距离除外)可减少50%，但不得小于10m。

(3) 表中未注明的企业建(构)筑物与库内建(构)筑物的安全距离，应按现行国家标准 GB 50016—2014《建筑设计防火规范》规定的防火距离执行。

(4) 企业附属石油库的甲B、乙类易燃和可燃液体储罐总容量大于5000m³，丙A类可燃液体储罐总容量大于25000m³时，企业附属石油库与本企业建(构)筑物、交通线等的安全距离，应符合本规范的规定。

(5) 企业附属石油库仅储存丙B类可燃液体时，可不受本表限制。

## 四、油库内道路的主要技术指标

油库内道路的主要技术指标，见表3-7。

表3-7　油库内道路的主要技术指标　　　　　　　（单位：m）

| 项　　目 | | 技术指标 | |
|---|---|---|---|
| | | 通常数据 | GB 50074—2014 消防车道 |
| 路面宽度 | 单车道3.5 | | 一级油库的储罐区和装卸区消防车道的宽度不小于9m，其中路面宽度不应小于7m；覆土立式油罐和其他级别油库的储罐区、装卸区消防车道的宽度不应小于6m，其中路面宽度不应小于4m；单罐容积大于或等于100000m³的储罐区消防车道应按现行国家标准GB 50737—2011《石油储备库设计规范》的有关规定执行 |
| | 双车道6.0 | | |
| 路肩宽度 | | 1.0~1.5 | |
| 最小竖曲率半径 | 凸形 | 300 | |
| | 凹形 | 100 | |
| 交叉口最小转弯半径 | 载重汽车 | 9~12 | |
| | 载重汽车带一个拖车 | 12~18 | |
| 行车不频繁的单车道，最小转弯半径 | | 9.0 | 消防车道的净空高度不应小于5.0m，转弯半径不宜小于12m |
| 车间引道的最小转弯半径 | | 6.0 | |
| 最大纵向坡度（%） | | 8.0 | 运输易燃、可燃液体等危险品的道路，其纵坡不应大于6%。其他道路纵坡设计应符合现行国家标准GBJ 22—1987《厂矿道路设计规范》的有关规定 |

## 五、油库内道路边缘与建(构)筑物的最小距离

油库内道路边缘与建(构)筑物的最小距离，见表3-8。

表3-8　油库内道路边缘与建(构)筑物的最小距离

| 序号 | 相 邻 建 (构) 筑 物 名 称 | | 最小距离（m） |
|---|---|---|---|
| 1 | 建筑物外墙面 | （1）当建筑物面向一侧无出入口时 | 1.50 |
| | | （2）当建筑物面向一侧有出入口，但无汽车引道时 | 3.00 |
| | | （3）当建筑物面向一侧有出入口和汽车引道时 | 6.00~8.00 |
| 2 | 标准轨铁路中心 | | 3.75 |

续表

| 序号 | 相邻建(构)筑物名称 | | 最小距离(m) |
|---|---|---|---|
| 3 | 窄轨铁路中心 | | 3.00 |
| 4 | 围墙 | (1)当围墙有汽车出入口时 | 6.00 |
| | | (2)当围墙无汽车出入口,但围墙边有照明灯杆时 | 2.00 |
| | | (3)当围墙无汽车出入口,且围墙边不设照明灯杆时 | 1.50 |
| 5 | 树木 | (1)乔木 | 1.00 |
| | | (2)灌木 | 0.50 |

# 第四节 油库总立面布置

油库总立面布置的目的、原则及步骤,见表3-9。

表3-9 油库总立面布置的目的、原则及步骤

| 项目 | 内 容 |
|---|---|
| 布置的目的 | 1. 合理确定各建(构)筑物和管线的标高,保证油库有良好的作业条件 |
| | 2. 合理利用地形地貌,平衡土石方挖、填量,减少工程投资 |
| | 3. 全面规划库内地势,便于排泄地面水,保证管线及道路坡度均匀,美化库内环境 |
| 布置的原则 | 1. 为了使各建筑物内保持干燥,各建筑物室内的地坪最好高出最高地下水位0.3~0.5m |
| | 2. 为了延缓管线的腐蚀和减少散热量,各种埋地管线宜敷设在最高地下水位以上,管顶距地面不应小于0.5~0.8m,水管应敷设在冰冻线以下 |
| | 3. 铁路作业线专为用来卸油的,最好布置在油库最高处,专为装油的则最好布置在油库最低处,以便实现自流作业 |
| | 4. 库内铁路作业线应为平坡段,其轨面标高应与库外专用线的技术条件相适应 |
| | 5. 公路装卸区的场地标高,应与库外公路专用线的技术条件相适应,并最好低于储油区标高,以便实现自流灌装 |
| | 6. 对于铁路或公路运输相联系的建(构)筑物,应根据交通工具及运送的物品来决定其标高。如桶装站台的地坪标高应比轨顶高出1.1m;桶装库、桶装站台等在竖向布置上,还要照顾到重桶走向,防止出现重桶上坡现象 |
| | 7. 地面储油区一般应布置在较高的地方,油罐基础顶面应高出设计地面0.5m以上 |
| | 8. 山洞库和覆土隐蔽库的罐区标高,宜高于铁路、水路和公路装卸区,以利于实现自流作业和输油管的放空 |
| | 9. 要充分利用地形、地势,减少和平衡挖、填方工程量,一般挖方应稍多于填方,力求就近平衡。沿山坡布置建(构)筑物时,要顺着等高线布置 |

续表

| 项目 | 内 容 |
|------|------|
| 布置的原则 | 10. 立面布置需要大开挖、大削坡时，需详细核对地形、地貌和地质资料，注意防止滑坡、塌方等情况发生，尽可能减少挡土墙、护坡等附属工程量 |
| | 11. 立面布置应保证场地雨水迅速排除，场地平整应有 3‰~5‰ 的坡度 |
| | 12. 运输及消防道路纵高坡度为 4%~8% |
| 布置的步骤 | 油库内各设备、设施是有机的整体，标高是相互影响、相互制约的，总立面布置的步骤如下 |
| | 1. 参照与铁路干线接轨处轨顶的标高、专用线长度和坡度，确定铁路装卸作业线轨顶标高 |
| | 2. 确定储油区油罐罐底的标高 |
| | 3. 确定作业区泵房的标高 |
| | 4. 确定与管线相联系的其他建(构)筑物的标高 |
| | 5. 确定与管线无联系的其他建(构)筑物的标高 |
| | 6. 确定标高后，须在总平面布置图上标出每个建(构)筑物地坪设计标高；标出洞口地坪中线标高；标出铁路、公路中心线变坡点标高、坡度及排水构筑物的坡度等 |

# 第五节　油库总工艺流程设计

油库总工艺流程设计原则及方法步骤，见表 3-10。

表 3-10　油库总工艺流程设计原则及方法步骤

| 项目 | 内 容 | | |
|------|------|---|---|
| (一) 设计原则 | 1. 必须满足油库主要作业的工艺要求 | | |
| | 2. 充分利用地形高差，实现自流作业 | | |
| | 3. 根据油品性质和质量要求，考虑管线、油泵专用或分组互用 | | |
| | 4. 在满足工艺要求的前提下，尽量减少管路、阀门，简化流程，以达到操作方便、节约投资、经济合理 | | |
| | 5. 在安全可靠的前提下，能满足紧急情况的需要 | | |
| (二) 设计方法步骤 | 1. 确定油库作业内容，选择作业方式 | 油库常有的作业是收油、发油、倒罐、灌装、放空管线、抽吸放空罐中油、真空引油和扫仓等，但不同的油库不一定全有这些作业，设计时则根据任务书要求而确定具体作业内容，并选择这些作业是采用自流还是泵送方式 | |
| | 2. 设计单体的工艺流程 | (1) 设计油罐区的工艺流程 | ①油罐区的工艺流程设计，主要是选择罐区的管路系统 |
| | | | ②罐区的管路系统归纳起来大体有单管、双管、独立管三种类型 |

| 项目 | | | 内　容 |
|---|---|---|---|
| （二）设计方法步骤 | 2. 设计单体的工艺流程 | （1）设计油罐区的工艺流程 | ③单管系统是将油罐按储油品种不同分若干罐组，每组各设一条输油管，在每个罐附近与油罐相连 |
| | | | ④双管系统的安装方式与单管系统基本相同，只是每组罐设两条输油管 |
| | | | ⑤独立管系统每个油罐都有一条管道通入泵房 |
| | | （2）设计油泵站的工艺流程 | ①油泵站是油库各路输油管线的交汇处，是完成油库各作业的枢纽和动力。油泵站工艺流程设计是合理配置管组、阀门和油泵机组等设备，达到完成各作业目的的过程 |
| | | | ②设计时，完成同样的几个作业，力求用的阀门少、管线短，而且要求施工简单，操作及维修方便 |
| | | （3）设计装卸区、灌装系统工艺流程 | ①装卸区包括向铁路罐车、码头油船装卸油 |
| | | | ②灌装系统系指向汽车罐车、油桶灌装油等作业系统 |
| | 3. 汇总各单体工艺流程 | | 把各单体工艺流程有直接关系的管线连接起来，成为有机的整体，即成油库总工艺流程 |

油库总工艺流程图的表示方法、用途及绘制要点，见表3-11。

表 3-11　油库总工艺流程图的表示方法、用途及绘制要点

| 项目 | | | 内　容 |
|---|---|---|---|
| 表示方法 | | | 工艺流程图一般有方块图、平面图和轴侧图三种表示方法 |
| 用途 | | | 1. 方块图多用于方案设计 |
| | | | 2. 平面图在工程设计时常用 |
| | | | 3. 轴侧图用于表现立体效果，一般在油库投产后，在作业指挥室、油泵站、洞库等作业现场设置 |
| 定义及绘制要点 | 工艺流程方块图（方案图） | 定义 | 1. 工艺流程方块图是一种示意图，它反映油库业务情况，供方案汇报时用 |
| | | | 2. 一般将轻、黏油分别绘制 |
| | | 绘制要点 | 1. 以方块图表示其设备和设施 |
| | | | 2. 管路尽量平行绘制，拐弯处用直角；尽量避免管路交叉，必须交叉时断线绘制；不同用途的管路用不同线型或不同颜色表示 |
| | | | 3. 管路、设备和设施应标明名称、规格、用途、流向等 |
| | | | 4. 对业务流量注以说明 |
| | | | 5. 绘制图例 |

| 项目 | | | 内　容 |
|---|---|---|---|
| 定义及绘制要点 | 工艺流程平面图 | 定义 | 1. 工艺流程平面图是将有关的设备、管线在平面上连接起来的示意图 |
| | | | 2. 它既不按比例表示出设备大小和管线长度，又不表示设备和管线的实际相对位置 |
| | | 绘制要点 | 1. 按图例表示其设备、设施和管件，用不同线型或不同颜色表示不同油品的管线 |
| | | | 2. 设备、设施的绘制位置与实际大体相似，管线尽量平行绘制，如实反映与设备的连接关系 |
| | | | 3. 标出设备、设施及管路的名称、规格、用途、流向等 |
| | | | 4. 绘制图例 |
| | | | 5. 对流程注以简要说明 |
| | 工艺流程轴侧图 | 定义 | 1. 工艺流程轴侧图是无比例的设备、管线连接图 |
| | | | 2. 它具有立体感，是指导安装、操作的主要技术图纸，也是供领导、外单位参观指导时介绍业务情况用的 |
| | | | 3. 轻油、黏油的工艺流程轴侧图一般均分别绘制 |
| | | 绘制要点 | 1. 遵守轴侧投影的制图原理 |
| | | | 2. 管线与设备相对位置与实际位置大体一致 |
| | | | 3. 管线及附件采用单线画法；不同用途的管线用不同线型或不同颜色表示 |
| | | | 4. 绘制图例等 |

# 第六节　油罐区和油泵站工艺流程系统

油罐区工艺流程系统种类、特征及优缺点，见表3-12。

**表 3-12　油罐区工艺流程系统种类、特征及优缺点**

| 种类 | 特征 | | 优缺点 |
|---|---|---|---|
| 单管系统 | 油罐按储油品种不同分为若干罐组，每个罐组各设一条输油管，在每个油罐附近分别与油罐相连 | 优点 | 布置清晰，管材耗量少，省投资 |
| | | 缺点 | 同组罐无法输转，管道发生故障时同组罐均不操作 |
| 双管系统 | 每个罐组各有两根输油干管，每个油罐分别有两根进出油管与干管连接 | 优点 | 同组油罐可以倒罐，操作比单管系统方便 |
| | | 缺点 | 管材耗量和投资比单管系统大 |

续表

| 种类 | 特征 | 优缺点 | |
|---|---|---|---|
| 独立管系统 | 每个油罐都有一根单独管道通入泵房。卸油管也按不同品种分别进入泵房 | 优点 | 布置清晰,专管专用,不需排空,检修时也不影响其他油罐的操作 |
| | | 缺点 | 管材消耗较双管系统还多,泵房内管组及管件也相应增多,投资人 |

油泵站工艺流程系统组成、适用情况及功能,见表3-13。

表3-13　油泵站工艺流程系统组成、适用情况及功能

| 系统及流程 | | 系统组成 | 适用情况及功能 | 备注 |
|---|---|---|---|---|
| 输油系统 | 单泵流程 | 由一台油泵和管道及附件等组成 | 1. 油料品种单一,收发量不大,油罐与装卸作业区的高差较小时,可考虑采用单泵流程 | |
| | | | 2. 泵收、自流发油可采用单泵流程形式 | |
| | | | 3. 泵收、泵发可采用单泵流程形式 | |
| | 双泵流程 | 由两台油泵和管道及附件等组成 | 1. 双泵流程能满足泵收泵发,两泵串联、并联、互为备用等多种用途 | |
| | | | 2. 适用于储油区比较分散,各油罐之间高差比较大,泵房与各油罐之间的管道长度相差比较大的油库 | |
| | | | 3. 采用此流程可同时输送两种不同油品,互不影响 | |
| | "三油四泵"流程 | 由四台油泵和管道及附件等组成 | 1. 该流程是各类油库传统采用的一种工艺流程,也称"万能"流程 | |
| | | | 2. 其特点是:专管专用、专泵专用;泵卸油、自流装油;可同时装卸汽、煤、柴三种油品而互不干扰,某一台泵发生故障时,其他任何一台均能代用 | |
| | | | 3. 流程的不足之处是各泵吸入系统连通,某一泵的吸入系统密封不严,会影响另外的泵正常启动和运行 | |

| 系统及流程 | 系统组成 | 适用情况及功能 | 备注 |
|---|---|---|---|
| 引油扫底油系统 | 真空系统 | 由真空泵、真空罐、气液分离器、阻液器等组成 | 1. 泵站真空系统的作用，一是在启动离心泵前，为离心泵及其吸入系统抽真空引油；二是抽吸油罐车的底油<br><br>2. 对于"三油四泵"形式的轻油站，通常汽油与柴油共用一组真空系统单元，航空煤油必须单独设置 | 真空罐的容量可由油库的收油量确定，定型的真空罐约为 $1.8\text{m}^3$。常用的真空泵为 SZ 型水环式真空泵 |
| 引油扫底油系统 | 滑片泵取代真空泵 | 1. 近年来，不少油库用滑片泵取代真空泵来抽油罐车底油和灌泵，它不仅简化流程，而且使操作更方便<br><br>2. 对于地势比较平坦，罐区与装卸作业区距离不大的油库，也可直接把滑片泵作为输油泵使用 | 输送黏油一般采用容积泵，无须进行灌泵操作。所以，可不设真空系统<br><br> |
| 放空系统 | 放空系统主要由放空罐、管道及附件等组成 | 1. 设置放空系统目的是防止混油、跑油、凝油、胀油等事故<br><br>2. 放空罐一般设在泵房附近<br><br>3. 其数量应根据储存油品的品种和牌号确定。一般每种牌号油品至少设一个放空罐 | 放空罐的容量以管道容积的 1.5 倍为宜 |

# 第七节　装卸油场合及方式

装卸油场所、方式及适用情况，见表3-14。

表3-14　装卸油场所、方式及适用情况

| 装卸油场所 | | 装卸油方式及适用情况 | 备注 |
|---|---|---|---|
| 铁路装卸油区 | 卸油　泵上部卸油 | 1. 离心泵上部卸油流程必须保证吸入系统充满油品，使鹤管顶点和吸入系统任意部位不发生汽阻<br><br>2. 离心泵卸油必须配置真空系统，用于引油灌泵 | 铁路装卸油分上部、下部两种。上部卸油是通过鹤管从油罐上部用泵或虹吸自流的方法把油接下来。下部卸油则是通过卸油器直接从油罐车的底部接收油品 |

| 装卸油场所 | | | 装卸油方式及适用情况 | 备注 |
|---|---|---|---|---|
| 铁路装卸油区 | 卸油 | 泵上部卸油 | 3. 若用具有自吸能力的潜油泵或滑片泵，则可以不设真空系统 | 铁路装卸油分上部、下部两种。上部卸油是通过鹤管从油罐上部用泵或虹吸自流的方法把油接卸下来。下部卸油则是通过卸油器直接从油罐车的底部接收油品 |
| | | | 4. 用泵卸油的优点是从油罐车内卸出的油品，可由泵直接送至储油罐，不经零位罐倒转，减少了油品的蒸发损耗 | |
| | | 虹吸自流上部卸油 | 1. 虹吸自流的条件是油罐车高于中继罐并具有足够的位差，虹吸自流卸油的速度主要取决于卸油管道的阻力和卸油罐车与零位罐的高差大小 | |
| | | | 2. 卸油开始时，须用真空系统抽吸，使油品填充满鹤管段 | |
| | | 下部卸油 | 1. 下部卸油无须鹤管，而直接从油罐车的底部接管，与作业道上的卸油胶管相连 | |
| | | | 2. 这种卸油方式的最大优点是不易产生气阻现象，但考虑到罐车油口的密封可靠性问题，国内只在接卸黏油时采用 | |
| | 装油 | | 1. 铁路装油的工艺流程与卸油基本相同 | |
| | | | 2. 主要有泵装油和自流装油，自流装油可以是储油罐直接自流或通过中继罐自流 | |
| 公路装、卸油区 | | | 1. 公路装卸通常是指油库远离铁路、水路，完全依靠汽车油罐车运输油品的情况 | |
| | | | 2. 装卸油方法主要有双自流和泵卸油自流装油 | |
| | | | 3. 在地形条件具备的情况下，可采用装卸油双自流的工艺流程 | |
| | | | 4. 若受地形限制，则考虑采用泵卸油自流装油的工艺流程 | |
| 码头装、卸油区 | | | 1. 从油船卸油可用船上的泵，若储油区至码头的距离不长、高差不大，可用油船上的泵直接将油品输送至储油区 | |
| | | | 2. 若储油区与码头高差较大或距离较远时，一般在岸上设置缓冲罐，利用船上的泵先将油品输入缓冲罐中，然后再由中继泵将缓冲罐中的油品输送至储油区 | |

| 装卸油场所 | 装卸油方式及适用情况 | 备注 |
|---|---|---|
| 码头装、卸油区 | 3. 向油船装油一般采用自流方式。某些港口地面油库，因油罐与油船高差小、距离大时，则用泵装油 | |
| | 4. 油船装卸时，每种油品单独设置一组装卸油管道，在集油管线上设置若干分支管道，分支管道的数量应根据油船的尺寸、容量和装卸油速度等具体条件确定 | |
| 汽车灌装油区 | 1. 汽车灌装根据地形条件的不同分自流和泵送两种方式。山区油库应尽量利用适当地形采用自流灌装 | |
| | 2. 平原油库无自然高差可利用，一般可先用泵将油品送到储油罐或中继罐，然后再利用高差自流灌装 | |
| | 3. 汽车灌装系统包括泵、过滤器、流量表、恒流阀、流量控制阀、鹤管等 | |

# 第八节　油库设计总说明书编制

总说明书的编制应遵循 GB/T 51026—2014《石油库设计文件编制标准》的规定，结合本油库工程的规模、性质等实际确定编制内容。

GB/T 51026—2014 的规定：总说明书应包括项目概况、设计依据、设计原则、设计范围、设计基础、主要技术方案、环境保护方案、安全设施设置方案、职业病防护设施设计方案、节能措施、主要技术经济指标，人员编制、设计执行的主要规范和标准、存在问题及建议等内容。

总说明书是对油库总体设计图纸、表格的文字表达，是总体设计必不可少的重要组成部分，是报批总体设计项目的技术文件。

油库总说明书编制内容见表 3-15。

表 3-15　油库总说明书编制内容

| 项目 | 内　　容 |
|---|---|
| 1. 项目概况 | 项目概况应说明项目建设规模(油库的总容量)、建设的性质(经营油品种类和经营特点)和外部可依托条件等 |
| 2. 设计依据 | 设计依据应包括可行性研究报告及批复文件、各专项评价报告及批复、工程设计合同、有关会议纪要、建设单位及上级单位的函件等 |

| 项目 | 内 容 | | |
|---|---|---|---|
| 3. 设计原则 | 设计原则应包括执行国家有关工程建设法规、政策和规定、技术选用原则、新工艺和新设备选用原则、自动控制水平、项目建设依托原则、物料进出库方式及比例、安全环保、能源使用原则及物料的周转次数、周转量、储存天数等 | | |
| 4. 设计范围 | 设计范围应说明项目的设计范围以及主要工程内容 | | |
| 5. 设计基础 | 设计基础应说明物料主要性质、公用工程条件、建设区域的自然条件(地理位置、地形地貌、水文、气象、工程地质、地震等级等)、周围环境(与居民点距离、附近有无其他大中型企业或重要建、构筑物和其他危险物品)和水电、运输、通信等情况 | | |
| 6. 主要技术方案 | (1) 工艺技术方案应说明物料进出库方式、储存方式、输送方案、计量方案、管道布置方案和主要设备选型等,详细内容如右列所示 | ①工艺流程说明 | |
| | | ②铁路(或水运)油品装卸方式、货位(或泊位)的个数、专用线长度 | |
| | | ③汽车发油方式,装油的鹤管数,桶装灌油栓个数 | |
| | | ④装卸油泵及机组等工艺设备的型号、台数、规格 | |
| | | ⑤油气回收系统 | |
| | | ⑥油罐的结构类型、单个容积及个数 | |
| | (2) 自动控制方案 | 应说明自动控制水平及控制系统配置方案(包括系统构成和主要功能、操作站设置、工艺及安防系统自动化、主要仪表及材料选用等) | |
| | (3) 总图运输方案 | ①说明总图布置的指导思想,分析总图布置的优缺点 | |
| | | ②竖向布置的特点,雨水排放和挡土墙及护坡等要求 | |
| | | ③库内运输方式,道路、围墙 | |
| | (4) 土建工程方案 | ①油库建(构)筑物一览表,注明各建(构)筑物的名称、结构形式、面积、层数、单位面积造价等 | |
| | | ②道路的等级、宽度、路面结构及造价 | |
| | | ③油库挖、填土石方量及平衡状况 | |
| | | ④洞库或隐蔽库的结构形式、工程量 | |
| | (5) 公用工程方案应说明给排水、供电、通信、供热和通风等方案 | ① 给排水部分 | a. 水源及取水方法 |
| | | | b. 供水系统的设备(水泵、水塔等)及水管规格和布置 |
| | | | c. 各部门的用水量及库区排水 |
| | | | d. 污水处理流程及设备 |
| | | ②供电和通信部分 | a. 油库用电(动力和照明)负荷一览表,注明各部门(输油、消防、热工、机修等)用电负荷和时间 |
| | | | b. 油库配电方式,高压或低压计量,变压器的台数、容量、型号和规格 |
| | | | c. 进线和架线方式及线路布置 |

续表

| 项目 | 内 容 | | |
|---|---|---|---|
| 6. 主要技术方案 | （5）公用工程方案应说明给排水、供电、通信、供热和通风等方案 | ②供电和通信部分 | d. 通信系统综合说明（包括选用的交换台门数和电话的设置台数） |
| | | | e. 防雷、防静电接地及电器设备接地、接零保护措施 |
| | | ③ 热 工 及 采暖 | a. 制定蒸汽负荷表，说明用汽单位和用汽量以及所需蒸汽的压力和用汽特点 |
| | | | b. 选择的锅炉台数、型号、规格及其辅助设备（水处理、上水泵等） |
| | | | c. 蒸汽管的布置及管径 |
| | | | d. 冷凝水管的布置及管径 |
| | | | e. 位于采暖地区的建筑物采暖 |
| | | ④通风部分 | a. 洞库、化验室、泵房的通风要求 |
| | | | b. 通风方式及设备 |
| | | | c. 办公、生活等辅助功能房间，以及生产及辅助建筑物中有特殊要求房间的空调设计 |
| | （6）辅助生产设施方案 | 应说明办公、中心控制和分析化验、洗修桶间、机修间、锅炉房、油料更生间等建筑物的设置方案 | |
| | （7）消防设施方案应说明消防设施依托情况、消防设施的配置和消防安全方案等 | ①消防水源和消防水池 | |
| | | ②油罐及其他生产设施采用的消防方式 | |
| | | ③消防所需的灭火剂量和水量 | |
| | | ④消防泵的台数、型号、规格及其使用的动力 | |
| | | ⑤其他消防设备（消防车、泡沫液罐、消防水罐） | |
| | | ⑥消防管道的布置及管径 | |
| 7. 环境保护方案 | 环境保护方案应说明主要污染源、污染物排放和环境保护措施 | | |
| 8. 安全设施设置方案 | 安全设施设置方案应简要说明项目涉及的危险有害因素，并说明设计中采取的安全设施和措施 | | |
| 9. 职业病防护设施设计方案 | 职业病防护设施设计方案应简要说明生产过程中各类职业病危害因素，并说明设计中采取的职业病防护设施和措施 | | |
| 10. 节能措施 | 节能措施应包括采取的主要节能措施及能耗指标 | | |
| 11. 主要技术经济指标 | （1）公用工程消耗量应包括电、水、压缩空气、蒸汽和氮气等的年用量 | | |
| | （2）主要概算指标应包括建设投资、单位容量造价、建设期借款利息和铺底流动资金 | | |
| | （3）项目建设用地应列出用地面积和征地面积及利用率 | | |

| 项 目 | 内 容 |
|---|---|
| 11. 主要技术经济指标 | (4)三材的总用量及单位储油容量的用量 |
| | (5)油库生产和非生产投资比例 |
| 12. 人员编制 | 人员编制应说明各类岗位定员及总定员。包括行政人员、技术人员、工人和消防警卫及勤杂人员 |
| 13. 执行的主要标准 | 执行的主要标准应列出其名称及编号 |
| 14. 存在问题及建议 | 存在问题及建议应说明项目技术方案、依托条件、各专项评价报告及批复等存在不落实、需要进一步确定的问题及建议 |

# 第四章 金属油罐设计与数据

## 第一节 金属油罐种类选择

金属油罐种类选择应综合考虑油库性质、储油品种、单罐容量、建造材料、结构形式、隐蔽防护、建设投资等，见表 4-1。

表 4-1 金属油罐种类选择

| 考虑的因素 | 要 求 |
|---|---|
| 油库性质 | 1. 对于商用中转油库、分配油库及一般企业附属油库，应选用地上油罐 |
|  | 2. 国家为军队储备的油库、某些军用油库，宜选用山洞油罐或地下油罐或半地下油罐 |
| 油品种 | 储存甲类和乙 A 类油品的地上油罐应选用浮顶油罐或内浮顶油罐 |
| 单罐容量 | 1. 单罐容量大于或等于 100m³，应选用立式油罐 |
|  | 2. 小于或等于 100m³ 的油罐，可选用卧式油罐 |
| 建造材料 | 应选用钢质油罐 |
| 结构形式 | 储存甲类油品的覆土油罐和洞式油罐及储存其他油品的油罐，宜选用固定顶油罐 |
| 隐蔽防护 | 宜选用山洞油罐或地下油罐或半地下油罐 |
| 建设投资 | 根据具体情况，进行技术经济比较，选择性价比高的油罐 |

## 第二节 立式金属油罐设计压力、温度及抗震选择

根据 GB 50341—2014《立式圆筒形钢制焊接油罐设计规范》的规定，立式圆筒形油罐设计压力、温度及抗震要求，见表 4-2。

表 4-2 立式圆筒形油罐设计压力、温度及抗震要求

| 项 目 | | | 要 求 |
|---|---|---|---|
| 设计压力 | 固定顶油罐 | 设计负压 | 固定顶常压油罐的设计负压不应大于 0.5kPa |
|  |  |  | 当符合 GB 50341—2014 中附录 B 的规定时，最大设计负压可提高到 6.9kPa |
|  |  | 设计正压 | 正压产生的举升力不应超过罐顶板及其所支撑附件的总重量 |
|  |  |  | 当符合 GB 50341—2014 中附录 A 的规定时，最大设计压力可提高到 18kPa |
|  | 浮顶油罐 | | 浮顶油罐的设计压力应取常压 |

| 项 目 | 要 求 |
|---|---|
| 设计温度 | （1）油罐的设计温度取值不应低于油罐在正常操作状态时罐壁板及受力元件可能达到的最高金属温度，不应高于油罐在正常操作状态时罐壁板及受力元件可能出现的最低金属温度 |
| | （2）油罐的最高设计温度不应高于90℃。当符合 GB 50341—2014 附录 C 的规定时，固定顶油罐的最高设计温度可提高到250℃ |
| | （3）对于既无加热又无保温的油罐，油罐的最低设计温度应取建罐地区的最低日平均温度加13℃ |
| 抗震 | （1）在抗震设防烈度为 6 度及以上地区建罐时，必须进行抗震设计 |
| | （2）抗震设计应符合 GB 50341—2014 附录 D 的规定 |

# 第三节　金属油罐几何尺寸选择

金属油罐几何尺寸选择原则为：

（1）设计油罐时，应本着结构安全，耗材量少、节省经费、减少占地的原则，通过全面技术经济指标比较，选取经济合理的油罐尺寸；

（2）为了简化油罐设计，加速油库建设，便于订货、施工和管理，同一油库应尽量选用同型式、同容量的定型钢质油罐。

金属油罐几何尺寸的选择见表4-3。

表4-3　金属油罐几何尺寸的选择

| 油 罐 形 式 | 几何尺寸选择 | |
|---|---|---|
| | 材料最省的尺寸 | 费用最低的尺寸 |
| 等壁敞口小容量油罐 | $H \approx R$ | $H \approx R$ |
| 等壁封闭小容量油罐 | $H \approx 2R$ | $H \approx 2R$ |
| 变壁封闭大容量油罐 | $H \approx \sqrt{\alpha\lambda}$ | $H \approx \dfrac{C_2 + C_3}{2C_1}R$ |

符号说明：$H$ 为油罐高度；$R$ 为油罐半径；$\alpha = [\sigma]\Phi/\gamma$（$[\sigma]$ 为钢材许用应力；$\Phi$ 为焊缝系数；$\gamma$ 为储液重量）；$\lambda = \delta_1 + \delta_2$（$\delta_1$ 为罐顶厚度；$\delta_2$ 为罐底厚度）；$C_1$，$C_2$，$C_3$ 分别为罐壁、罐底、罐顶单位面积每年平均费用（罐顶面积按水平投影计）。

拱顶、准球顶油罐的曲率半径要求为：

（1）在气体压力作用下，拱顶及准球顶和罐壁厚度相同时，球形顶强度是罐壁强度的2倍。

（2）为了使其强度相等，罐顶的曲率半径 $R$ 应等于油罐的直径，一般取 $R=(0.8\sim1.2)D$。

（3）拱顶以包边角钢与罐壁相连接，为了减少罐顶与罐壁连接处的边缘径向应力，准球顶与罐壁以小圆弧匀调转角方式连接，其曲率半径 $\rho$ 取：$\rho=0.1R$。

# 第四节　国内常用金属立式油罐系列

## 一、行业标准（HG 21502.1）系列

行业标准 HG 21502.1—1992《钢制立式圆筒形固定顶储罐系列》说明见表 4-4,系列基本参数和尺寸见表 4-5。

**表 4-4　HG 21502.1—1992《钢制立式圆筒形固定顶储罐系列》说明**

| 项　　目 | 内　　　容 | |
|---|---|---|
| 1. 用途 | 本标准储罐适用于储存石油、石油产品和化工产品 | |
| 2. 设计、制造遵循的规范 | （1）SH 3046—1992《石油化工立式圆筒形钢制焊接储罐设计规范》 | |
| | （2）GB 50128—2014《立式圆筒形钢制焊接储罐施工规范》 | |
| 3. 设计参数 | （1）设计压力：正压 2000Pa、负压 500Pa | |
| | （2）设计温度：−19～150℃ | |
| | （3）焊接接头系数：0.9 | |
| | （4）储液密度：$\rho\leqslant1000\text{kg/m}^3$ | |
| | （5）腐蚀裕量：1mm | |
| | （6）设计载荷：基本风压：500Pa，雪载荷：450Pa，罐顶附加载荷：1200Pa | |
| | （7）抗震设防烈度：7 度（近震） | |
| 4. 材料选择 | 材料选择应根据建罐地区的最低日平均温度加 13℃决定罐壁材料（Q235B；Q245R；Q345；Q345R） | |
| 5. 结构形式 | （1）罐顶结构 | 储罐为钢制立式圆筒形拱顶储罐 |
| | | 罐顶结构为公称容积 $V\leqslant1000\text{m}^3$ 的罐顶采用光面球壳拱顶 |
| | | 公称容积 $V>1000\text{m}^3$ 的罐顶采用带筋球壳拱顶 |
| | （2）罐壁加强圈 | 公称容积 $V<1000\text{m}^3$ 的罐壁不设加强圈 |
| | | 公称容积 $V\geqslant1000\text{m}^3$ 的罐壁设置加强圈 |
| 6. 参数和尺寸 | 钢制立式圆筒形拱顶储罐系列基本参数和尺寸，见表 4-5 | |

表4-5　钢制立式圆筒形拱顶储罐系列基本参数和尺寸

| 序号 | 容积(m³) 公称 | 容积(m³) 计算 | 储罐内径 D₁(mm) | 壁高 h₁ | 顶高 h₂ | 总高 H | 底圈 | 2 | 3 | 4 | 5 | 6 | 7 | 8 | 9 | 10 | 11 | 12 | 顶板厚度(mm) | 中幅板 | 边缘板 | 主体材料 | 总质量(kg) |
|---|---|---|---|---|---|---|---|---|---|---|---|---|---|---|---|---|---|---|---|---|---|---|---|
| 1 | 100 | 110 | 5200 | 5200 | 554 | 5754 | 6 | 6 | 6 | | | | | | | | | | 5.5 | 6 | 6 | Q235B | 6135 |
| 2 | 200 | 220 | 6550 | 6550 | 700 | 7250 | 6 | 6 | 6 | 6 | | | | | | | | | 5.5 | 6 | 6 | Q235B | 9760 |
| 3 | 300 | 330 | 7500 | 7500 | 805 | 8305 | 6 | 6 | 6 | 6 | 6 | | | | | | | | 5.5 | 6 | 6 | Q235B | 12760 |
| 4 | 400 | 440 | 8250 | 8250 | 887 | 9137 | 6 | 6 | 6 | 6 | 6 | | | | | | | | 5.5 | 6 | 6 | Q235B | 15290 |
| 5 | 500 | 550 | 8920 | 8920 | 972 | 9892 | 6 | 6 | 6 | 6 | 6 | | | | | | | | 5.5 | 6 | 6 | Q235B | 17745 |
| 6 | 600 | 660 | 9500 | 9315 | 1023 | 10336 | 6 | 6 | 6 | 6 | 6 | 6 | | | | | | | 5.5 | 6 | 6 | Q235B | 21840 |
| 7 | 700 | 770 | 10200 | 9425 | 1112 | 10537 | 6 | 6 | 6 | 6 | 6 | 6 | | | | | | | 5.5 | 6 | 6 | Q235B | 23160 |
| 8 | 800 | 880 | 10500 | 10165 | 1132 | 11297 | 6 | 6 | 6 | 6 | 6 | 6 | | | | | | | 5.5 | 6 | 6 | Q235B | 25250 |
| 9 | 1000 | 1100 | 11500 | 10650 | 1241 | 11891 | 6 | 6 | 6 | 6 | 6 | 6 | | | | | | | 5.5 | 6 | 7 | Q235B | 30200 |
| 10 | 1500 | 1645 | 13500 | 11500 | 1468 | 12968 | 8 | 7 | 6 | 6 | 6 | 6 | 6 | | | | | | 5.5 | 5 | 7 | Q235B | 40344 |
| 11 | 2000 | 2220 | 15780 | 11370 | 1721 | 13091 | 9 | 8 | 7 | 6 | 6 | 6 | 6 | | | | | | 5.5 | 6 | 7 | Q235B | 52690 |
| 12 | 3000 | 3300 | 18900 | 11760 | 2049 | 13809 | 11 | 10 | 8 | 7 | 6 | 6 | 6 | | | | | | 5.5 | 6 | 9 | Q235B | 76785 |
| 13 | 5000 | 5500 | 23700 | 12530 | 2573 | 15103 | 14 | 12 | 10 | 9 | 8 | 7 | 6 | 6 | | | | | 5.5 | 7 | 9 | Q235B | 121695 |
| 14 | 10000 | 11000 | 31000 | 14580 | 3368 | 17948 | 20 | 18 | 16 | 14 | 12 | 10 | 8 | 7 | 7 | | | | 5.5 | 7 | 9 | Q245R | 232035 |
| 15 | 20000 | 23500 | 42000 | 17000 | 4546 | 21546 | 23 | 21 | 19 | 17 | 14 | 11 | 9 | 9 | 9 | 9 | | | 5.5 | 7 | 12 | Q345R | 473430 |
| 16 | 30000 | 31300 | 44000 | 20600 | 4788 | 25388 | 31 | 28 | 26 | 22 | 20 | 17 | 14 | 12 | 10 | 10 | 10 | 10 | 5.5 | 7 | 12 | Q345R | 642425 |

## 二、某设计公司储罐系列

某设计公司钢制立式圆筒形拱顶储罐系列说明见表4-6，系列基本参数和尺寸见表4-7和表4-8。

**表4-6　某设计公司储罐系列说明**

| 项　　目 | 内　　容 |
|---|---|
| 1. 用途 | (1) 钢制拱顶储罐系列 100~20000m³ 钢制拱顶储罐适用于储存原油、石油产品和水 |
| | (2) 100~10000m³ 钢制拱顶储罐适用于储存成品油等 |
| 2. 遵循的主要标准和规范 | (1) GB 50341—2014《立式圆筒形钢制焊接油罐设计规范》 |
| | (2) GB 50128—2014《立式圆筒形钢制焊接储罐施工规范》 |
| | (3) GB 50205—2001《钢结构工程施工质量验收规范》 |
| | (4) SH 3046—1992《石油化工立式圆筒形钢制焊接储罐设计规范》 |
| 3. 基本性能参数 | (1) 设计压力：正压为 2000Pa，负压为 500Pa |
| | (2) 设计温度：-19~90℃ |
| | (3) 腐蚀裕量：罐顶 1.5mm、罐壁 1mm、罐底 1mm |
| | (4) 焊接接头系数：0.9 |
| | (5) 设计载荷：基本风压为 0.6kPa，雪载为 0.5kPa |
| | (6) 地震设防烈度：7 度 |
| | (7) 储液密度：$\rho \leqslant 1000 kg/m^3$ |
| | (8) 风压高度变化系数：B 类 |
| 4. 罐体的结构形式和系列基本参数和尺寸 | (1) 罐壁的结构形式为：公称容积 $V<1000m^3$ 的罐壁不设加强圈，公称容积 $V \geqslant 1000m^3$ 的罐壁设置加强圈 |
| | (2) 罐底的结构形式，对 100~1000m³ 罐底采用不设环形边缘板结构形式，底板全部采用搭接。2000~20000m³ 储罐罐底采用带弓形边缘板结构形式，中幅板采用搭接结构，弓形边缘板之间采用加强垫板的对接结构 |
| | (3) 罐顶的结构形式为：公称容积 $V<400m^3$ 的罐顶采用光面球壳拱顶。公称容积 $V \geqslant 400m^3$ 的罐顶采用带筋球壳拱顶。公称容积 20000m³ 的罐顶采用子午线网壳结构 |
| | (4) 钢制拱顶储罐系列分钢制拱顶储罐和成品油库储罐系列，其基本参数和尺寸分别见表4-7和表4-8 |

表 4-7　100~20000m³ 钢制拱顶储罐系列基本参数和尺寸

| 序号 | 容积(m³) 公称 | 计算 | 储罐内径 D₁(mm) | 高度(mm) 壁高 h₁ | 顶高 h₂ | 总高 H | 罐壁厚度(mm) 底圈 | 2 | 3 | 4 | 5 | 6 | 7 | 8 | 顶板厚度(mm) | 底板厚度(mm) 中幅板 | 边缘板 | 主体材料 | 总质量(kg) |
|---|---|---|---|---|---|---|---|---|---|---|---|---|---|---|---|---|---|---|---|
| 1 | 100 | 107 | 5140 | 5140 | 570 | 5725 | 6 | 6 | 6 | | | | | | 6 | 7 | 7 | Q235B | 6340 |
| 2 | 200 | 211 | 6580 | 6220 | 727 | 6962 | 6 | 6 | 6 | | | | | | 6 | 7 | 7 | Q235B | 9995 |
| 3 | 300 | 314 | 7710 | 6720 | 850 | 7585 | 6 | 6 | 6 | | | | | | 6 | 7 | 7 | Q235B | 13040 |
| 4 | 500 | 519 | 8920 | 8300 | 982 | 9297 | 6 | 6 | 6 | 6 | | | | | 6 | 7 | 7 | Q235B | 18470 |
| 5 | 700 | 729 | 10200 | 8900 | 1122 | 10037 | 6 | 6 | 6 | 6 | | | | | 6 | 7 | 7 | Q235B | 23308 |
| 6 | 1000 | 1028 | 11500 | 9900 | 1264 | 11179 | 7 | 6 | 6 | 6 | | | | | 6 | 7 | 7 | Q235B | 30370 |
| 7 | 2000 | 2106 | 15700 | 10880 | 1719 | 12615 | 8 | 7 | 6 | 6 | 6 | | | | 6 | 7 | 7 | Q235B | 51835 |
| 8 | 3000 | 3108 | 18900 | 11080 | 2068 | 13165 | 10 | 8 | 7 | 6 | 6 | | | | 6 | 7 | 8 | Q235B | 72340 |
| 9 | 5000 | 5126 | 23640 | 11680 | 2585 | 14273 | 12 | 10 | 9 | 6 | 6 | | | | 6 | 7 | 10 | Q245R/ | 113895 |
| 10 | 10000 | 10196 | 31120 | 13460 | 3402 | 16884 | 12 | 12 | 10 | 10 | 8 | 8 | | | 6 | 7 | 10 | Q235B | 20156 |
| 11 | 20000 | 20396 | 40500 | 15840 | 4856 | 20706 | 18 | 16 | 14 | 12 | 10 | 8 | 8 | | 6 | 7 | 10 | Q345R | 379030 |

表 4-8　100~10000m³ 成品油库储罐系列基本参数和尺寸

| 序号 | 容积(m³) 公称 | 计算 | 储罐内径 D₁(mm) | 高度(mm) 壁高 h₁ | 顶高 h₂ | 总高 H | 罐壁厚度(mm) 底圈 | 2 | 3 | 4 | 5 | 6 | 7 | 8 | 顶板厚度(mm) | 底板厚度(mm) 中幅板 | 边缘板 | 主体材料 | 总质量(kg) |
|---|---|---|---|---|---|---|---|---|---|---|---|---|---|---|---|---|---|---|---|
| 1 | 100 | 110 | 5140 | 5340 | 570 | 5926 | 6 | 6 | 6 | | | | | | 6 | 8 | 8 | Q235B | 6800 |
| 2 | 200 | 211 | 6580 | 6210 | 727 | 6963 | 6 | 6 | 6 | 6 | | | | | 6 | 8 | 8 | Q235B | 10500 |
| 3 | 300 | 332 | 7710 | 7120 | 850 | 7986 | 6 | 6 | 6 | | | | | | 6 | 8 | 8 | Q235B | 13817 |
| 4 | 400 | 428 | 8250 | 8000 | 909 | 8925 | 6 | 6 | 6 | 6 | | | | | 6 | 8 | 8 | Q235B | 16743 |
| 5 | 500 | 554 | 8920 | 8900 | 980 | 9896 | 8 | 6 | 6 | 6 | | | | | 6 | 8 | 8 | Q235B | 20592 |
| 6 | 1000 | 1109 | 11500 | 10680 | 1264 | 11960 | 10 | 8 | 6 | 6 | | | | | 6 | 8 | 8 | Q235B | 35005 |
| 7 | 2000 | 2300 | 15700 | 11880 | 1722 | 13620 | 10 | 8 | 8 | 6 | 6 | | | | 6 | 8 | 10 | Q235B | 61471 |
| 8 | 3000 | 3333 | 18900 | 11880 | 2071 | 13971 | 12 | 10 | 8 | 6 | 6 | | | | 6 | 8 | 12 | Q235B | 86742 |
| 9 | 5000 | 5497 | 23700 | 12460 | 2594 | 15078 | 12 | 12 | 10 | 10 | 8 | 8 | 8 | | 6 | 8 | 12 | Q235B | 132391 |
| 10 | 10000 | 11197 | 3000 | 15840 | 3279 | 19146 | 18 | 16 | 14 | 12 | 12 | 10 | 10 | 10 | 6 | 8 | 12 | Q345R/Q235B | 251415 |

### 三、国内钢制立式圆筒形内浮顶储罐系列( HG 21502. 2)

HG 21502.2—1992《钢制立式圆筒形内浮顶储罐系列》说明见表4-9，基本参数和尺寸见表4-10。

**表4-9　HG 21502. 2—1992《钢制立式圆筒形内浮顶储罐系列》说明**

| 项　目 | 内　容 | |
|---|---|---|
| 1. 用途 | 本标准储罐适用于储存易挥发的石油、石油产品和化工产品 | |
| 2. 设计、制造遵循规范 | (1) SH 3046—1992《石油化工立式圆筒形钢制焊接储罐设计规范》 | |
| | (2) GB 50128—2014《立式圆筒形钢制焊接储罐施工规范》 | |
| 3. 设计参数 | (1) 设计压力：0 | |
| | (2) 设计温度：−19~80℃ | |
| | (3) 储液密度：$\rho \leqslant 1000 kg/m^3$ | |
| | (4) 腐蚀裕量：1mm | |
| | (5) 设计载荷：基本风压为500Pa；雪载荷为450Pa；罐顶附加载荷为700Pa | |
| | (6) 抗震设防烈度：7度(近震) | |
| 4. 材料选择 | 材料选择应根据建罐地区的最低日平均温度加13℃决定罐壁材料(Q235A. F；Q235A；Q245R；Q345R) | |
| 5. 规格尺寸 | (1) 公称容积：40~30000m³ | |
| | (2) 公称直径：DN5200~DN44000 | |
| 6. 罐体的结构 | (1) 储罐为钢制立式圆筒形拱顶储罐 | |
| | (2) 罐顶结构 | 公称容积 $V \leqslant 1000m^3$ 的罐顶采用光面球壳拱顶 |
| | | 公称容积 $V > 1000m^3$ 的罐顶采用带筋球壳拱顶 |
| | (3) 罐壁加强圈 | 公称容积 $V < 1000m^3$ 的罐壁不设加强圈 |
| | | 公称容积 $V \geqslant 1000m^3$ 的罐壁设置加强圈 |
| 7. 内浮顶的结构 | (1) 两种浮盘结构形式 | 公称容积 $V < 10000m^3$ 的储罐采用浅盘式 |
| | | 公称容积 $V \geqslant 10000m^3$ 的储罐采用船舱式 |
| | (2) 两种密封结构形式 | 公称容积 $V < 10000m^3$ 的储罐采用填料式 |
| | | 公称容积 $V \geqslant 10000m^3$ 的储罐采用舌形密封 |
| | (3) 内浮顶支撑高度 | 本标准内浮顶设置操作和检修两种支撑高度，操作高度为900mm，检修高度为1800mm |
| | (4) 导向机构(防转装置) | 本标准浮盘的导向装置采用滑动导向装置 |
| 8. 参数和尺寸 | 内浮顶储罐系列基本参数和尺寸见表4-10 | |

表4-10 100～30000m³ 内浮顶储罐系列基本参数和尺寸

| 序号 | 容积(m³) 公称 | 容积(m³) 计算 | 储罐内径 $D_1$(mm) | 高度(mm) 壁高 $h_1$ | 高度(mm) 顶高 $h_2$ | 高度(mm) 总高 $H$ | 罐壁厚度(mm) 底圈 | 2 | 3 | 4 | 5 | 6 | 7 | 8 | 9 | 10 | 11 | 12 | 顶板厚度(mm) | 底板厚度(mm) 中幅板 | 底板厚度(mm) 边缘板 | 浮盘厚度(mm) | 主体材料 | 总质量(kg) |
|---|---|---|---|---|---|---|---|---|---|---|---|---|---|---|---|---|---|---|---|---|---|---|---|---|
| 1 | 100 | 110 | 4500 | 7850 | 447 | 8327 | 6 | 6 | 6 | 6 | 6 | | | | | | | | 5.5 | 6 | 6 | 5 | Q235A·F | 8170 |
| 2 | 200 | 220 | 5500 | 10260 | 587 | 10847 | 6 | 6 | 6 | 6 | 6 | 6 | | | | | | | 5.5 | 6 | 6 | 5 | | 12620 |
| 3 | 300 | 320 | 6500 | 10650 | 695 | 11345 | 6 | 6 | 6 | 6 | 6 | 6 | | | | | | | 5.5 | 6 | 6 | 5 | | 15980 |
| 4 | 400 | 430 | 7500 | 10650 | 805 | 11455 | 6 | 6 | 6 | 6 | 6 | 6 | | | | | | | 5.5 | 6 | 6 | 5 | | 19280 |
| 5 | 500 | 530 | 8200 | 11000 | 881 | 11881 | 6 | 6 | 6 | 6 | 6 | 6 | 6 | | | | | | 5.5 | 6 | 6 | 5 | | 22220 |
| 6 | 600 | 635 | 9000 | 11000 | 969 | 11969 | 6 | 6 | 6 | 6 | 6 | 6 | 6 | | | | | | 5.5 | 6 | 6 | 5 | | 25835 |
| 7 | 700 | 764 | 9200 | 12500 | 991 | 13491 | 6 | 6 | 6 | 6 | 6 | 6 | 6 | | | | | | 5.5 | 6 | 6 | 5 | | 28720 |
| 8 | 800 | 864 | 10000 | 12000 | 1078 | 13078 | 6 | 6 | 6 | 6 | 6 | 6 | 6 | | | | | | 5.5 | 6 | 6 | 5 | | 31925 |
| 9 | 1000 | 1140 | 11500 | 12000 | 1254 | 13254 | 7 | 6 | 6 | 6 | 6 | 6 | 6 | 6 | | | | | 5.5 | 6 | 7 | 5 | Q235A | 39430 |
| 10 | 1500 | 1650 | 13000 | 13500 | 1405 | 14905 | 8 | 7 | 6 | 6 | 6 | 6 | 6 | 6 | | | | | 5.5 | 6 | 7 | 5 | | 51425 |
| 11 | 2000 | 2186 | 14500 | 14350 | 1569 | 15919 | 9 | 8 | 7 | 6 | 6 | 6 | 6 | 6 | 6 | | | | 5.5 | 6 | 7 | 5 | | 60950 |
| 12 | 3000 | 3360 | 17000 | 15850 | 1841 | 17691 | 11 | 10 | 9 | 8 | 7 | 6 | 6 | 6 | 6 | | | | 5.5 | 6 | 9 | 5 | | 89485 |
| 13 | 5000 | 5360 | 21000 | 16500 | 2278 | 18776 | 13 | 12 | 11 | 9 | 8 | 7 | 6 | 6 | 6 | 6 | | | 5.5 | 7 | 9 | 5 | Q245R | 134435 |
| 14 | 10000 | 10700 | 33000 | 16500 | 3260 | 19760 | 21 | 18 | 16 | 14 | 13 | 10 | 9 | 8 | 6 | | | | 5.5 | 7 | 10 | 5 | | 286520 |
| 15 | 20000 | 22400 | 42000 | 17500 | 4546 | 22046 | 20 | 18 | 16 | 14 | 12 | 10 | 8 | 8 | 8 | 8 | | | 5.5 | 7 | 12 | 5 | Q345R | 510885 |
| 16 | 30000 | 31300 | 44000 | 22000 | 4788 | 26788 | 28 | 25 | 22 | 20 | 18 | 16 | 13 | 11 | 9 | 9 | 9 | 9 | 5.5 | 7 | 12 | 5 | | 690270 |

#### 四、国内钢制外浮顶油罐技术数据

表 4-11 列出了 50000m³ 以下外浮顶油罐技术数据。随着需求的不断扩大，设计的储罐以越来越大型化，目前国内已有 $10 \times 10^4 m^3$、$12.5 \times 10^4 m^3$、$15 \times 10^4 m^3$ 的大型外浮顶储罐，均已应用于储备库、大型油库等工程中。

**表 4-11　5000m³ 以下外浮顶油罐技术数据**

| 结构形式 | 公称容积(m³) | 油罐尺寸(mm) 内径 D | 高度(mm) $H_1$ | 高度(mm) H | 计算容积(m³) | 底圈 | 第二圈 | 第三圈 | 第四圈 | 第五圈 | 第六圈 | 第七圈 | 第八圈 | 第九圈 | 第十圈 | 第十一圈 | 顶圈 | 底板 | 边缘板 | 船舱底板 | 船舱顶板 | 单盘顶板 |
|---|---|---|---|---|---|---|---|---|---|---|---|---|---|---|---|---|---|---|---|---|---|---|
| 双盘式 | 1000 | 12180 | 9563 | 11563 | 1080 | 6 | 6 | 6 | 6 | 6 | | | | | | | 6 | 6 | 6 | 4.5 | 4.5 | |
| 双盘式 | 3000 | 16240 | 14322 | 16322 | 2940 | 10 | 9 | 8 | 7 | 6 | 6 | 6 | 6 | | | | 6 | 6 | 8 | 4.5 | 4.5 | |
| 双盘式 | 5000 | 22272 | 14313 | 16313 | 5380 | 14 | 12 | 10 | 9 | 8 | 6 | 6 | 6 | | | | 6 | 6 | 9 | 4.5 | 4.5 | |
| 双盘式 | 5000 | 22272 | 14313 | 16313 | 5380 | 10 | 10 | 9 | 8 | 6 | 6 | 6 | 6 | | | | 6 | 6 | 9 | 4.5 | 4.5 | |
| 浮船式 | 10000 | 28422 | 15895 | 17935 | 9957 | 18 | 16 | 14 | 12 | 10 | 9 | 8 | 6 | 6 | | | 6 | 6 | 9 | 6 | 4.5 | 6 |
| 浮船式 | 20000 | 40632 | 15895 | 17895 | 20400 | 24 | 22 | 20 | 18 | 16 | 12 | 10 | 8 | 8 | | | 8 | 6 | 9 | 6 | 4.5 | 6 |
| 浮船式 | 20000 | 40632 | 15895 | 17895 | 20400 | 22 | 20 | 18 | 16 | 14 | 12 | 10 | 8 | 8 | | | 8 | 6 | 9 | 4.5 | 4.5 | 6 |
| 浮船式 | 30000 | 44660 | 19071 | 21071 | 29400 | 24 | 22 | 20 | 18 | 16 | 14 | 12 | 10 | 9 | 9 | 8 | 8 | 6 | 12 | 6 | 4.5 | 6 |
| 浮船式 | 30000 | 44660 | 19071 | 21071 | 29400 | 36 | 32 | 30 | 28 | 24 | 20 | 16 | 14 | 12 | 9 | 8 | 8 | 6 | 12 | 6 | 4.5 | 6 |
| 浮船式 | 50000 | 58920 | 19071 | 21071 | 51988 | 30 | 28 | 25 | 21 | 30 | 18 | 16 | 12 | 10 | 8 | 8 | 8 | 6 | 12 | 6 | 4.5 | 6 |

# 第五节　国内常用金属卧式油罐系列

## 一、卧式椭圆形封头容器基本参数

卧式椭圆形封头容器基本参数系列见表 4-12 和表 4-13，是根据公称容积来确定常用的公称直径和长度，如有特殊要求，可根据需要另行确定直径和长度。

## 二、卧式平封头容器设计及基本参数

卧式平封头容器设计参数见表 4-14，卧式平封头容器基本参数见表 4-15。

表 4-12　卧式椭圆形封头容器基本参数

| 公称容积 | 筒体(mm) | | 公称容积 | 筒体(mm) | |
|---|---|---|---|---|---|
| $V(m^3)$ | 公称直径 DN | 长度 L | $V(m^3)$ | 公称直径 DN | 长度 L |
| 0.5 | 600※ | 1600 | | 2000※ | 7400 |
| 0.8 | 700 | 1800 | 25 | 2200 | 5800 |
| 1 | 800※ | 1800 | | 2400※ | 4800 |
| 1.5 | 800※ | 2800 | | 2000※ | 9400 |
| 2 | 900 | 2800 | 32 | 2200 | 7600 |
| 2.5 | 1000※ | 2800 | | 2400※ | 6200 |
| 3 | 1000※ | 3400 | | 2200 | 9800 |
| 4 | 1200※ | 3200 | 40 | 2400※ | 8000 |
| 5 | 1200※ | 4000 | | 2600※ | 6600 |
| 5 | 1400 | 2800 | | 2400※ | 10200 |
| 6 | 1400 | 3400 | 50 | 2600※ | 8400 |
| 6 | 1600※ | 2600 | | 2800 | 7200 |
| 8 | 1400 | 4800 | | 2600※ | 11000 |
| 8 | 1600※ | 3600 | 63 | 2800 | 9400 |
| 10 | 1600※ | 4400 | | 3000※ | 8000 |
| 10 | 1800 | 3400 | | 2600※ | 14200 |
| 12 | 1600※ | 5600 | 80 | 2800 | 12000 |
| 12 | 1800 | 4200 | | 3000※ | 10200 |
| 16 | 1800 | 5600 | | 2800 | 15200 |
| 16 | 2000※ | 4400 | 100 | 3000※ | 13200 |
| 20 | 2000※ | 5800 | | 3200 | 11300 |
| 20 | 2200 | 4600 | 150 | 3200 | 17500 |

注：表中※者为优先选。

表 4-13　卧式椭圆形封头容器基本参数

| 公称容积 | 筒体(mm) | | 公称容积 | 筒体(mm) | |
|---|---|---|---|---|---|
| $V(m^3)$ | 公称直径 DN | 高度 L | $V(m^3)$ | 公称直径 DN | 高度 L |
| 0.5 | 700 | 1000 | 2 | 1000※ | 2200 |
| 0.8 | 800※ | 1200 | | 1200※ | 1400 |
| 1 | 800※ | 1800 | 2.5 | 1200※ | 1800 |
| 1.5 | 1000※ | 1600 | | 1400 | 1200 |

| 公称容积 V(m³) | 筒体(mm) | | 公称容积 V(m³) | 筒体(mm) | |
|---|---|---|---|---|---|
| | 公称直径 DN | 高度 L | | 公称直径 DN | 高度 L |
| 3 | 1200※ | 2200 | 16 | 2000※ | 4400 |
| | 1400 | 1600 | | 2200 | 3400 |
| 4 | 1200※ | 3200 | | 2400※ | 2800 |
| | 1400 | 2200 | 20 | 2200 | 4600 |
| 5 | 1400 | 2800 | | 2400※ | 3600 |
| | 1600※ | 2000 | | 2600※ | 3000 |
| 6 | 1400 | 3400 | 25 | 2200 | 5800 |
| | 1600※ | 2600 | | 2400※ | 4800 |
| 8 | 1600※ | 3600 | | 2600※ | 3800 |
| | 1800 | 2600 | 32 | 2200 | 7600 |
| 10 | 1800 | 3400 | | 2400※ | 6200 |
| | 2000※ | 2600 | | 2600※ | 5200 |
| 12 | 1800 | 4200 | 40 | 2400※ | 8000 |
| | 2000※ | 3200 | | 2600※ | 6600 |
| | 2200 | 2400 | | 2800 | 5600 |

注：表中※者为优先选。

## 表4-14　卧式平封头容器设计参数

| 项　　目 | 内　　容 |
|---|---|
| 1. 用途 | 某油田设计院设计的3~60m³卧式平封头容器系列，适用于各油库及油田各级处理站中盛装石油、成品油及水 |
| 2. 设计、制造遵循的规范 | (1) NB/T 47001—2009《钢制液化石油气卧式储罐型式与基本参数》 |
| | (2) JB/T 4731—2005《〈卧式容器〉标准释义与算例》 |
| 3. 设计参数 | (1) 设计压力：常压 |
| | (2) 设计温度：90℃ |
| | (3) 储液密度：$\rho \leqslant 1000kg/m^3$ |
| | (4) 腐蚀裕量：1mm |
| 4. 材料选择 | 壳体主体材质为 Q235B；鞍座材质为 Q235B/Q235B；加强结构圈的材质为 Q235A. F |

表 4-15 卧式平封头容器基本参数

| 序号 | 公称容积（m³） | 全容积（m³） | 内直径 φ（mm） | 筒体长度 L（mm） | 壁厚 δ（mm） | 封头厚度 δ₁（mm） | 加强角钢尺寸（mm×mm×mm） | 设备质量（kg） |
|---|---|---|---|---|---|---|---|---|
| 1 | 3 | 3.1 | 1000 | 4000 | 6 | 6 | — | 825 |
| 2 | 5 | 5.17 | 1200 | 4600 | 6 | 6 | — | 1135 |
| 3 | 10 | 10.4 | 1600 | 5200 | 6 | 8 | 70×70×8 | 1970 |
| 4 | 20 | 20.7 | 2000 | 6600 | 8 | 10 | 90×90×8 | 3795 |
| 5 | 20 | 20.5 | 2200 | 5400 | 8 | 10 | 90×90×8 | 3860 |
| 6 | 30 | 30.4 | 2200 | 8000 | 8 | 10 | 120×120×10 | 5100 |
| 7 | 30 | 30.7 | 2400 | 6000 | 8 | 10 | 120×120×10 | 5160 |
| 8 | 40 | 40.3 | 2600 | 7600 | 8 | 12 | 140×140×12 | 6520 |
| 9 | 40 | 40.6 | 2800 | 6600 | 10 | 12 | 125×125×12 | 7505 |
| 10 | 50 | 50.5 | 2800 | 8200 | 10 | 12 | 140×140×14 | 8665 |
| 11 | 50 | 40.8 | 3000 | 7200 | 10 | 12 | 160×160×14 | 9155 |
| 12 | 60 | 60.3 | 2800 | 9800 | 10 | 12 | 160×160×10 | 9920 |
| 13 | 60 | 60.7 | 3000 | 8600 | 10 | 12 | 160×160×4 | 10195 |

注：设备的工艺开口见有关图纸。

### 三、GB 50156—2012《汽车加油加气站设计与施工规范》对卧式油罐选用要求

汽车加油加气站多用卧式油罐储油，GB 50156—2012《汽车加油加气站设计与施工规范》，对卧式油罐的选用有明确要求，并提出选用双层壁卧式油罐，选用要求见表 4-16。

表 4-16 卧式油罐的选用要求

| 项 目 | | 选 用 要 求 |
|---|---|---|
| 1. 双层油罐形式：埋地卧式油罐需要采用双层油罐时，可采用右边3种形式 | | （1）双层钢制油罐 |
| | | （2）双层玻璃纤维增强塑料油罐 |
| | | （3）内钢外玻璃纤维增强塑料双层油罐 |
| 2. 钢罐体的结构设计 | （1）单层卧式钢制油罐 | 可按 AQ3020—2008《钢制常压储罐 第一部分：储存对水有污染的易燃和不易燃液体的埋地卧式圆筒形单层和双层储罐》的有关规定执行，并应符合下列"3."的规定 |
| | （2）双层卧式钢制油罐 | |
| | （3）内钢外玻璃纤维增强塑料双层卧式油罐 | |

| 项 目 | | | 选 用 要 求 |
|---|---|---|---|
| **3. 钢板的公称厚度(mm)** | 卧式单层油罐、双层油罐内层罐罐体和封头公称厚度 | 公称直径 800~1600mm | 罐体 | 5 |
| | | | 封头 | 6 |
| | | 公称直径 1601~2500mm | 罐体 | 6 |
| | | | 封头 | 7 |
| | | 公称直径 2501~3000mm | 罐体 | 7 |
| | | | 封头 | 8 |
| | 卧式双层钢制油罐外层罐罐体和封头公称厚度 | 公称直径 800~1600mm | 罐体 | 4 |
| | | | 封头 | 5 |
| | | 公称直径 1601~2500mm | 罐体 | 5 |
| | | | 封头 | 6 |
| | | 公称直径 2501~3000mm | 罐体 | 5 |
| | | | 封头 | 6 |
| **4. 设计内压** | | | 钢制油罐的设计内压不应低于 0.08MPa |
| **5. 玻璃纤维增强塑料厚** | | | 双层玻璃纤维增强塑料油罐的内、外层壁厚,以及内钢外玻璃纤维增强塑料双层油罐的外层壁厚,均不应小于4mm |
| **6. 罐内消除油品静电荷的要求及措施** | (1)要求 | | 与罐内油品直接接触的玻璃纤维增强塑料等非金属层,应满足消除油品静电荷的要求,其表面电阻率应小于 $10^9 \Omega$ |
| | (2)措施(当表面电阻率无法满足小于 $10^9\Omega$ 的要求时,应在罐内安装能够消除油品静电荷的物体) | | 消除油品静电电荷的物体可为罐内浸入油品中的钢板 |
| | | | 也可为钢制的进油立管、出油管等金属物,其表面积之和"A"不应小于下式的计算值 |
| | | | 安装在罐内的静电消除物体应接地,其接地电阻应符规范的有关规定 |

## 四、双层玻璃纤维增强塑料卧式油罐型号规格及尺寸

玻璃纤维增强塑料是一种由高强度的玻璃纤维和树脂基体复合而成的兼具结构性和功能性的新型复合材料,其英文全称为 Fibergass Reinforced Plastics,英文简称为 FRP。FRP 最早于 20 世纪 30 年代在美国研究、开发成功,自 50 年代初并在其后的半个多世纪,FRP 技术在全球范围内得到了快速的发展和广泛的应用。

用 FRP 材料制作地下石油储罐，20 世纪 60 年代已在美国兴起。美国 AMOCO 石油公司于 1963 年率先采用了第一个 FRP 单壁罐。该罐历经 25 年的使用后，于 1988 年挖出，经过鉴定和评估，在重新获取认证后，埋入地下继续使用。截至 2006 年 9 月，美国大约有 50 万个地下储罐是用 FRP 材料制成的，约占全美地下储油罐总量的 70%。在澳大利亚和新西兰，全复合材料 FRP 地下储罐有 20 年以上使用历史，据报道超过 6000 个双壁 FRP 地下储罐投入使用。在亚洲国家如日本、韩国、马来西亚、印度尼西亚、菲律宾、印度、新加坡及我国台湾省内的各地加油站，FRP 双壁地下储罐也获得了大量采用。3DFF 双层罐可储存汽油、柴油、煤油、机油、航空燃油及醇、含醇汽油，充氧发动机燃料。3DFF 双层罐的型号规格及尺寸见表 4-17。

表 4-17 3DFF 双层罐的型号规格及尺寸

| 3DFF 的型号 | 实际容积（m³） | 尺寸（mm） | | | 地锚数量 | 束带数量 |
|---|---|---|---|---|---|---|
| | | A | B | C | | |
| 3DFF-1-20 | 20.043 | 4652 | 305 | 305 | 2 | 2 |
| 3DFF-1-25 | 25.499 | 5800 | 305 | 305 | 2 | 2 |
| 3DFF-1-30 | 30.076 | 6763 | 305 | 305 | 4 | 4 |
| 3DFF-1-35 | 35.585 | 7922 | 305 | 305 | 4 | 4 |
| 3DFF-1-40 | 40.053 | 8862 | 305 | 305 | 4 | 4 |
| 3DFF-1-45 | 45.699 | 10050 | 305 | 305 | 4 | 4 |
| 3DFF-1-50 | 50.029 | 10961 | 305 | 305 | 6 | 6 |
| 3DFF-1-55 | 55.324 | 12075 | 305 | 305 | 6 | 6 |
| 3DFF-1-60 | 60.200 | 13101 | 305 | 305 | 6 | 6 |
| 3DFF-1-65 | 65.058 | 14122 | 305 | 305 | 6 | 6 |

3DFF 双层油罐图

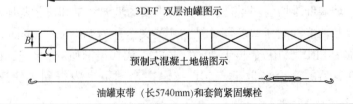

3DFF 双层油罐图示

预制式混凝土地锚图示

油罐束带（长5740mm）和套筒紧固螺栓

# 第六节　立式油罐基础设计

## 一、设计荷载的确定

设计荷载的确定，见表 4-18。

表 4-18　设计荷载的确定

| 项　　目 | 计算及推荐数值 | | | |
|---|---|---|---|---|
| | 计算公式 | 符号 | 符号含义 | 单位 |
| 设计荷载的计算 | $q=\dfrac{q_{罐}+q_{水}+q_{基}+q_{活}}{S_{底}}\times1.1$ | $q$ | 设计荷载 | $t/m^2$ |
| | | $q_{罐}$ | 油罐罐体及其附件的自重 | $t$ |
| | | $q_{水}$ | 油罐达安全液面时罐内液重，按水重计 | $t$ |
| | | $q_{基}$ | 油罐高出地面的基础重量 | $t$ |
| | | $q_{活}$ | 人和积雪等活载荷 | $t$ |
| | | $S_{底}$ | 油罐底面积 | $m^2$ |
| | | 1.1 | 安全系数 | |

| 不同油罐的设计荷载（即油罐要求地基的承载力） | 不同油罐的设计荷表 | | | | | | | | | |
|---|---|---|---|---|---|---|---|---|---|---|
| | 罐容（$m^3$） | 100 | 200 | 300 | 500 | 700 | 1000 | 2000 | 3000 | 5000 | 10000 |
| | 罐底圈外径（m） | 5.008 | 6.508 | 7.508 | 9.008 | 10.008 | 12.45 | 15.514 | 18.018 | 22.024 | 28.534 |
| | 设计荷载（$t/m^2$） | 9 | 9 | 9 | 11 | 11 | 11 | 14 | 14 | 18 | 20 |

## 二、油罐地基地质调查

油罐地基地质调查的主要内容，见表 4-19。

表 4-19　油罐地基地质调查的主要内容

| 项　　目 | 内　　容 |
|---|---|
| 1. 收集建罐现场的地史、地形、地质、挖井记录，附近和原有建筑的基础资料 | （1）以前是否为湖沼地带 |
| | （2）有无回填、垫土、挖掘等 |
| | （3）原来有无建（构）筑物以及拆除的时间，特别要注意地下有无墓葬、洞穴或埋置物 |
| | （4）附近有无影响罐底下土层的大型构筑物 |
| 2. 弄清油罐区域内的地层结构 | 如各层土质的软硬，地下水位等资料 |
| 3. 在建罐地址钻取试样 | 进一步准确判断罐址地层结构，并根据土工试验求得土质的力学物理性质 |

### 三、油罐基础基本要求及不良地基的处理

油罐基础基本要求及不良地基的处理，见表4-20。

表 4-20　油罐基础基本要求及不良地基的处理

| 项　目 | | 内　容 |
|---|---|---|
| 1. 基本要求 | | (1) 当油罐基础下地基土为软土地基，有不良地质现象的山区地基，特殊土地基或地震时地基土有液化可能，地基土的承载能力值或沉降差不满足设计要求时，均应对地基进行处理，采取相应的技术措施 |
| | | (2) 油罐基础下有未经处理的耕土层，人工填土，生活垃圾，工业废料等稳定性差的土层，均不得作为持力层 |
| | | (3) 油罐基础下不得有膨胀性土或湿陷性土，如必须采用时，应采取相应的处理措施，以消除其对油罐基础的影响 |
| | | (4) 油罐基础下有局部软弱土层，以及暗塘、暗沟等时，均应清除，并用素土、级配砂石或灰土分层压(夯)实，处理后地基土的物理力学性能应力求与同基础未经处理的土层相一致，当清除有困难时，应采取有效的处理措施，如强夯实等使其能满足使用要求 |
| | | (5) 油罐基础应避免建在部分坚硬、部分松软的地基土上，必须建设在此种地基上时，要采取有效的处理措施，使其能满足建设油罐的要求 |
| 2. 不良地基的处理 | 处理条件 | (1) 当油罐位于斜坡、沼泽地带、地表下是腐殖土或塑性黏土处，靠近水源处、附近有重大构筑物可能影响罐底下的土层处，可能遭受洪水而导致地基滑坡处等特殊地域时，油罐地基必须进行专门的处理，否则便会出现严重不均匀沉陷以及滑坡等 |
| | | (2) 油罐地基不能承受满罐载荷时，如果仅改变罐底下面浅层结构是不能根本改变地基状况的。此时，可以采用下面的一种或几种方法来改善地基的承载能力 |
| | 处理方法 | (1) 除掉土质不好的土壤，另用合适的材料代替 |
| | | (2) 用适当材料作为预加载荷，将软弱地基压实 |
| | | (3) 采用化学方法或喷射水泥薄浆使软弱地基固化 |
| | | (4) 打入支撑桩，把载荷支撑在较稳定的地层上，或者把基础的支柱建立于稳定的地基上。这应包括在桩上建一钢筋混凝土承台来承担罐底的载荷 |
| | | (5) 建筑特殊形式的基础，以便把载荷分散到软地基的足够大的面积上，从而将载荷强度限制在允许限度之内，而不发生严重的下沉 |

### 四、储罐基础分类及选型

根据 GB 50473—2008《钢制储罐地基基础设计规范》，基础分类及选型，见表4-21。

表 4-21　规范规定基础分类及选型表

| 项　　目 | | 各类型图示 | 结构特征 |
|---|---|---|---|
| 1. 基础类型 | （1）护坡式基础 | 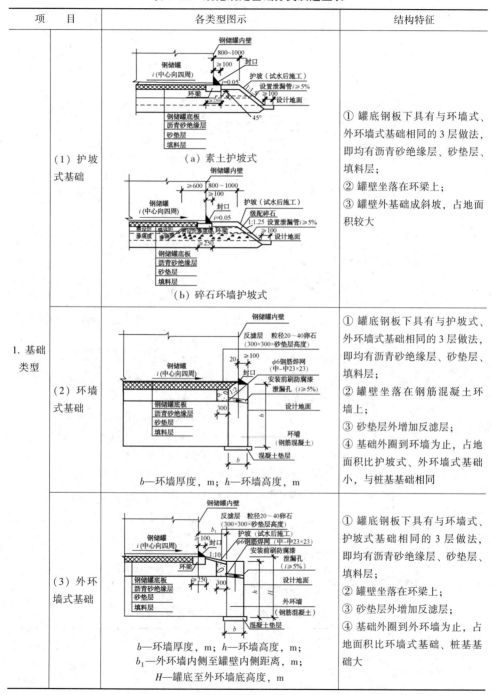 （a）素土护坡式<br><br>（b）碎石环墙护坡式 | ① 罐底钢板下具有与环墙式、外环墙式基础相同的 3 层做法，即均有沥青砂绝缘层、砂垫层、填料层；<br>② 罐壁坐落在环梁上；<br>③ 罐壁外基础成斜坡，占地面积较大 |
| | （2）环墙式基础 | $b$—环墙厚度，m；$h$—环墙高度，m | ① 罐底钢板下具有与护坡式、外环墙式基础相同的 3 层做法，即均有沥青砂绝缘层、砂垫层、填料层；<br>② 罐壁坐落在钢筋混凝土环墙上；<br>③ 砂垫层外增加反滤层；<br>④ 基础外圈到环墙为止，占地面积比护坡式、外环墙式基础小，与桩基基础相同 |
| | （3）外环墙式基础 | $b$—环墙厚度，m；$h$—环墙高度，m；<br>$b_1$—外环墙内侧至罐壁内侧距离，m；<br>$H$—罐底至外环墙底高度，m | ① 罐底钢板下具有与环墙式、护坡式基础相同的 3 层做法，即均有沥青砂绝缘层、砂垫层、填料层；<br>② 罐壁坐落在环梁上；<br>③ 砂垫层外增加反滤层；<br>④ 基础外圈到外环墙为止，占地面积比环墙式基础、桩基基础大 |

续表

| 项 目 | | 各类型图示 | 结构特征 |
|---|---|---|---|
| 1. 基础类型 | (4) 桩基础 | | ① 本基础是针对地基不良、必须处理的一种形式，所以将填料层改为回填土层，并在其下加钢筋混凝土承台板，再下加混凝土垫层，再下打桩；<br>② 罐壁坐落在钢筋混凝土环墙上；<br>③ 砂垫层外增加反滤层；<br>④ 此基础占地面积与环墙式基础相同 |
| 2. 基础选型 | 选型依据 | 储罐基础选型应根据储罐的形式、容积、场地地质条件、地基处理方法、施工技术条件和经济合理性等综合确定 | |
| | 场地和地质条件情况 | 第一种情况：当天然地基承载力特征值大于或等于基底平均压力、地基变形满足规定的允许值且场地不受限制时 | 宜选择形式　宜采用护坡式基础<br>也可选择形式　也可采用环墙式或外环墙式基础 |
| | | 第二种情况：当天然地基承载力特征值小于基底平均压力、但地基变形满足规定的允许值，且经过地基处理后或经充水预压后能满足承载力的要求时 | 宜选择形式　宜采用环墙式基础<br>也可选择形式　也可采用外环墙式基础或护坡式基础 |
| | | 第三种情况：当天然地基承载力特征值小于基底平均压力、地基变形不能满足规定的允许值、地震作用下地基有液化土层，经过地基处理或充水预压后能满足承载力的要求和本规范第 6.1.3 条规定的允许值要求或液化土层消除程度满足有关规定时 | 宜采用环墙式基础；当地基处理有困难或不做处理时，宜采用桩基础 |
| | | 第四种情况：当建筑场地受限制及储罐设备有特殊要求时 | 应采用环墙式基础 |

## 五、各形油罐基础适用条件

各形油罐基础适用条件，见表 4-22。

### 表 4-22　各形油罐基础适用条件

| 序号 | 基础形式 | 适用条件 | 优缺点 |
|---|---|---|---|
| 1 | 砂垫基础 | 适用于有足够的耐压、沉陷少的地基。一般小型油罐普遍采用 | 做法简单，造价低 |

| 序号 | 基础形式 | 适用条件 | 优缺点 |
|------|---------|---------|-------|
| 2 | 砂基础 | 用于允许产生不损坏油罐的均匀沉陷，特别是沉陷量大的大型油罐。日本广泛选用 | 做法简单，属软基础，造价低 |
| 3 | 碎石基础 | 用于土质较好、较均匀，不会产生不均匀沉陷的地方。适用于一般油罐 | 做法简单，造价低，碎石以支持罐壁板传来的载荷 |
| 4 | 岩层基础 | 用于结构均匀，无断层、裂纹、滑坡等缺陷的岩石地基，洞式油罐常为这种基础 | 做法简单，造价低 |
| 5 | 钢筋混凝土环梁基础 | 用于地基耐力高、不产生不均匀沉陷的地方，最适用需设锚栓的压力罐。欧美使用多 | 环梁以支持罐壁板传来的载荷，使集中载荷分散。环梁最小厚度为30cm |
| 6 | 砂置换基础 | 用于地表附近有较浅的软弱层时，可将软弱层除去，用良好砂土等材料置换 | 做法简单，造价低 |
| 7 | 砂桩基础 | 用于软弱地层。在软弱层中打入砂桩，再在其上填砂来提高地基承载力而形成基础 | 施工较本表上面几种基础难，造价较高 |
| 8 | 端承桩基础 | 地层软弱，承载力极低，且软弱层到支持层较浅时用此基础 | 施工较难，造价高 |
| 9 | 摩擦桩基础 | 地层软弱，承载力极低，软弱层到支持层较深时用此基础 | 施工难，造价高 |

# 第七节　油罐附件选择

## 一、油罐附件及其作用

（1）立式油罐附件及其作用，见表4-23。

**表4-23　立式油罐附件及其作用**

| 类别 | 设备名称 | 形式 | 安装位置 | 作用 |
|------|---------|------|---------|------|
| 1. 收发油设备 | （1）进出油短管 | 单管式 | 罐身下层圈板，管中心线离罐底30cm | 进出油料 |
| | | 双管式 | | |
| | （2）罐内封闭阀 | 直接操作式 | 进出油短管末端 | 防止进出油短管或罐前阀损坏漏油 |
| | （3）升降管 | 操纵式 | 安装在润滑油罐或航空油料罐的进出油短管上 | 可分层发油 |
| | | 浮桶式 | | |
| | （4）胀油管 | | 两头分别与输油管路和罐身顶部相连 | 保证输油管的安全 |

续表

| 类别 | 设备名称 | 形式 | 安装位置 | 作用 |
|---|---|---|---|---|
| 1. 收发油设备 | (5) 进气支管 | | 安装在罐前输油管路阀门的外侧 | 供管路放空油料用 |
| | (6) 排水系统 | 集水槽 | 油罐底板下 | 排放罐底污水、污油 |
| | | 虹吸式 | 罐身下层圈板，中心线离罐底约30cm | |
| | | 放水管 | | |
| 2. 调节气压设备 | (1) 机械呼吸阀 | | 罐顶 | 减少油料蒸发损耗，保证油罐安全 |
| | (2) 液压安全阀 | | 罐顶 | 同上 |
| | (3) 呼吸管路 | | 罐顶 | 供坑道油罐和润滑油罐大小呼吸 |
| 3. 安全设备 | (1) 阻火器 | 金属波纹板式 | 在油罐与呼吸阀之间 | 防止明火进入油罐 |
| | (2) 防静电装置 | | 油罐底板上 | 导走静电 |
| 4. 量油采样设备 | (1) 测量孔 | | 罐顶 | 测量油高，采取油样 |
| | (2) 水银比压计测量装置 | | | 监测油高 |
| | (3) 液位测量仪表 | | | 测量油高 |
| 5. 清洗排污设备 | (1) 人孔 | | 罐身下层圈板 | 供洗罐、检修用 |
| | (2) 采光孔 | | 罐顶 | 采光和通风 |
| 6. 加温设备 | 加热器 | 蛇形管加热器 | 润滑油罐内 | 给润滑油加热 |
| | | 梳状管加热器 | | |

（2）卧式油罐附件及其作用，见表4-24。

**表4-24　卧式油罐附件及其作用**

| 类别 | 设备名称 | 型式 | 位置 | 作用 |
|---|---|---|---|---|
| 1. 检查设备 | (1) 人孔 | | 罐颈盖上 | 进、出人员检查维修用 |
| | (2) 测量孔 | | 罐颈盖上 | 测量油高、采取油样 |
| 2. 收发设备 | (1) 进出油管 | 单管式 | 罐头下部，距底部15~20cm，罐头或罐颈上部 | 进出油料 |
| | | 双管式 | | |
| | (2) 底阀 | | 出油管上 | 便于油泵抽吸油料 |
| 3. 调节气压设备 | (1) 机械呼吸阀 | 弹簧式 | 燃料油罐上 | 减少油料损耗，保护油罐安全 |
| | (2) 油气管 | 风帽式 | 润滑油罐上 | 平衡罐内外压力，保护油罐安全 |
| | | 弯管式 | | |

续表

| 类别 | 设备名称 | 型式 | 位置 | 作用 |
|---|---|---|---|---|
| 4. 安全防火设备 | （1）阻火器 | | 燃料油罐上，呼吸阀下面 | 防火，保证油料和油罐安全 |
| | （2）接地装置 | | 燃料油罐上 | 导走静电，防止着火 |
| 5. 加温设备 | 梳状管加热器 | | 润滑油罐内 | 给润滑油加热 |
| 6. 放水设备 | 放水管 | | 在油罐底部 | 排出罐内水分和底油 |

## 二、油罐主要附件规格及配备

（1）金属油罐主要附件规格及配备数量，见表4-25。

**表4-25　金属油罐主要附件规格及配备数量参考表**

| 容积（m³） | 轻油罐 | | | | | | 重油罐 | | | | | |
|---|---|---|---|---|---|---|---|---|---|---|---|---|
| | 带放水管排污孔 | | 透光孔 | | 人孔 | | 清扫孔 | | 透光孔 | | 人孔 | |
| | 放水管直径（mm） | 个数 | 直径（mm） | 个数 | 直径（mm） | 个数 | 规格（mm×mm） | 个数 | 直径（mm） | 个数 | 直径（mm） | 个数 |
| 100~700 | 50 | 1 | 500 | 1 | 600 | 1 | 500×700 | 1 | 500 | 1 | 600 | 1 |
| 1000~2000 | 80 | 1 | 500 | 2 | 600 | 1 | 500×700 | 1 | 500 | 2 | 600 | 1 |
| 3000 | 100 | 1 | 500 | 2 | 600 | 2 | 500×700 | 1 | 500 | 2 | 600 | 1 |
| 5000~10000 | 100 | 1 | 500 | 3 | 600 | 3 | 500×700 | 2 | 500 | 3 | 600 | 1 |

注：一般情况可选用$\phi$600mm人孔，如罐内安装浮筒式升降管时，人孔的规格应根据浮筒的大小加以选用。

（2）"油库设计其他相关规范"中规定，金属油罐主要附件配备数量及规格，见表4-26。

**表4-26　量油口、罐顶人孔、罐壁人孔、排污槽及排水管的设置个数及规格**

| 油罐直径（m） | 量油口个数 | 罐顶人孔个数 | 罐壁人孔个数 | 排污槽（或清扫口）个数 | 排水管个数（个）×公称直径（mm） |
|---|---|---|---|---|---|
| $D \leq 12$ | 1 | 1或2 | 1或2 | 1 | 1×80 |
| $12 < D \leq 15$ | 1 | 2 | 2 | 1 | 1×80（或100） |
| $15 < D \leq 30$ | 1 | 2或3 | 2 | 1 | 1×100 |
| $D > 30$ | 1 | 3 | 2 | 2 | 2×100（或150） |

注：（1）表中$D$指油罐直径。

（2）量油口公称直径不应小于100mm；罐顶人孔和罐壁人孔的公称直径宜为600mm。

（3）洞内油罐和覆土式立油罐的罐壁人孔不应少于2个，排污槽、排水管可各设1个。洞内油罐的罐顶人孔可设1个。

（4）丙类油品储罐应采用清扫口。

（5）内浮顶油罐的通气孔等附件的设置，应符合GB 50341的相关规定。

（3）轻油配呼吸阀、黏油配通气管直径及数量选择，见表4-27和表4-28。

**表4-27 轻油呼吸阀直径及数量**

| 最大输出量（m³/h） | 数量（个）×公称直径（mm） |
| --- | --- |
| <25 | 1×50 |
| <60 | 1×80 |
| 60~100 | 1×100 |
| 101~150 | 1×150 |
| 151~250 | 1×200 |
| 251~300 | 1×250 |
| >300 | 2×200 或 2×250 |

**表4-28 黏油通气管直径**

| 进出油接合管的直径（mm） | 通气管直径（mm） |
| --- | --- |
| 80~150 | 150 |
| 200~250 | 200 |
| >300 | 250 |

（4）呼吸阀、通气管口金属丝网的选择，见表4-29。

**表4-29 金属丝网选择表**

| 附件名称 | 网号 | 丝径（mm） | 孔径（cm） |
| --- | --- | --- | --- |
| 呼吸阀封口 | 19.8 | 0.56 | 16 |
| | 16.4 | 0.46 | 22 |
| 通风管封口 | 11 | 0.31 | 50 |
| | 10.2 | 0.27 | 64 |
| | 0.78 | 0.27 | 90 |

## 三、油罐附件系列产品

油罐附件系列产品见表4-30。

**表4-30 油罐附件系列产品表**

| 序号 | 名称 | 型号 | 规格 | 材质 | 安装位置 | 用途 |
| --- | --- | --- | --- | --- | --- | --- |
| 1 | 罐顶透气孔 | GTQ 系列 TQG | DN100、150、200、250、300、500 | 碳钢 | 安装在重质油罐和浮顶油罐顶部 | 起呼吸作用 |

续表

| 序号 | 名称 | 型号 | 规格 | 材质 | 安装位置 | 用途 |
|---|---|---|---|---|---|---|
| 2 | 罐壁通气孔 | GFG 型 | | 碳钢 | 安装在内浮顶油罐顶部 | 起通风作用 |
| 3 | 人孔 | 普通人孔 | DN600、750 | 碳钢 | 安装在油罐壁下部 | 供人员进出油罐 |
| | | 回转盖人孔 | | | 根据需要还有带芯人孔、垂直吊盖人孔 | 在事故状态下起溢流作用 |
| 4 | 排污孔 | GPW 系列 | DN50、80、100、150 | 碳钢 | 安装在轻质油罐底部 | 排出罐底污水 |
| 5 | 采光孔 | A、B 型 | DN500 | 碳钢 | 安装在油罐顶部 | 供罐内采光用 |
| | | 快开型 | | | | |
| 6 | 清扫孔 | 回转盖式 | DN50、80、100 | 碳钢 | 安装在重质油罐底部 | 排出罐底污水及清扫罐底污泥 |
| | | 垂直吊盖式 | 400×500、500×700 | 碳钢 | | |
| 7 | 机械呼吸阀 | GFP-Ⅱ | DN50、100、150、200、250 | 铸铁、铜 | 安装在轻油罐顶部 | 供油罐大小呼吸 |
| 8 | 浮球式全天候呼吸阀 | GFQ-Ⅰ | DN100、150、200、250 | 铝合金 | 安装在轻油罐顶部 | 供油罐大小呼吸，适用于寒冷地区 |
| 9 | 全天候阻火呼吸阀 | QZF-89-Ⅰ型 | DN100、150、200、250 | 铝合金 | 它将阻火器和呼吸阀合为一体，安装在轻油罐顶部 | 供呼吸、阻火的作用。它可在-35～+60℃范围内正常工作 |
| | | GFZ-Ⅱ型 | DN50、100、150、200、250 | | | |
| 10 | 弹簧呼吸阀 | XZ-50 型 | DN50 | 碳钢、铸铁 | 安装在油罐顶部 | 用于不超过于 75m³ 油罐小呼吸 |
| 11 | 量油孔 | 脚踏式 | DN100、150 | 铝合金、铸铁、不锈钢 | 安装在油罐顶部 | 用于测量罐内油高、温度及取样等 |
| | | 带锁侧开式 | DN100、150 | | | |
| 12 | 阻火透气帽 | STE-50 | DN50 | 铝合金、不锈钢 | 安装在油罐顶部 | 用于小型油罐阻火透气 |
| 13 | 液压安全阀 | GYA 系列 | DN80、100、150、200、250 | 碳钢 | 安装在轻油罐顶部 | 与呼吸阀配套使用，呼吸阀失灵时起安全作用 |
| 14 | 波纹阻火器 | ZGB-Ⅱ | DN50、100、150、200、250 | 铝合金、铸铁、不锈钢 | 安装在轻油罐顶部 | 起阻火的作用，常与呼吸阀配套使用 |

| 序号 | 名称 | 型号 | 规格 | 材质 | 安装位置 | 用途 |
|---|---|---|---|---|---|---|
| 15 | 浮动式吸油装置 | GFX 系列 | DN50、100、150、200、250、300、350、400 | 碳钢、铝合金、不锈钢 | 安装在拱顶油罐内 | 随罐内油位上下浮动，从而使发出的油品全部是油罐上层纯净油品 |
| 16 | 内浮盘 | 铝浮盘 | 用于 1000m³、2000m³、5000m³、10000m³油罐的规格 | 铝合金 | 安装在内浮顶油罐内 | 减少油气损耗 |
| | | 不锈钢浮盘 | | 不锈钢 | | |
| 17 | HB 枢轴式中央排水装置 | ZPZ 系列 | DN100、150、200、250 | 碳钢、铝合金、不锈钢 | 安装在外浮顶油罐内 | 用于排放罐顶积水，同时可用于灭火泡沫的输送 |
| 18 | 罐内封闭阀 | GNF | DN200、300、400 | 铸铁、碳钢 | 安装在油罐内底部 | 防止跑油 |
| 19 | 空气泡沫产生器 | PC 型系列 | PC4、PC8、PC16、PC24 | 铸铁、碳钢 | 安装在轻油罐壁顶部 | 用于灭火 |

# 第八节　油罐附件安装

## 一、立式油罐附件安装

立式油罐附件安装，见表4-31。

### 表4-31　立式油罐附件安装

| 油罐附件 | | 安装要求 |
|---|---|---|
| 1. 量油口 | (1) 储存甲、乙类油品覆土立式油罐 | 量油口不应设在罐室内 |
| | (2) 其余油罐 | 量油口应设在罐顶梯子平台附近，与罐壁的距离宜为 1.0m |
| 2. 罐顶人孔 | (1) 地上拱顶油罐 | 宜设在距罐壁 0.8~1.0m 处(以罐顶人孔中心计)，并与罐壁人孔相对应 |
| | (2) 覆土立式油罐 | 应有一个设在罐顶中央板上，其余宜靠近罐室采光通风口 |
| 3. 油罐低位罐壁人孔 | | 应沿罐壁环向均布设置 |
| 4. 油罐正常使用的排水管 | | 宜靠近油罐进出油接合管设置 |
| 5. 仪表安装孔 | (1) 公称直径 | 不应小于400mm |
| | (2) 安装位置 | 油罐宜在罐顶上设置仪表安装孔。其中心与罐壁和人孔、排水槽、进出油接合管等罐内附件的水平距离，不应小于1.0m |

续表

| 油罐附件 | 安装要求 | | |
|---|---|---|---|
| 6. 地上固定顶油罐和覆土立式油罐的通气管设置规定 | （1）油罐的通气接合管，应尽可能地设在罐顶的最高处，且覆土立式油罐的通气管管口必须引出罐室外，并宜高出覆土面 1.0~1.5m | | |
| | （2）储存甲、乙、丙 A 类油品的地上固定顶油罐和覆土式油罐的每根通气管上，必须装设与通气管相同直径的阻火器 | | |
| | （3）储存甲、乙类油品固定顶油罐的通气管上，尚应装设与通气管相同直径的呼吸阀，其控制压力不得超过油罐的设计工作压力。当呼吸阀所处的环境温度可能低于或等于 0℃ 时，应选用全天候式呼吸阀 | | |
| | （4）通气管直径、流速和根数 | ① 通气管的最小公称直径，不应小于 80mm | |
| | | ② 通气管内的流速按油品进、出油罐的最大流量计算，安装呼吸阀的油罐不应超过 1.4m/s，未安装呼吸阀的油罐不应超过 2.2m/s | |
| | | ③ 当安装呼吸阀的油罐进、出罐流量大于 $170m^3/h$，未安装呼吸阀的油罐进、出罐流量大于 $300m^3/h$ 时，该罐应设 2 根相同直径的通气管，且每根通气管的流速不应超过本款①项的相应规定值 | |

## 二、卧式油罐附件、管路安装

卧式油罐附件、管路安装，见表 4-32。

表 4-32　卧式油罐附件、管路安装

| 项　　目 | | 安装要求 |
|---|---|---|
| 1. 卧式油罐基本附件设置规定 | （1）人孔 | ① 油罐的人孔直径宜为 600~700mm |
| | | ② 罐筒长度小于 6m 的，可设 1 个人孔 |
| | | ③ 罐筒长度 6~12m 的，应设 2 个人孔 |
| | | ④ 罐筒长度大于 12m 的，不应少于 3 个人孔 |
| | （2）量油孔及液位测量装置 | ① 量油孔及液位测量装置，应设置在油罐正顶部的纵向轴线上，并宜设在人孔盖上 |
| | | ② 储存甲、乙类油品的卧式油罐，其量油孔下部的接合管管口宜伸至罐内距罐底 0.2m 处 |
| | （3）排水管 | ① 油罐排水管的公称直径不应小于 40mm |
| | | ② 排水管上的阀门应采用闸阀或球阀 |

| 项　　目 | | 安装要求 |
|---|---|---|
| 2. 卧式油罐的通气管设置规定 | (1) 公称直径 | ① 卧式油罐通气管的公称直径应按油罐的最大进出流量确定 |
| | | ② 单罐通气管的公称直径不应小于 50mm |
| | | ③ 多罐共用通气干管的公称直径不应小于 80mm |
| | (2) 横管 | ① 通气管横管应坡向油罐 |
| | | ② 难以做到时，应有确保管内不存积液体和污渣的技术措施 |
| | (3) 卧式油罐通气管管口的最小设置高度表 | |

| 油罐设置形式 | 储存油品类别 | |
|---|---|---|
| | 甲、乙类 | 丙类 |
| 地上(露天)式 | 高于罐顶 1.5m | 高于罐顶 0.5m |
| 覆土式 | 高于罐组周围地面 4.0m，且高于覆土面层 1.5m | 高于覆土面层 1.5m |

备注：采用罐室形式设置的丙类油品卧式油罐，其通气管管口应高于罐室屋面或罐室覆土面 1.5m 以上

(4) 储存甲、乙、丙 A 类油品卧式油罐的通气立管管口必须装设阻火器

| (5) 储存甲、乙类油品，除必须装设阻火器外，且在右列卧式油罐的通气管上尚应装设呼吸阀 | ① 地上卧式油罐 |
|---|---|
| | ② 单罐容量大于 100m³ 的覆土卧式油罐 |
| | ③ 总容量大于或等于 200m³ 共用通气干管的卧式油罐组 |

## 三、立式油罐内部关闭阀的安装

防止油罐跑油主要采用内部关闭阀(表 4-33)，其安装尺寸见表 4-34~表 4-36。

**表 4-33　防止油罐跑油的内部关闭阀**

| 内部关闭阀 | | 说　　明 |
|---|---|---|
| 1. 保险阀 | | 为防止油罐跑油，过去采用在罐内加保险阀，但因保险阀关闭不严和操作困难而逐渐被淘汰 |
| 2. 双阀 | | 现规定在罐前装两道阀门，第一道常开不用，作为第二道阀门检修时备用。但因普通阀门质量问题，常有渗油串罐现象，因此对不经常收发油的储罐，罐前两道阀门通常都全关，起不到备用作用 |
| 3. 双密封闸阀 | | 近几年生产的新产品"双密封闸阀"，严密，几乎不渗漏，俗称"0 泄漏阀"。但价格高，可作为罐前第二道阀，则第一道阀可选用普通的铸钢阀，作为常开备用阀 |
| 4. 罐内关闭阀 | (1) 措施 | 在罐内装罐内关闭阀，罐外只加一道阀门 |
| | (2) 安装 | 罐内关闭阀安装在油罐进出油管的位置，带有阀盖的一侧伸入罐内，阀盖与阀口形成封闭面，处于常闭状态 |

| 内部关闭阀 | | 说　　明 |
|---|---|---|
| 4. 罐内关闭阀 | （3）操作 | 向罐内输油时，泵的压力顶开阀盖即可完成，不需要专门的操作。向罐外发油时，需用操作装置打开阀盖，发油完毕再使阀盖回位保持常闭状态 |
| | （4）备注 | 罐内关闭阀的安装总体尺寸见表4-35。罐内关闭阀的连接短管及加强板与罐体的安装尺寸见表4-36和表4-37 |

### 表4-34　罐内封闭阀的安装尺寸表 （单位：mm）

| 罐内封闭阀型号 | | FBS250 | | | FBS350 | | | FBC500 | | |
|---|---|---|---|---|---|---|---|---|---|---|
| | | DN100 | DN150 | DN200 | DN250 | DN300 | DN350 | DN400 | DN450 | DN500 |
| 连接尺寸 | A | 360 | | | 410 | | | 600 | | |
| | B | 575 | | | 645 | | | 790 | | |
| | C | 107 | | | 115 | | | 252 | | |
| | D | 400 | | | 400 | | | 400 | | |
| | E | 466 | | | 469 | | | 571 | | |
| | F | 250 | | | 250 | | | 350 | | |
| 法兰/压力大小头 | | DN250/1.6MPa | | | DN350/1.6MPa | | | DN500/1.6MPa | | |
| | | DN250 DN100 | DN250 DN150 | DN250 DN200 | DN350 DN250 | DN350 DN250 | DN500 | DN400 | DN500 | DN450 |

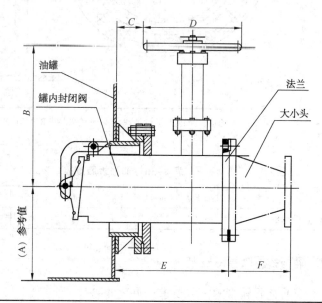

罐内封闭阀的安装总体尺寸图

**表 4-35　连接短管及加强板与罐体的安装尺寸表**　（单位：mm）

| 罐内封闭阀型号 | | FBS250 | FBS350 | FBC500 |
|---|---|---|---|---|
| 安装尺寸 | $A$ | 353 | 456 | 600 |
| | $B$ | 520 | 620 | 950 |
| | $C$ | 15 | 15 | 20 |
| | $D$ | 100 | 100 | 150 |
| 法兰公称通径 DN | | 350 | 450 | 600 |
| 法兰公称压力 | | | 1.6MPa | |
| $n×\phi d$ | | 16×$\phi$26 | 20×$\phi$30 | 20×$\phi$36 |

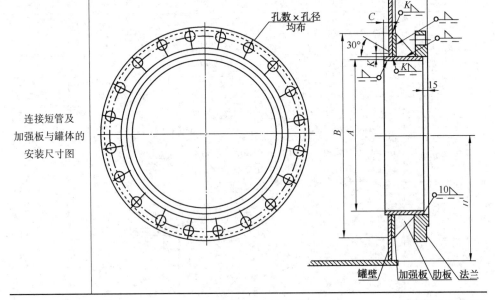

连接短管及
加强板与罐体的
安装尺寸图

注：$K$ 值等于加强板厚度的值；$H$ 由工程设计决定；法兰采用 GB/T 9113—2010《整体钢制管法兰》标准。

**表 4-36　加强板厚度表**

| 罐容（m³） | 10000 | 5000 | 3000 | 2000 | 1000 | 700 | 500 | 300 | 200 | 100 |
|---|---|---|---|---|---|---|---|---|---|---|
| 厚度（mm） | 18 | 12 | 10 | 8 | 6 | 6 | 6 | 4 | 4 | 4 |

## 四、罐前金属软管的安装

（1）罐前金属软管的安装要求，见表 4-37。

表4-37 罐前金属软管的安装要求

| 项 目 | 说 明 |
|---|---|
| 1. 作用及安装位置 | 油罐进出油管线及管墩，设计时应考虑罐体下沉而造成油罐破坏的问题，在油罐进出油管线第一个阀门后应安装金属软管 |

| 2. 安装要求及位移示意图 | 安装要求 | 径向位移示意图 |
|---|---|---|
| | (1) 在安装选用金属软管长度时，可参考金属软管最大径向位移量 |  |
| | (2) 严禁焊渣溅伤网套 | |
| | (3) 避免软管扭曲 | |
| | (4) 软管一端为固定支撑，另一端为滑动支撑，软管中间不允许加支点 | |
| | (5) 软管安装时应保持水平直线状态 | |

3. 波纹金属软管最大径向位移量表

| 径向位移 $Y$(mm) | 波纹金属软管管径(mm) | | | | | | | |
|---|---|---|---|---|---|---|---|---|
| | 50 | 100 | 150 | 200 | 250 | 300 | 350 | 400 |
| | 波纹金属软管管长 $L$(mm) | | | | | | | |
| 32 | 500 | 500 | 600 | 700 | 800 | 900 | 1000 | 1100 |
| 40 | 500 | 600 | 700 | 800 | 900 | 1000 | 1100 | 1200 |
| 50 | 500 | 700 | 800 | 900 | 1000 | 1100 | 1200 | 1300 |
| 65 | 500 | 700 | 900 | 1000 | 1100 | 1200 | 1300 | 1400 |
| 80 | 600 | 800 | 1000 | 1100 | 1200 | 1300 | 1400 | 1500 |
| 100 | 700 | 900 | 1100 | 1200 | 1300 | 1400 | 1500 | 1600 |
| 125 | 800 | 1000 | 1200 | 1300 | 1400 | 1500 | 1600 | 1800 |
| 150 | 900 | 1100 | 1300 | 1500 | 1600 | 1700 | 1800 | 1900 |
| 200 | 900 | 1200 | 1400 | 1500 | 1700 | 1800 | 1900 | 2100 |
| 250 | 1000 | 1300 | 1500 | 1700 | 2000 | 2100 | 2200 | 2300 |
| 300 | 1100 | 1400 | 1700 | 1900 | 2200 | 2300 | 2500 | 2600 |
| 350 | 1200 | 1500 | 1800 | 2000 | 2200 | 2400 | 2600 | 2800 |
| 400 | 1300 | 1600 | 2000 | 2200 | 2500 | 2700 | 2900 | 3200 |

（2）罐前金属软管的选用系列，见表4-38。

表 4-38　罐前金属软管的选用系列

| 公称压力 PN（MPa） | 公称通径 DN（mm） | 软管代号 | | 法兰连接 | | | 法兰标准 | 最小弯曲半径 | | 实验压力 $P_s$（MPa） | 爆破压力 $P_b$（MPa） |
|---|---|---|---|---|---|---|---|---|---|---|---|
| | | 碳钢法兰 A | 不锈钢法兰 F | 螺栓孔中心圆直径 $D$（mm） | 螺栓孔 | | | 静态 $R_j$ | 动态 $R_d$ | | |
| | | | | | 直径（mm） | 数量（个） | | | | | |
| 0.6 | 32 | 0.6JR32A | 0.6JR32F | 90 | 14 | 4 | GB/T 9119—2010 | ≥7DN | ≥$2R_j$ | 1.5PN | 4PN |
| | 40 | 0.6JR40A | 0.6JR40F | 100 | | | | | | | |
| | 50 | 0.6JR50A | 0.6JR50F | 110 | | | | | | | |
| | 65 | 0.6JR65A | 0.6JR65F | 130 | | | | | | | |
| | 80 | 0.6JR80A | 0.6JR80F | 150 | | | | | | | |
| | 100 | 0.6JR100A | 0.6JR100F | 170 | 13 | 8 | | ≥6DN | | | |
| | 125 | 0.6JR125A | 0.6JR125F | 200 | | | | | | | |
| | 150 | 0.6JR150A | 0.6JR150F | 225 | | | | | | | |
| | 200 | 0.6JR200A | 0.6JR200F | 280 | | | | | | | |
| | 250 | 0.6JR250A | 0.6JR250F | 335 | | | | | | | |
| | 300 | 0.6JR300A | 0.6JR300F | 395 | 22 | 12 | | ≥5DN | | | |
| | 350 | 0.6JR350A | 0.6JR350F | 445 | | | | | | | |
| | 400 | 0.6JR400A | 0.6JR400F | 495 | | 16 | | | | | |
| 1.0 | 32 | 1.0JR32A | 1.0JR32F | 100 | 18 | 4 | | ≥7DN | | | |
| | 40 | 1.0JR40A | 1.0JR40F | 110 | | | | | | | |
| | 50 | 1.0JR50A | 1.0JR50F | 125 | | | | | | | |
| | 65 | 1.0JR65A | 1.0JR65F | 145 | | | | | | | |
| | 80 | 1.0JR80A | 1.0JR80F | 160 | | | | | | | |
| | 100 | 1.0JR100A | 1.0JR100F | 180 | | 8 | | ≥6DN | | | |
| | 125 | 1.0JR125A | 1.0JR125F | 210 | | | | | | | |
| | 150 | 1.0JR150A | 1.0JR150F | 240 | | | | | | | |
| | 200 | 1.0JR200A | 1.0JR200F | 295 | | | | | | | |
| | 250 | 1.0JR250A | 1.0JR250F | 350 | 22 | 12 | | ≥5DN | | | |
| | 300 | 1.0JR300A | 1.0JR300F | 400 | | | | | | | |
| | 350 | 1.0JR350A | 1.0JR350F | 460 | | 16 | | | | | |
| | 400 | 1.0JR400A | 1.0JR400F | 515 | 26 | | | | | | |

续表

| 公称压力 PN (MPa) | 公称通径 DN (mm) | 碳钢法兰 A | 不锈钢法兰 F | 螺栓孔中心圆直径 D(mm) | 螺栓孔直径 (mm) | 螺栓孔数量 (个) | 法兰标准 | 最小弯曲半径 静态 $R_j$ | 最小弯曲半径 动态 $R_d$ | 实验压力 $P_s$ (MPa) | 爆破压力 $P_b$ (MPa) |
|---|---|---|---|---|---|---|---|---|---|---|---|
| 1.6 | 32 | 1.6JR32A | 1.6JR32F | 100 | | | | | | | |
| | 40 | 1.6JR40A | 1.6JR40F | 110 | | 4 | | ≥7DN | | | |
| | 50 | 1.6JR50A | 1.6JR50F | 125 | | | | | | | |
| | 65 | 1.6JR65A | 1.6JR65F | 145 | 18 | | | | | | |
| | 80 | 1.6JR80A | 1.6JR80F | 160 | | | | | | | 4PN |
| | 100 | 1.6JR100A | 1.6JR100F | 180 | | 8 | | ≥6DN | | | |
| | 125 | 1.6JR125A | 1.6JR125F | 210 | | | | | | | |
| | 150 | 1.6JR150A | 1.6JR150F | 240 | 22 | | | | | | |
| | 200 | 1.6JR200A | 1.6JR200F | 295 | | | | | | | |
| | 250 | 1.6JR250A | 1.6JR250F | 315 | | 12 | | ≥5DN | | | |
| | 300 | 1.6JR300A | 1.6JR300F | 410 | 26 | | | | | | 3PN |
| | 350 | 1.6JR350A | 1.6JR350F | 470 | | 16 | GB/T 9119— 2010 | | ≥2$R_j$ | 1.5PN | |
| | 400 | 1.6JR400A | 1.6JR400F | 525 | 30 | | | | | | |
| 2.5 | 32 | 2.5JR32A | 2.5JR32F | 100 | | 4 | | | | | 4PN |
| | 40 | 2.5JR40A | 2.5JR40F | 110 | | | | ≥7DN | | | |
| | 50 | 2.5JR50A | 2.5JR50F | 125 | 18 | | | | | | |
| | 65 | 2.5JR65A | 2.5JR65F | 145 | | | | | | | |
| | 80 | 2.5JR80A | 2.5JR80F | 160 | | | | | | | |
| | 100 | 2.5JR100A | 2.5JR100F | 180 | 22 | 8 | | ≥6DN | | | |
| | 125 | 2.5JR125A | 2.5JR125F | 220 | | | | | | | |
| | 150 | 2.5JR150A | 2.5JR150F | 250 | 26 | | | | | | 3PN |
| | 200 | 2.5JR200A | 2.5JR200F | 310 | | | | | | | |
| | 250 | 2.5JR250A | 2.5JR250F | 370 | 30 | 12 | | ≥5DN | | | |

# 第九节　立式油罐油位检测仪表

## 一、油罐油位检测仪表分类及主要技术性能

油罐油位计量仪表分类和主要技术性能，见表4-39。

表4-39　油罐油位计量仪表分类和主要技术性能

| 形式 名称 | 直读式 玻璃管式液位计 | 直读式 玻璃板式液位计 | 压力式 压力式液位计 | 压力式 差压式液位计 | 油罐称重仪 | 浮力式 钢带浮子式液位计 | 浮力式 杠杆浮球式液位计 | 电学式 电阻式液位计 | 电学式 电容式液位计 | 声学式 气介式超声波液位计 | 声学式 液介式超声波液位计 | 超声波液位讯号器 | 振动式 音叉式液位开关 | 核辐射式 γ射线液位计 | 核辐射式 中子液位计 | 激光式 激光式液位计 | 雷达式 雷达式液位计 |
|---|---|---|---|---|---|---|---|---|---|---|---|---|---|---|---|---|---|
| 测量范围(m) | <1.5 | <3 | | 20 | | 20 | | | 4 | 30 | 10 | | | 15 | | | 60 |
| 误差 | 无 | | ±0.2% | ±0.2% | ±0.1% | ±0.3% | +1.5% | ±10mm | ±2% | ±3% | ±5mm | ±2mm | mm级 | ±2% | | 无 | ±5mm |
| 可动部件 | 无 | 无 | 无 | 无 | 有 | 有 | 有 | 无 | 无 | 无 | 无 | 无 | 无 | 无 | 无 | 无 | 无 |
| 接触介质 | 接触 | 接触 | 接触 | 接触 | 接触 | 接触 | 接触 | 接触 | 接触 | 不接触 | 接触 | 不接触 | 接触 | 不接触 | 不接触 | 不接触 | 不接触 |
| 连续测量或限位检测 | 连续 | 连续 | 连续 | 连续 | 连续 | 连续 | 连续、定点 | 定点 | 连续、定点 | 连续 | 连续 | 定点 | 定点 | 连续、定点 | | 定点 | 连续 |
| 输出方式 | 就地目视 | 就地目视 | 远传、显示、调节 | 远传、指示、记录、调节 | 数字显示远传 | 计数、远传 | 报警 | 定点报警控制 | 指示 | 数字显示 | 数字显示 | 报警、控制 | 报警、控制 | 要防护指示、远传 | 要防护 | 报警、控制 | 数字显示、远传 |
| 操作条件 工作压力(MPa) | 常压 | 常压 | 常压 | | | 常压 | 1.6 | | 3.2 | | | | 常压 | | | 常压 | |
| 操作条件 介质温度(℃) | 100~150 | 100~150 | | -20~200 | | | <150 | | -200~200 | <200 | | | -40~150 | <1000 | | <1500 | -40~80 |
| 操作条件 防爆要求 | 本安 | 本安 | 隔爆 | 本安、隔爆 | 隔爆 | 隔爆 | 本安、隔爆 | | | | | | | | | | |
| 被测对象 对黏性介质 | | | 法兰式可用 | 法兰式可用 | 钟罩式可用 | | | | | 适用 | 适用 | 适用 | 100/(cm²/s) | 适用 | 适用 | 适用 | 适用 |

## 二、油罐主要油位测量仪表

（1）伺服马达电子液位仪，见表4-40。

**表4-40　伺服马达电子液位仪**

| 项　　目 | 说　　明 |
|---|---|
| 1. 优点 | 由于使用了伺服马达，大大消除了因机械摩擦而引起的误差，提高了灵敏度和复现性 |
| 2. 原理结构 | BJY-1型防爆伺服马达电子液位仪图 |

（2）雷达液位仪，见表4-41。

**表4-41　雷达液位仪**

| 项　　目 | 介　　绍 | 结构原理示意图 |
|---|---|---|
| 1. 优点 | （1）雷达储罐检测系统(RTG's)不与被测介质接触，不受被测介质的影响，也不影响被测介质 | |
| | （2）适用范围广泛，能用于接触式测量仪表不能满足的特殊场合，如高黏度、腐蚀性强、污染性强、易结晶的介质 | |
| 2. 原理 | 雷达计量的主要装置是一个雷达传输器(由标准电源供电)，它发出9~10GHz的调频连续微波信号，该信号可以完全不受外部干扰(如蒸气、湿气和大气阻尼)的影响，到达罐内液面后再反射回接收天线。发射信号和反射回的信号间的频率差与天线到液面的距离相对应，由此，能从雷达计量器直接读出储罐空高(罐内液面高度) | 雷达储罐检测系统(RTG's)图 |

| 项　目 | 介　绍 | 结构原理示意图 |
|---|---|---|
| 3. 安装 | 雷达装置可以简单地安装在储罐顶部的方便之处，不需附加对罐体的改动处理 | |
| 4. 发展前景 | 尽管 RTG's 技术的先进性目前尚未完全被人们所认识，但雷达、超声波、激光等非接触式测量代表了今后液位测量的一个发展方向 | |

（3）磁致伸缩液位仪，见表 4-42。

表 4-42　磁致伸缩液位仪

| 项　　目 | 介　绍 |
|---|---|
| 1. 优点 | （1）1990 年，磁致伸缩技术开始用于卧式罐液位测量。磁致伸缩测量技术是近年来发展起来的一种新型位移测量技术，正在被越来越广泛的采用 |
| | （2）磁致伸缩液位计是磁致伸缩测量技术在液位测量中的应用，可用于长距离的位移测量，仪表具有结构简单、测量精度高(精度可达±1mm)等优点 |
| 2. 美国 MTS 公司的 M 系列磁致伸缩液位计主要特点 | （1）高精度、多功能；安装方便，维护无须清罐，无须定期标定 |
| | （2）结构高度模块化，低功耗电路设计，全数字总线接口，通信协议开放，网络扩展能力强，抗干扰能力强 |
| | （3）可应用在介质黏度小于 400cP 的液位测量 |
| 3. 不足之处 | 对软管磁致伸缩液位计，底部的固定装置本身有一定厚度，因此，液位计底端不可避免会有一段死区；由于采用浮子作为液位和油水界面的感应元件，因而介质密度的变化也会给测量精度带来影响 |
| 4. 示意图 | |

磁致伸缩液位计结构图　　　　磁致伸缩液位计安装图

| 项　目 | 介　绍 | | |
|---|---|---|---|
| | 性　能 | 指　标 | |
| 5. M 系列磁致伸缩液位计主要性能指标表 | 液位输出 | 测量参数 | 液位、界位 |
| | | 满量程 | 475mm～22m |
| | | 精度 | 0.008%F.S. 或±0.794mm 中最大者 |
| | 温度输出 | 测量参数 | 五个单点温度及液面下的平均温度 |
| | | 测温范围 | -40～105℃ |
| | | 测温精度 | 0.28℃ |
| | 电子部分 | 输入电压 | 24～26VDC(安全栅输入端)，8.0VDC(传感器端) |
| | | 输出信号 | EIA485 |
| | | 安全认证 | 本质安全 Exia IICT4；隔离防爆 Exd Ⅱ BT4 |
| | | 零点调节 | 软件设定 |
| | 环境 | 工作温度 | 电子头：-40～71℃；波导管：-40～149℃ |
| | | 容器压力 | 软管可达 1.896MPa；硬管可达 6.89MPa |

### 三、油罐油位测量仪表的选择

（1）常用油罐油位测量仪表性能比分析，见表 4-43。

表 4-43　常用油罐油位测量仪表性能比分析

| 序号 | 项　目 | 浮子钢带式 | 伺服式 | 雷达式 | 磁致伸缩式 |
|---|---|---|---|---|---|
| 1 | 原理 | 机械力平衡 | 机械力平衡 | 微波反射式 | 磁致伸缩 |
| 2 | 测量功能 | 液位 | 液位、油水界位、密度 | 液位 | 液位、油水界位、温度 |
| 3 | 测量实时性 | 间隔命令 | 间隔命令 | 实时 | 实时 |
| 4 | 安装是否清罐 | 必须清罐 | 必须清罐 | 不需清罐 | 对拱顶罐无需清罐 |
| 5 | 附件 | 需安装导管 | 需安装导管 | 对浮顶罐需安装导向管 | 无须附件 |
| 6 | 安装成本 | 低 | 很高 | 很高 | 高 |
| 7 | 产品结构 | 零部件式 | 零部件式 | 零部件式 | 高度模块化 |
| 8 | 维护 | 定期维护 | 定期维护 | 定期维护 | 无须定期维护 |
| 9 | 活动部件 | 浮子、传动轮、钢丝绳、重锤 | 伺服马达、鼓、丝线 | 无 | 浮子 |

续表

| 序号 | 项　目 | 浮子钢带式 | 伺服式 | 雷达式 | 磁致伸缩式 |
|------|--------|-----------|--------|--------|-----------|
| 10 | 标定 | 定期标定 | 定期标定 | 定期标定 | 一次标定 |
| 11 | 供电 | 24VDC | 110VAC 或 220VAC | 24VDC(高精度雷达) | 24VDC |
| 12 | 安全认证 | 隔爆 | 隔爆 | 本安 | 本安与隔爆 |
| 13 | 使用问题 | 完全机械结构、传动部件多，易发生机械事故，日常维护量大 | 导向管的变形或倾斜会造成液位仪无法使用 | 被测介质的相对介电常数、液位的湍流状态、介质中气泡的大小均对测量结果产生影响 | 软管磁致伸缩液位仪存在测量死区，测量介质密度的变化会给测量精度带来影响 |
| 14 | 适用储油罐类型 | 精度低，将逐渐被淘汰 | 大型半地下罐 | 大型洞库罐 | 中继或放空罐等小型罐 |

（2）油罐常用油位测量仪表选择考虑因素，见表4-44。

表 4-44　选择考虑因素

| 考虑因素 | | 相　关　条　件 |
|---------|---|---------------|
| 油库主要任务 | | 是储备库、转运库还是中转库 |
| 油罐类型 | 建造方式 | 地面罐、地下/半地下罐、洞库罐 |
| | 圈板配置 | 交互式、套筒式、对接式、混合式 |
| | 结构 | 立式罐、卧式罐 |
| | 容量 | 大型、中型、小型 |
| 安装环境 | | 仪表安装、施工作业条件，是新建罐还是旧罐改造 |
| 油品特性 | | 油品密度、温度、黏度、介电常数等，罐内雾化情况，油蒸气状况，储油罐底部有无水 |
| 测量要求 | 测量参数 | 着重关心参数指标 |
| | 测量目的 | 库存管理(过程监控)：选用可靠性、稳定性高的仪表，同时要考虑仪表可扩展性、可集成性 |
| | | 计量交接：可靠性、稳定性、精度、重复性、安全性、易维护性，是否满足相关计量标准，同时要考虑仪表可扩展性、可集成性 |
| | 测量方式 | HTG、ATG、混合法，连续测量还是间歇测量，测油品高度还是罐上部空间高度 |
| 经费 | | 仪表购置费、附件购置费、安装费、运行维护费等 |

（3）油罐油位测量主要仪表的选型，见表4-45。

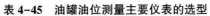

表 4-45　油罐油位测量主要仪表的选型

| 仪表名称 | 适用场所及油罐 |
| --- | --- |
| 1. 伺服液位计 854ATG | (1) 该产品在储罐计量领域应用广泛，经过了我国和国际计量部门的认证和防爆检验，测量精度高，是立式轻质油料大罐测量的首选产品之一 |
| | (2) 因 854ATG 是隔爆型产品，适用于 1 级危险场所，因此将其安装在覆土立式储油罐被覆顶外侧的大气环境中 |
| 2. 雷达液位计 TA840 | (1) 该产品具有本安防爆性能，适用于 0 级危险场所 |
| | (2) 雷达天线为扁平结构的平面天线，其高度不到 10cm，特别适合油料洞库罐顶空间狭小的安装环境。因此，选用该雷达液位计作为洞库罐的测量仪表 |
| 3. 磁致伸缩液位计 USTD | (1) 该产品具有本安防爆性能，结构为刚性直杆，特别适用于 5m 以下的中继卧式及放空罐液位测量，在国内外加油站卧式罐测量方面占据很大市场份额 |
| | (2) 可同时测量油位、温度和油水界面，性价比高 |

# 第五章  油罐区设计与数据

## 第一节  地面油罐区布置

### 一、地面油罐区布置的规定

地面油罐区布置的规定，见表5-1。

表5-1  地面油罐区布置的规定

| 设施设备 | | 布置要求 |
|---|---|---|
| 同一储罐组的组合规定 | | ① 甲 B、乙和丙 A 类油品储罐可布置在同一储罐组内；甲 B、乙和丙 A 类油品储罐不宜与丙 B 类油品储罐布置在同一储罐组内 |
| | | ② 沸溢性油品储罐不应与非沸溢性油品储罐同组布置 |
| | | ③ 地上立式储罐不宜与卧式储罐布置在同一罐组 |
| 同一储罐组内的储油总容量（m³） | 固定顶储罐组 | 不应大于 $12 \times 10^4 m^3$ |
| | 固定顶储罐和外浮顶、内浮顶储罐的混合罐组 | 不应大于 $12 \times 10^4 m^3$（其中浮顶为钢质材料的储罐，其容量可按 50%计入混合罐组总容量） |
| | 内浮顶储罐组 | ① 浮顶用易熔材料制作的内浮顶储罐组不应大于 $24 \times 10^4 m^3$ |
| | | ② 浮顶用钢质材料制作的内浮顶储罐组不应大于 $36 \times 10^4 m^3$ |
| | 外浮顶储罐组 | 不应大于 $60 \times 10^4 m^3$ |
| 同一储罐组内的储罐个数（个） | 单罐容量≥1000m³ | 不应多于 12 座 |
| | 单罐容量＜1000m³ 或仅储存丙 B 类油品的储罐 | 储罐数量不限 |
| 储罐组的布置排数 | 单罐容量＜1000m³ 储存丙 B 类油品的储罐 | 不应超过 4 排 |
| | 其他储罐 | 不应超过 2 排 |

### 二、防火堤内储罐组的布置

防火堤内储罐组的布置，应按规范要求保证储罐之间及储罐壁与防火堤的防火距离，储罐壁与防火堤的距离，见表 5-2。

表 5-2　储罐壁与防火堤的距离

| 储罐与防火堤的形式 | 储罐壁与防火堤的距离 |
| --- | --- |
| 地面立式储罐壁与防火堤内堤脚线 | 不应小于罐壁高度的 1/2 |
| 地面卧式储罐壁与防火堤内堤脚线 | 不应小于 3.0m |
| 山体兼作防火堤时，罐壁至山体 | 不得小于 1.5m |

# 第二节　覆土立式油罐区布置

覆土立式油罐区油罐的布置要求，见表 5-3。

表 5-3　覆土立式油罐区油罐的布置要求

| 设施设备 | | | 布置要求 |
| --- | --- | --- | --- |
| 罐组布置形式及防火间距 | 罐组布置形式 | | 覆土立式油罐应采用独立的罐室及出入通道。与管沟连接处必须设防火防渗密闭隔离墙 |
| | 油罐之间防火间距 | 甲 B、乙、丙类油品立式油罐 | 不应小于相邻两罐罐室直径之和的 1/2。当按相邻两罐罐室直径之和的 1/2 计算超过 30m 时，可取 30m |
| | | 丙 B 类油品立式油罐 | 不应小于相邻较大罐室直径的 0.4 倍 |
| | 罐室与金属罐的距离 | | 罐室球壳顶内表面与金属油罐顶的距离不应小于 1.2m，罐室壁与金属罐壁之间的环形走道宽度不应小于 0.8m |
| 罐室顶部周边应均布采光通风孔 | 罐室直径≤12m | 孔的个数 | 不应少于 2 个 |
| | 罐室直径>12m | | 应设 4 个 |
| | 孔的直径或任意边长 | | 不应小于 0.6m |
| | 其口部高出覆土面层 | | 不宜小于 0.3m，并应装设带锁的孔盖 |
| 罐室出入通道 | 断面 | 宽度 | 不宜小于 1.5m |
| | | 高度 | 不宜小于 2.2m |
| | 通道形式 | | 储存甲 B、乙、丙 A 类油品的覆土立式油罐，其罐室通道出入口高于罐室地坪不应小于 2.0m |
| | 门的设置 | | 罐室的出入通道口，应设向外开启并满足口部紧急时刻封堵强度要求的防火密闭门，其耐火极限不得低于 1.5h。通道口部的设计，应有利于在紧急时刻采取封堵措施 |
| | 罐室顶部的覆土厚度 | | 不应小于 0.5m；周围覆土坡度应满足回填土稳固要求 |

| 设施设备 | 布置要求 |
|---|---|
| 事故外输管道 | 事故外输管道的公称直径，宜与油罐进出油管道相一致，但不得小于100mm |
| | 事故外输管道应由罐室阀门操作间处的积水坑处引出罐室外，并宜满足在事故时能与输油干管相连通 |
| | 事故外输管道应设控制阀门和隔离装置。控制阀门和隔离装置不应设在罐室内和事故时容易遭受危及的部位 |
| 事故存油坑(池)设置 | 应按不小于区内储罐可能发生油品泄漏事故时(丙B类油罐除外)，油品漫出罐室部分最多的一个油罐设置区域导流沟及事故存油坑(池) |
| 引出管道敷设 | 引出罐室操作间的管道，敷设深度大于2.5m时，可采用非充砂封闭管沟敷设 |

# 第三节　油罐之间防火距离

GB 50074—2014《石油库设计规范》对油罐之间防火距离的规定，见表5-4。

**表5-4　地上储罐组内相邻储罐之间的防火距离**

| 储存液体类别 | 单罐容量不大于300m³，且总容量不大于1500m³的立式储罐组 | 固定顶储罐(单罐容量) | | | 外浮顶、内浮顶储罐 | 卧式储罐 |
|---|---|---|---|---|---|---|
| | | ≤1000m³ | >1000m³ | ≥5000m³ | | |
| 甲B、乙类 | 2m | 0.75D | 0.6D | | 0.4D | 0.8m |
| 丙A类 | 2m | 0.4D | | | 0.4D | 0.8m |
| 丙B类 | 2m | 2m | 5m | 0.4D | 0.4D与15m的较小值 | 0.8m |

注：(1) 表中 D 为相邻储罐中较大储罐的直径。
　　(2) 储存不同类别液体的储罐、不同形式的储罐之间的防火距离，应采用较大值。

# 第四节　油罐组防火堤设计

油罐组防火堤的设计计算应遵循 GB 50074—2014《石油库设计规范》和 GB 50351—2014《储罐区防火堤设计规范》的规定。

## 一、防火堤设置规定

防火堤设置规定，见表5-5。

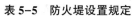

表 5-5 防火堤设置规定

| 项 目 | 规 定 | | |
|---|---|---|---|
| 一般规定 | 1. 防火堤宜采用土筑堤，无条件或困难的地区，可选用其他结构形式 | | |
| | 2. 应能承受所容纳油品的静压力且不应泄漏，防火堤的耐火极限不应低于 5.5h | | |
| | 3. 立式油罐防火堤的计算高度应保证堤内有效容积需要 | | |
| | 4. 防火堤的实高 | （1）防火堤的实高应比计算高度高出 0.2m | |
| | | （2）防火堤的实高不应低于 1m（以防火堤内侧设计地坪计） | |
| | | （3）防火堤的实高不应大于 3.2m（以防火堤外设计地坪或消防车道路面计） | |
| | | （4）地上卧式油罐防火堤应高于堤内设计地坪不小于 0.5m | |
| | 5. 防火堤的宽度 | 如采用土质防火堤，堤顶宽度不应小于 0.5m | |
| | 6. 防火堤结构 | （1）严禁在防火堤上开洞 | |
| | | （2）管道穿越防火堤处应采用非燃烧材料严密填实 | |
| | 7. 雨水沟要求 | 在雨水沟（管）穿越防火堤处，应采取排水阻油措施 | |
| | 8. 踏步要求 | 防火堤每一个隔堤区域内均应设置对外人行台阶或坡道，相邻台阶或坡道之间的距离不宜大于 60m | |
| 防火堤内容量 | 地上储罐组应设防火堤。防火堤内的有效容量，不应小于油罐组内一个最大油罐的容量 | | |
| 立式油罐罐组内隔堤设置的规定 | 1. 多品种的罐组内右列储罐之间应设置隔堤 | （1）甲 B、乙 A 类液体储罐与其他类可燃液体储罐之间 | |
| | | （2）水溶性可燃液体储罐与非水溶性可燃液体储罐之间 | |
| | | （3）相互接触能引起化学反应的可燃液体储罐之间 | |
| | | （4）助燃剂、强氧化剂及具有腐蚀性液体储罐与可燃液体储罐之间 | |
| | 2. 非沸溢性甲 B、乙、丙 A 储罐组隔堤内的储罐数量，不应超过右表规定。当隔堤内储罐容量不等时，隔堤内储罐数量按其中一个较大储罐容量计 | 非沸溢性甲 B、乙、丙 A 储罐组隔堤内的储罐数量表 | |
| | | 序号 | 单罐容量 $V$ | 隔堤内的油罐数量 |
| | | （1） | $V < 5000m^3$ | 6 |
| | | （2） | $5000m^3 \leqslant V < 20000m^3$ | 4 |
| | | （3） | $20000m^3 \leqslant V < 50000m^3$ | 2 |
| | | （4） | $V \geqslant 50000m^3$ | 1 |
| | 3. 隔堤内沸溢性油品储罐 | 数量不应多于 2 座 | |
| | 4. 非沸溢性的丙 B 类油品储罐 | 可不设置隔堤 | |
| | 5. 隔堤高 | 立式油罐组隔堤高度宜为 0.5~0.8m | |
| | 6. 隔堤材质 | 隔堤应采用非燃烧材料建造 | |

| 项　目 | 规　定 | |
|---|---|---|
| 防火堤内地面设计规定 | 1. 防火堤内的地面坡度 | 宜为 0.5% |
| | 2. 防火堤内场地土为湿陷性黄土、膨胀土或盐渍土时 | 应根据其危害的严重程度采取措施，防止水害 |
| | 3. 在有条件的地区 | 防火堤内可种植高度不超过 150mm 常绿草皮 |
| | 4. 当储罐泄漏物有可能污染地下水或附近环境时 | 堤内地面应采取防渗漏措施 |

## 二、立式油罐组防火堤内有效容积和堤高的计算

堤内有效容积和堤高的计算，见表 5-6。

表 5-6　堤内有效容积和堤高的计算

| 项　目 | | 计　算 |
|---|---|---|
| 1. 防火堤内有效容积计算 | 计算公式 | $V = AH_j - (V_1 + V_2 + V_3 + V_4)$ |
| | 符号解释 | $V$ 为防火堤有效容积，$m^3$；$A$ 为由防火堤中心线围成的水平投影面积，$m^2$；$H_j$ 为设计液面高度，m；$V_1$ 为防火堤内设计液面高度内的一个最大油罐的基础体积，$m^3$；$V_2$ 为防火堤内除最大油罐以外的其他油罐在防火堤设计液面高度内的液体体积和油罐基础体积之和，$m^3$；$V_3$ 为防火堤中心线以内设计液面高度内的防火堤体积和内培土体积之和，$m^3$；$V_4$ 为防火堤内设计液面高度内的隔堤、配管、设备及其他构筑物体积之和，$m^3$ |
| 2. 防火堤高度计算 | （1）由防火堤有效容积 $V$ 计算 | $h_{计} = V_大 / V$ |
| | （2）直接计算 $h_{计}$ | $h_{计} = \dfrac{V_大}{a \cdot b - 0.785(D_1^2 + D_2^2 + D_3^2 + \cdots + D_n^2)}$ |
| | （3）防火堤实际高度 | $h_{实} = h_{计} + 0.2$ |
| | （4）符号解释 | $h_{计}$ 为防火堤计算高度，m；$V_大$ 为同一防火堤内一个最大油罐的容积，$m^3$；$a$ 为防火堤内的长，m；$b$ 为防火堤内的宽，m；$D_1$、$D_2$、…、$D_n$ 分别为防火堤内除 1 个最大油罐外的油罐底圈板外直径，m |
| | （5）备注 | 当实高小于 1m 时，堤高取 1m；当实高大于 2.2m 时，应加大防火堤内的面积，重新计算防火堤的高度，使防火堤实高不大于 2.2m |

## 三、防火堤的其他要求

防火堤的其他要求，见表5-7。

表5-7 防火堤的其他要求

| 内 容 | | 要 求 |
|---|---|---|
| 1. 防火堤选型参考 | （1）土筑防火堤 | 在占地、土质等条件能满足需要的地区，宜选用土筑防火堤 |
| | （2）钢筋混凝土防火堤 | ① 一般地区均可采用 |
| | | ② 在用地紧张地区、大型油罐区及储存大宗化学品的罐区可优先选用钢筋混凝土防火堤 |
| | （3）浆砌毛石防火堤 | 在抗震设防烈度不大于6度且地质条件较好、不易造成基础不均匀沉降的地区可选用浆砌毛石防火堤 |
| | （4）砖、砌块防火堤 | 一般地区均可采用这种防火堤 |
| | （5）两边砌砖中心填土防火堤 | |
| 2. 防火堤、防护墙埋置深度 | （1）防火堤、防护墙埋置深度，应根据工程地质、建筑材料、冻土深度和稳定性计算等因素确定 | |
| | （2）除岩石地基外，基础埋深不宜小于0.5m；对于土堤，地面以下0.5m深度范围内的地基土的压实系数不应小于0.95 | |
| 3. 浆砌毛石防火堤的构造 | （1）堤身及基础最小厚度应由强度及稳定性计算确定，且不应小于500mm | |
| | （2）基础构造应符合现行国家标准 GB 50007—2011《建筑地基基础设计规范》的规定 | |
| | （3）毛石强度等级不应低于 MU30，砂浆强度等级不宜低于 M10，浆砌必须饱满密实 | |
| | （4）堤顶应做现浇钢筋混凝土压顶，压顶在变形缝处应断开。压顶厚度不宜小于100mm，混凝土强度等级不宜低于 C20，压顶内纵向钢筋直径不宜小于 $\phi$10，钢筋间距不宜大于200mm | |
| | （5）堤身应做1∶1水泥砂浆勾缝 | |
| 4. 砖、砌块防火堤的构造 | （1）防火堤堤身厚度应由强度及稳定性计算确定，且不应小于300mm，堤外侧宜用水泥砂浆抹面 | |
| | （2）砖、砌块的强度等级不应低于 MU10，砌筑砂浆强度等级不低于 M7.5；基础为毛石砌体时，毛石强度等级不应低于 MU30；浆砌必须饱满密实并不得采用空心砖砌体 | |
| | （3）堤顶应做现浇钢筋混凝土压顶，压顶在变形缝处应断开。压顶厚度不宜小于100mm，混凝土强度等级不宜低于 C20，压顶内宜配置不少于3条 $\phi$10纵向钢筋 | |
| | （4）抗震设防烈度大于或等于7度的地区或地质条件复杂、地基沉降差异较大的地区宜采取加强整体性的结构措施 | |

| 内　容 | 要　求 |
|---|---|
| 5. 两边砌砖中心填土防火堤构造 | （1）两侧砖墙厚度不宜小于 200mm |
| | （2）沿堤长每隔 1.5~2.0m 设不小于 200mm 厚拉结墙与两侧墙咬搓砌筑 |
| | （3）中间填土厚度 300~500mm，并分层夯实 |
| | （4）堤顶应设厚度不小于 100mm 的现浇钢筋混凝土压顶，混凝土强度等级不宜低于 C20，压顶内纵向钢筋直径不宜小于 $\phi10$，钢筋间距不宜大于 200mm |
| 6. 隔堤的构造 | （1）砖、砌块隔堤　① 厚度不宜小于 200mm |
| | ② 宜双面用水泥砂浆抹面 |
| | ③ 堤顶宜设钢筋混凝土压顶，压顶构造同前所述 |
| | （2）毛石隔堤　① 厚度不宜小于 400mm |
| | ② 宜双面用水泥砂浆勾缝 |
| | ③ 堤顶宜设钢筋混凝土压顶，压顶构造同前所述 |
| | （3）钢筋混凝土隔堤　① 厚度不宜小于 100mm |
| | ② 可按构造配单层钢筋网 |
| | ③ 耐火极限不应小于 2h |
| | ④ 冻融实验 15 次强度无变化 |
| | ⑤ 防火涂层应耐雨水冲刷并能适应潮湿工作环境 |

# 第五节　高位(架)罐区设计

油罐底标高比周围地坪高，能满足自流发油或灌装的油罐称为高位罐，其中利用人工支座或支架造成的高位罐，可专称高架罐。

## 一、高位(架)罐设置的技术要求

高位(架)罐设置的技术要求，见表 5-8。

表 5-8　高位(架)罐设置的技术要求

| 项　目 | 技术要求 |
|---|---|
| 1. 高位(架)罐的位置 | （1）高位(架)罐的位置在满足防火距离要求的前提下应尽量选在距发油或灌装对象较近，且地势较高的地方 |
| | （2）轻质油品的高架罐，严禁设在建筑物的顶部或室内，亦不能双层架设 |
| | （3）润滑油高架罐，可设在润滑油灌桶间上部或室内 |

续表

| 项　目 | 技术要求 | |
|---|---|---|
| 2. 防火堤 | （1）高架罐周围的地面上，应设防火堤 | |
| | （2）高架罐罐壁与防火堤内坡脚线的水平距离，不应小于2m | |
| 3. 罐型 | 高位油罐可以是立式或卧式钢油罐。通常高架罐采用卧式钢油罐 | |
| 4. 高位罐容量、个数确定 | （1）高位罐其容量和数量应确定得当 | ① 容量不应过大。容量大了不但占地面积大，基本建设费用增加，而且也不安全 |
| | | ② 容量小了，向高架罐输送油次数多，操作频繁，亦不合理 |
| | （2）应考虑到小型油库电源可靠性较差的实际情况 | |
| | （3）规定每种油品总容量 | ① 一、二级油库不应大于日灌装量的一半 |
| | | ② 三、四级油库不应大于日灌装量 |
| 5. 高位罐罐底标高确定 | （1）应根据管路直径、油料黏度和同时灌装的最大流量等确定 | |
| | （2）一般高于地面3~8m | |
| | （3）容量200L的油桶，灌桶时间，每桶0.5~1min灌满为宜 | |
| 6. 高位罐工艺管路设计 | （1）管径确定 | （2）示意图 |
| | 依据：可根据高位罐的高度，同时灌装油桶的最大流量（由灌油嘴数目和每个灌油嘴灌油速度求得），油料黏度及经济流速计算确定 | |
| | 一般情况：可采用DN80~DN100钢管，且有一定的坡度坡向灌油嘴，以便灌桶时能放空管路中的油料 | 汽车油罐车灌装系统<br>1—支座；2—高架罐；3—流量计；4—灌油口 |

## 二、高架卧式罐的强度和稳定校核(以两支座为例)

### (一)强度计算

强度计算，见表5-9。

表5-9　强度计算

| 计算部位 | 高架卧式罐两支座的结构图 | |
|---|---|---|
| 以罐下部轴向拉应力最大的部位作为计算依据 | | 注：① 一般 $B=0.2L$ 较适合；<br>② 这种结构形式，只有在缺电的地区才采用。随着技术的进步，电力保障增强，以及减少危险点的大呼吸损耗，环保的需求，这种形式一般用泵输代替 |

| | | |
|---|---|---|
| 应力校核计算 | $\sigma_{轴}$ 计算公式 | $\sigma_{轴}=\sigma_1+\sigma_{弯}$ |
| | $\sigma_1$ 计算公式 | $\sigma_1=\dfrac{pR}{2\delta}$ |
| | $\sigma_{弯}$ 计算公式 | $\sigma_{弯}=\dfrac{M}{W}$ |
| | $W$ 计算公式 | $W=0.8D_{外}^2\delta$ |
| | 符号解释 | $\sigma_{轴}$ 为罐下部最大部位的轴向拉应力，kgf/cm²❶；$\sigma_1$ 为内压产生的轴向拉应力，kgf/cm²；$p$ 为油罐内压 ($p=0.25\sim0.5$)，kgf/cm²；$R$ 为油罐外半径，cm；$\delta$ 为罐壁厚度，cm；$\sigma_{弯}$ 为罐自重和液重引起的弯矩所产生的轴向拉应力，kgf/cm²；$W$ 为油罐截面系数；$D_{外}$ 为罐外直径，cm；$M$ 为最大弯矩 |
| 弯矩校核计算 | 当 $B>0.207L$ 时危险截面在支座处 | $M=\dfrac{qB^2}{2}$ |
| | 当 $B<0.207L$ 时危险截面在两支座中间 | $M=\dfrac{qL(L-4B)}{8}$ |
| | 当 $B=0.207L$ 时支座处和两支座中间的弯矩相等 | $M=\dfrac{qL^2}{47}$ |
| | 备注 | $q$ 为单位长荷重(包括油罐自重和液重)，其他符号含义同上 |
| 强度满足的条件 | 计算公式 | $\sigma_1+\sigma_{弯}\leqslant[\sigma]$<br>$[\sigma]$ 为罐壁钢材的许可压应力 |
| | $[\sigma]$ 取值 | 最大不超过 1480kgf/cm² |
| | | 对于旧罐，$[\sigma]=800$kgf/cm² |

## （二）稳定性计算

稳定性计算，见表 5-10。

### 表 5-10　稳定性计算

| | 计算公式 | 公式中物理量符号 | 符号含义 | 单位 |
|---|---|---|---|---|
| 1. 稳定满足的条件 | $\sigma_{弯}=\dfrac{\sigma_{临界}}{m}$ | $\sigma_{临界}$ | 临界压应力 | kgf/cm² |
| | | $m$ | 稳定安全系数，$m=2.5$ | |
| | $\sigma_{临界}=1.37E\left(\dfrac{\delta}{R}\right)^2$ | $R$ | 油罐外半径 | cm |
| | | $\delta$ | 油罐壁板厚度 | cm |
| | | $E$ | $E=2.1\times10^6$ | kgf/cm² |
| | | $\sigma_{弯}$ | 轴向拉应力 | kgf/cm² |

❶1kgf/cm² = 98066.5Pa。

| 2. 不能满足稳定要求的处理及计算 | （1）处理方法 | ① 增加油罐的罐壁厚度 |
| | | ② 增加油罐下的支座数目 |
| | | ③ 增加油罐内的加强环 |
| | （2）计算 | 增加加强环后 $\sigma_{临界}$ 的计算变为 $\sigma'_{临界}$ <br><br> $\sigma'_{临界} = 0.0605E\delta^2 \left( \dfrac{9}{8} \cdot \dfrac{I^2}{R^4} + \dfrac{7}{6} \cdot \dfrac{\pi^4}{I^2} \right)$ <br><br> $I$ 为加强环的间距，其最大间距 $I_{max} = 1.009\pi R$ |

# 第六节　零位罐（含放空罐）区设计

## 一、零位罐区设计

零位罐用于自流卸铁路油罐车，主要起缓冲作用，罐中油品边进边出。零位罐区设计计算，见表5-11。

表5-11　零位罐区设计计算

| 零位罐区位置要求 | 应靠近收油泵站与铁路装卸油品作业线，距铁路装卸油品作业线中心线之间的距离，不应小于6m | | | | | |
|---|---|---|---|---|---|---|
| 零位罐容量、个数确定 | 1. 每种油品零位罐总容量 | 依据 | 计算公式 | 公式中物理量符号 | 符号含义 | 物理量单位 |
| | | 按国家标准，总容量一般不应大于一次卸车量 | $V \leqslant V_车 n$ | $V$ | 每种油品零位罐总容量 | $m^3$ |
| | | | | $V_车$ | 一辆油罐车的计算容量 | $m^3$ |
| | | | | $n$ | 该种油品一次到库的最大油罐车数量 | 辆 |
| | 2. 油罐个数 | （1）单罐容量推荐 | 在设计、建造实践中，对于成品油库大多采用单个罐容量为300~500m³的立式油罐作零位罐 | | | |
| | | （2）油罐个数推荐 | 一般情况下，汽油、煤油、柴油及海军燃料油每种油品各设一座零位罐 | | | |
| 零位罐的罐底标高确定 | 1. 考虑的因素 | （1）既要考虑自流卸铁路油罐车的要求 | | | | |
| | | （2）又要考虑泵能抽吸零位罐低液位的油 | | | | |
| | | （3）还要考虑被地下水位浸没而采取的安全措施等因素 | | | | |
| | 2. 通常情况 | 通常在一定容量下，零位罐的高度较小而直径较大，罐中最高液面低于附近地面以统一解决上述矛盾 | | | | |

续表

| 零位罐工艺管路设计 | 1. 零位罐工艺管路设计应遵循油管路设计的一般技术原则(见本书第六章) |
| | 2. 应从其所处的特殊位置考虑,其进出油管路管径都应大于(至少等于)与之相连接的输油泵出口管路管径 |
| | 3. 应有跨越零位罐直接收油入储油罐的阀门和管组 |
| | 4. 在满足工艺要求的前提下,管路应尽可能短些 |

## 二、放空罐区设计

（一）放空罐的位置、容量和个数

放空罐是为放空管路内存油而设置的,放空罐的位置、容量和个数确定,见表5-12。

表5-12　放空罐的位置、容量和个数确定

| 项　目 | 说　明 | | | |
|---|---|---|---|---|
| 罐型 | 放空罐一般采用卧式金属罐 | | | |
| 平面位置 | 1. 为自流放空管路,通常将放空罐的位置设在管路的最低处 | | | |
| | 2. 与其他设备设施的距离应符合安全要求 | | | |
| 罐底标高确定 | 1. 埋地下采用自流放空管线的方法设置时 | (1) 两方面考虑 | 既能将管中存油放空 |
| | | | 又能用泵将罐中油品全部抽出 |
| | | (2) 缺点 | 放空罐需埋设较深,这既难以防地下水,又加重了油罐的腐蚀,还不便检查维修油罐,施工费用亦高 |
| | 2. 地面上设置时 | (1) 泵送 | 现在有主张利用泵站内油泵来放空输油管路 |
| | | (2) 优点 | 这样放空罐即可在地面敷设,克服了上述缺点 |
| 放空罐容积和个数 | 1. 根据 | (1) 根据输油管内存油数量 | |
| | | (2) 油料品种 | |
| | 2. 通常情况 | 以管内存油1.5~2倍确定容量,每种油品一个罐 | |

（二）埋地卧式罐的抗浮设计计算

当埋地卧式油罐被地下水浸泡时,应考虑校核空罐时的抗浮问题。

（1）无混凝土支墩或无梁板式钢筋混凝土基础锚固时的抗浮校核,见表5-13。

（2）加混凝土支墩和扁钢锚固计算。

经过计算,若不满足公式 $G_z + G_\pm \geq V_s \cdot \gamma_s \cdot K$ 的抗浮条件时,则空油罐即会被浮起,则必须加混凝土支墩和扁钢锚固。

有混凝土支墩时的抗浮条件计算,见表5-14。

**表 5-13　无锚固抗浮校核**

| 计算公式 | (1) 抗浮条件计算公式：$G_Z+G_\pm \geqslant V_S \cdot \gamma_S \cdot K$ | 符号 | 符号含义 | 单位 |
|---|---|---|---|---|
| | | $G_Z$ | 油罐的总自重 | t |
| | | $V_S$ | 油罐埋入地下水部分的体积 | m³ |
| | | $\gamma_S$ | 水的密度，$\gamma_S=1$ | t/m³ |
| | | $K$ | 安全系数，$K=1.1\sim1.5$ | |
| | (2) 油罐水平直径以上覆土总质量计算公式：$G_\pm=(D \cdot L \cdot H-V/2)\gamma_\pm$ | $G_\pm$ | 油罐水平直径以上覆土总质量 | t |
| | | $D$ | 油罐的外直径 | m |
| | | $L$ | 油罐的总长度 | m |
| | | $H$ | 油罐水平轴至回填土表面的距离 | m |
| | | $V$ | 油罐的体积 | m³ |
| | | $\gamma_\pm$ | 土壤的密度，$\gamma_\pm=1.5t/m^3$ | t/m³ |
| 结论 | (1) 条件 | 由(1)和(2)的计算公式，按地下卧式油罐的几何尺寸，分别对10m³、25m³、50m³卧式油罐进行计算 | | |
| | (2) 结果 | 油罐顶覆土0.6m，不加抗浮锚固，而空罐不被浮起的最高地下水位，对于10m³罐应低于1m，25m³与50m³罐应低于1.5m | | |

| 示意图 | |
|---|---|

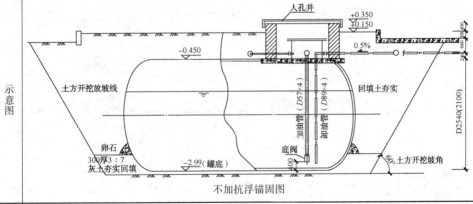

不加抗浮锚固图

**表 5-14　有锚固抗浮校核**

| 抗浮条件 | 有混凝土支墩时的抗浮条件计算：$G_Z+G_\pm+V_m \cdot \gamma_m \geqslant (V_S+V_m)\gamma_S \cdot K$ | | | |
|---|---|---|---|---|
| | | 符号 | 符号含义 | 单位 |
| 锚块的体积计算 | $V_m \geqslant \dfrac{KV_S \cdot \gamma_S-G_Z-G_\pm}{\gamma_m-K \cdot \gamma_S}$ | $V_m$ | 锚块的全部体积 | m³ |
| | | $\gamma_m$ | 锚块的密度（砖1.7，混凝土2.2~2.4，钢筋混凝土2.4~2.5） | t/m³ |
| | | 注 | 其他符号含义同表5-13 | |

| 锚块各部尺寸确定 | 1. 按照计算得锚块总体积 $V_{\mathrm{m}}$，再根据土建结构的一般做法设计各部尺寸 |
| :---: | :--- |
| | 2. 一般要求砖支座厚度不小于370mm（即1砖半厚），砖支座包角 $\alpha$ 一般为 $90° \sim 120°$ |
| | 3. 混凝土支座宽度 $b_2$ 一般应比罐直径至少大15% |

| 由上式及常规做法，对 $10\mathrm{m}^3$、$25\mathrm{m}^3$、$50\mathrm{m}^3$ 卧式油罐的抗浮锚块做了设计计算，结果 | 罐容（$\mathrm{m}^3$） | 罐径 $D$（mm） | 罐长 $L$（mm） | 锚块宽 $\alpha_1$（mm） | 锚块基础宽 $\alpha_2$（mm） | 支墩个数 |
| :---: | :---: | :---: | :---: | :---: | :---: | :---: |
| | 10 | 2100 | 3614 | 500 | 800 | 2 |
| | 25 | 2540 | 5114 | 600 | 1000 | 2 |
| | 50 | 2540 | 10574 | 1000 | 1500 | 4 |
| | 罐容（$\mathrm{m}^3$） | 锚块长 $b_1$（mm） | 锚块基础长 $b_2$（mm） | 锚块高 $h_1$（mm） | 锚块基础高 $h_2$（mm） | 支墩个数 |
| | 10 | 1500 | 2500 | 500 | 300 | 2 |
| | 25 | 1800 | 3000 | 500 | 300 | 2 |
| | 50 | 1800 | 3000 | 500 | 800 | 4 |

| 锚块金属件规格 | 油罐常用□50×5扁钢带（或角钢∠50×5）锚箍，与固定在锚块内的螺栓（$\phi20 \sim \phi22$）连接，螺栓的埋深为 $30 \sim 40$ 倍的螺栓直径 |
| :---: | :--- |

| 有混凝土支墩和扁钢锚固示意图 | 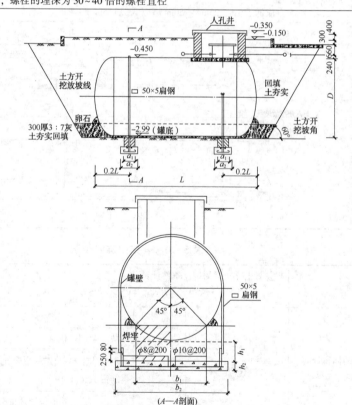 |
| :---: | :---: |

$(A—A剖面)$

# 第七节　掩体油罐通道结构形式与护体结构

## 一、掩体立式油罐通道结构形式及其选择

掩体立式油罐通道结构形式及其选择，见表5-15。

表5-15　掩体立式油罐通道结构形式及其选择

| 项　目 | 结构形式及其选择 | |
|---|---|---|
| 1. 结构形式 | 掩体立式油罐通道形式有水平通道、斜通道、竖直通道3种，见本表插图。GB 50074 要求选用斜通道，如选用水平通道时，应有可靠的防跑油措施。竖直通道进出罐室不便，很少采用，只有地形、位置受限时采用 | |
| 2. 结构示意图及适用条件 | （1）水平通道结构示意图 | 适用条件 |
| | | 地形无条件采用斜通道时，采用水平通道，需有可靠的防跑油措施 |
| | （2）斜通道结构示意图 | 适用条件 |
| | | 采用斜通道时，斜通道口高于油罐室地坪不应小于2.0m(丙B类罐除外) |
| | （3）竖直通道结构示意图 | 适用条件 |
| | | 因受地形条件限制无法设置斜通道的情况下，采用竖直通道 |

### 二、掩体立式油罐护体结构尺寸

立式离壁衬砌掩体油罐的护体内几何尺寸，是根据钢油罐的几何尺寸确定，而护体结构尺寸及配筋应根据护体几何尺寸进行结构设计计算确定，见表5-16。

**表5-16　立式离壁衬砌掩体油罐护体部分主要参数表**

结构示意图

立式离壁衬砌掩体油罐剖面图

（图中标注）900厚覆土层；50厚细砾石层（粒径不小于20mm）；50厚黏土层；20厚1:2水泥砂浆+5%防水粉抹面上喷涂乳化沥青三道；8厚钢筋混凝土拱顶；喷大白；钢油罐底板；80厚沥青砂垫层；250厚粗砂层洒水拍实；300厚基础垫层；素土夯实；盲沟；边沟；排污坑；操作室

| 容量(m³) | | | 500 | | 1000 | | 2000 | | 3000 | | | 5000 | | | 10000 | |
|---|---|---|---|---|---|---|---|---|---|---|---|---|---|---|---|---|
| 护体材料 | | | 砖 | 毛石 | 砖 | 毛石 | 砖 | 毛石 | 砖 | 毛石 | 混凝土预制块 | 砖 | 毛石 | 混凝土预制块 | 毛石 | 混凝土预制块 |
| | | $H$ | 9600 | | 10090 | | 11840 | | 11850 | | | 13300 | | | 15550 | |
| 油罐高度及厚度（mm） | 每阶高度 | $H_1$ | 3100 | 3100 | 3750 | 3750 | 4000 | 3000 | 3850 | 2850 | 5190 | 2300 | 2300 | 3100 | 2500 | 4330 |
| | | $H_2$ | 3100 | 3100 | 3340 | 3340 | 4000 | 3000 | 3000 | 3000 | 3600 | 2500 | 2500 | 3000 | 2500 | 3660 |
| | | $H_3$ | 3400 | 3400 | 3000 | 3000 | 3840 | 2690 | 2500 | 3000 | 3060 | 2500 | 2200 | 2700 | 2750 | 3960 |
| | | $H_4$ | | | | | 3150 | 2500 | 3000 | | | 2500 | 2800 | 4500 | 3800 | 3600 |
| | | $H_5$ | | | | | | | | | | 3500 | 3500 | | 4000 | |
| | 每阶厚度 | $\delta_1$ | 240 | 300 | 240 | 300 | 370 | 300 | 370 | 300 | 250 | 490 | 500 | 400 | 600 | 500 |
| | | $\delta_2$ | 370 | 400 | 370 | 400 | 490 | 400 | 490 | 400 | 450 | 620 | 650 | 500 | 700 | 600 |
| | | $\delta_3$ | 490 | 500 | 490 | 500 | 620 | 500 | 620 | 550 | 650 | 740 | 800 | 600 | 900 | 700 |
| | | $\delta_4$ | | | | | 600 | 740 | 750 | | | 870 | 900 | 700 | 1000 | 800 |
| | | $\delta_5$ | | | | | | | | | | 990 | 1000 | | 1200 | |

续表

| 护体内径 $D$ ( mm ) | 10400 | 13800 | 16900 | 20700 | 24600 | 31300 | 31600 |
| 钢罐顶圈内径( mm ) | 8500 | 11989 | 15100 | 18920 | 22690 | 29280 | |
| 壳顶曲率半径 $R$ ( mm ) | 8500 | 11310 | 15100 | 16900 | 20290 | 29280 | |
| 油罐矢高 $f$ ( mm ) | 1739 | 2350 | 2587 | 3490 | 4149 | 4531 | |

## 三、掩体卧式油罐设计要求

掩体卧式油罐设计要求见表5-17。

表 5-17　掩体卧式油罐的设计要求

| 项　　目 | | 设　计　要　求 |
|---|---|---|
| 1. 强度及壁厚 | | 卧式油罐的设计应满足其设置和使用条件下的强度要求，且罐壁的钢板标准规格厚度不应小于 5mm |
| 2. 设置位置 | | 除设置在洞库内的卧式油罐外，储存甲、乙类油品的卧式油罐不得设置在房间或罐室内 |
| 3. 防腐要求 | | 覆土卧式油罐的外表面，应采用不低于加强级的防腐层 |
| 4. 抗浮要求 | | 当覆土卧式油罐受地下水或雨水作用有上浮的可能时，应对油罐采取抗浮措施 |
| 5. 环保措施 | | 建在水源保护区内或可能出现渗漏对地下建 ( 构 ) 筑物有不安全因素的覆土卧式油罐，应对油罐采取防渗漏扩散的保护措施，并应设置检漏设施。当油罐采用地下箱式混凝土防护构造时，应确保箱体不渗漏，且油罐与箱体之间的间隙应采用干沙或细土填充 |
| 6. 设置形式 | (1) 总要求 | 储存甲、乙类油品的覆土卧式油罐组，不宜设置罐头阀门操作间 |
| | (2) 必须设置时，其阀门操作间要求 | ① 阀门操作间的总长度不应大于 40m |
| | | ② 阀门操作间应设不少于两个向外开门的安全出口。对于长度小于或等于 20m 的阀门操作间可设一个安全出口 |
| | | ③ 地下或半地下式阀门操作间的安全出口，宜设在操作间的两端部，且安全出口不应采用直爬梯或与地面夹角大于 60° 的斜梯 |
| | | ④ 地上阀门操作间的门槛，宜高于其室内地坪 100mm |
| | | ⑤ 阀门操作间应具备良好的通风条件 |
| 7. 回填土 | | (1) 覆土卧式油罐的回填土应分层压实，每层回填土的厚度不应大于 0.3m |
| | | (2) 罐体周围应回填不小于 0.2m 厚的干净沙子或细土 |
| | | (3) 顶部不得采用机夯或重夯 |

# 第六章 油库管路设计与数据

## 第一节 输油管路选线原则及勘察

输油管路的选线原则及勘察程序，见表 6-1。

**表 6-1 输油管路的选线原则及勘察程序**

| 项目 | 内　　容 |
|------|----------|
| 1. 选线原则 | (1) 应执行国家有关法律法规，做到安全、环保、以人为本 |
| | (2) 应与国家和地方经济发展规划、环境保护要求相一致，充分考虑石油天然气市场发展。尽量避免对自然环境和生态平衡的破坏，防止水土流失，注意有利于自然环境和生态平衡的恢复，保护沿线人文景观，使线路工程与自然环境、城市相协调 |
| | (3) 应根据该工程建设的目的，结合沿线规划、国土资源、工矿企业、交通、电力、水利等有关部门的现状与规划，以及沿途地区的地形、地貌、地质、水文、气象、地震等自然条件，在运营安全和施工便利的前提下，通过综合分析和技术经济比较，确定线路总走向 |
| | (4) 线路应顺直、平缓，合理利用地形条件，以降低工程建设投资。线路走向应减少与天然或人工障碍物的交叉，尽量避免发生大型穿跨越 |
| | (5) 中间站和大、中型穿跨越工程位置应符合线路总走向，但根据其具体条件必须偏离总走向时，局部线路的走向可做调整。大型穿(跨)越点和输油站址的选择应服从线路的总走向，在这个前提下，线路的局部走向应服从穿(跨)越点和站址的确定 |
| | (6) 管道不得通过城市水源区、工厂、飞机场、火车站、海(河)港码头、军事设施、国家重点文物保护单位和国家级自然保护区。当输油管道受条件限制必须通过时，应采取必要的保护措施并经国家有关部门批准 |
| | (7) 除管道专用公路的隧道、桥梁外，线路不应通过铁路或者公路的隧道、桥梁 |
| | (8) 线路应避开高烈度地震区、断裂带、沙漠、沼泽、滑坡、泥石流等不良工程地区和施工困难段，必须通过时应采取工程措施保证安全 |
| | (9) 应充分了解管线周围地区的环境状况，减少临时占地和永久占地，减少天然植被的破坏，尤其是草原、戈壁、黄土地区等环境生态脆弱区域的破坏 |
| | (10) 尽量利用现有公路、铁路，方便管道施工和运行维护管理 |
| | (11) 输油管道应避开滑坡、崩塌、沉陷、泥石流等不良工程地质区、矿产资源区、严重危及管道安全的地震区。当受条件限制必须通过时，应采取防护措施并选择合适位置，缩小通过距离 |

续表

| 项目 | 内　容 | | |
|------|--------|---|---|
| 1. 选线原则 | (12) 埋地输油管道同地面建(构)筑物、地下障碍物等的最小间距应符合相关规范的规定 | | |
| | (13) 当埋地输油管道与架空输电线路平行敷设时,其距离应符合 GB 50061—2010《66kV 及以下架空电力线路设计规范》及 DL/T 5092—1999《110~500kV 架空送电线路设计技术规程》的规定。埋地液态液化石油气管道,其距离不应小于上述标准中的规定外,且不应小于 10m | | |
| | (14) 埋地输油管道与埋地通信电缆及其他用途的埋地管道平行敷设的最小距离,应符合国家现行标准的规定 | | |
| 2. 勘察程序 | (1) 踏勘 | ① 时间 | 在正式设计任务书下达之前,根据上级下达的文件或指示进行 |
| | | ② 目的 | 为了进行可行性研究或预可行性研究提供更多支持性资料,进而决定是否建设该输油管道,并为拟定设计任务书提供必要的资料和素材 |
| | (2) 初步设计勘察(初测) | ① 时间 | 在设计任务书下达以后,初步设计开始之前进行 |
| | | ② 目的 | 根据踏勘报告选择的线路方案,作技术经济比较,确定最优秀方案 |
| | (3) 施工图设计勘察(定测) | ① 时间 | 施工图阶段勘察又称定测,它是在初步设计批准后,施工图设计前进行 |
| | | ② 目的 | 主要是根据批准的初步设计和上级审批意见,对全线进行复查、修改、定线和地形测量,并作工程地质和水文地质勘查,尤其要进行输油站和穿(跨)越点的地形测量和地质勘查,取得有关资料,作为施工设计的依据 |

# 第二节　输油管路管径选择

## 一、输油管路的管径选择计算

输油管路的管径选择计算,见表 6-2。

**表 6-2　输油管路的管径选择计算**

| 用泵输送的管路管径 $d$ 计算 | 计算公式 | 符号 | 符号含义 | 符号单位 |
|------|------|------|------|------|
| | $d = 1.13\sqrt{Q/V}$ | $d$ | 管径 | m |
| | | $Q$ | 流量 | $m^3/s$ |
| | | $V$ | 经济平均流速,见表 11-2 | m/s |

续表

| | 计算公式 | 符号 | 符号含义 | 单位 |
|---|---|---|---|---|
| 自流管路管径 $d$ 的计算 | $d=\sqrt{0.0827\lambda\cdot Q\cdot L_{计}/H}$<br>注：(1)对于自流管路，要根据发油的任务流量和实际地形计算管径；(2)自流发油管路系统，往往具有分支状，实际计算时，应与分支管配合计算 | $d$ | 管径 | m |
| | | $\lambda$ | 沿程阻力系数 | |
| | | $Q$ | 任务流量 | $m^3/s$ |
| | | $H$ | 高位罐与发油点液面的高差 | m |
| | | $L_{计}$ | 管路的计算长度 | m |

| | 恩氏黏度<br>(°E) | 运动黏度<br>($mm^2/s$) | 泵吸入管线流速(m/s) | | 泵排出管线流速(m/s) | |
|---|---|---|---|---|---|---|
| | | | 范围 | 常取值 | 范围 | 常取值 |
| 管内油品经济平均流速范围 | 1~2 | 1~11.4 | 0.5~2.0 | 1.5 | 1.0~3.0 | 2.5 |
| | 2~4 | 11.4~28.4 | 0.5~1.8 | 1.3 | 0.8~2.5 | 2.0 |
| | 4~10 | 28.4~74 | 0.3~1.5 | 1.2 | 0.5~2.0 | 1.5 |
| | 10~20 | 74~148.2 | 0.3~1.2 | 1.1 | 0.5~1.5 | 1.2 |
| | 20~60 | 148.2~444.6 | 0.3~1.0 | 1.0 | 0.5~1.2 | 1.1 |
| | 60~120 | 444.6~889.2 | 0.3~0.8 | 0.8 | 0.5~1.0 | 1.0 |

## 二、输油管直径选择参考表

输油管直径选择除按公式计算外，也可参考表6-3~表6-5选择。

表6-3　油库轻油管管径选择参考表

| 油库容量($m^3$) | 单管输送流量($m^3/h$) | 输油管公称直径(mm) | |
|---|---|---|---|
| | | 排出管 | 吸入管和集油管 |
| 3000~6000 | 5~20 | 50 | 65 |
| | 20~40 | 100 | 125 |
| 10000 | 40~50 | 100 | 125 |
| | 50~70 | 125 | 150 |
| 20000 | 70~110 | 150 | 200 |
| 30000 | 100~125 | 150 | 200 |
| 50000 | 150~200 | 150~200 | 200~250 |
| 80000 | 160~220 | 200 | 250 |

| 油库容量（m³） | 单管输送流量（m³/h） | 输油管公称直径（mm） | |
|---|---|---|---|
| | | 排出管 | 吸入管和集油管 |
| 100000 | 180~250 | 200 | 250 |
| 150000 | 250~350 | 250 | 300 |

**表 6-4　油库黏油管管径选择参考表**

| 泵送量（m³/h） | 输油管公称直径（mm） | |
|---|---|---|
| | 排出管 | 吸入管 |
| 20 | 80~100 | 100 |
| 30 | 100~125 | 125 |
| 50 | 125~150 | 150 |

**表 6-5　油库输油管管径选择表**

| 流速 V（m/s）　管径 DN（mm）　流量 Q（m³/h） | 25 | 32 | 40 | 50 | 70 | 80 | 100 | 125 | 150 | 200 |
|---|---|---|---|---|---|---|---|---|---|---|
| 1 | 0.57 | 0.35 | 0.22 | 0.14 | | | | | | |
| 2 | 1.13 | 0.69 | 0.44 | 0.28 | | | | | | |
| 3 | 1.70 | 1.04 | 0.66 | 0.42 | | | | | | |
| 4 | 2.26 | 1.38 | 0.88 | 0.57 | 0.29 | | | | | |
| 5 | 2.83 | 1.72 | 1.10 | 0.71 | 0.36 | | | | | |
| 6 | 3.40 | 2.07 | 1.33 | 0.85 | 0.43 | | | | | |
| 7 | | 2.42 | 1.55 | 0.99 | 0.51 | 0.39 | | | | |
| 8 | | 2.76 | 1.77 | 1.13 | 0.58 | 0.44 | | | | |
| 9 | | 3.11 | 1.99 | 1.27 | 0.85 | 0.50 | 0.32 | | | |
| 10 | | 3.45 | 2.21 | 1.41 | 0.72 | 0.55 | 0.35 | | | |
| 15 | | | 3.31 | 2.12 | 1.08 | 0.83 | 0.53 | 0.34 | | |
| 20 | | | 4.42 | 2.83 | 1.44 | 1.11 | 0.71 | 0.45 | 0.31 | |
| 25 | | | | 3.54 | 1.80 | 1.38 | 0.88 | 0.57 | 0.39 | |
| 30 | | | | 4.24 | 2.17 | 1.66 | 1.06 | 0.68 | 0.47 | 0.26 |
| 35 | | | | | 2.53 | 1.93 | 1.24 | 0.79 | 0.55 | 0.31 |

| 流速 V (m/s) 流量 Q(m³/h) 管径 DN(mm) | 25 | 32 | 40 | 50 | 70 | 80 | 100 | 125 | 150 | 200 |
|---|---|---|---|---|---|---|---|---|---|---|
| 40 | 油品黏度 υ | | 最优流速 u(m/s) | | 2.89 | 2.21 | 1.41 | 0.91 | 0.63 | 0.35 |
| 45 | °E | mm²/s | 吸入管 | 排出管 | 3.25 | 2.49 | 1.59 | 1.03 | 0.71 | 0.40 |
| 50 | 1~2 | 1~12 | 1.5 | 2.5 | 3.61 | 2.76 | 1.77 | 1.13 | 0.79 | 0.44 |
| 60 | 2~4 | 12~28 | 1.3 | 2.0 | 4.34 | 3.32 | 2.12 | 1.36 | 0.94 | 0.53 |
| 70 | 4~10 | 28~72 | 1.2 | 1.5 | | 3.86 | 2.48 | 1.58 | 1.10 | 0.62 |
| 80 | 10~20 | 72~146 | 1.1 | 1.2 | | 4.42 | 2.83 | 1.81 | 1.26 | 0.71 |
| 90 | 20~60 | 146~438 | 1.0 | 1.1 | | | 3.18 | 2.04 | 1.41 | 0.80 |
| 100 | 60~120 | 438~877 | 0.8 | 1.0 | | | 3.54 | 2.26 | 1.57 | 0.88 |

注：（1）输油温度 $t_{油}$ → $υ$ → $u$（最优流速）。

（2）参考 $u$ 由 $υ$、$Q$ →优先在粗框内选择 $DN$。

# 第三节　输油管道直管段钢管壁厚

输油管道直管段的钢管管壁厚度，应按表6-6计算。

**表6-6　输油管道直管段的钢管管壁厚度计算表**

| | 计算公式 | 符号 | 符号含义 | 单位 |
|---|---|---|---|---|
| 钢管管壁厚度计算 | $\delta = \dfrac{PD}{2[\sigma]}$ $[\sigma] = K\Phi\sigma_s$ | $\delta$ | 直管段钢管计算壁厚 | mm |
| | | | 输油站间的输油管道可按设计内压力，分段设计管道的管壁厚度 | |
| | | $P$ | 设计内压力 | MPa |
| | | $D$ | 钢管外直径 | mm |
| | | $[\sigma]$ | 钢管许用应力 | MPa |
| | | $K$ | 设计系数，输送C5及C5以上的液体管道除穿跨越管段按国家现行标准的规定取值外，输油站外一般地段取0.72 | |
| | | $\Phi$ | 焊缝系数，应按下表的规定取值 | |
| | | $\sigma_s$ | 钢管的最低屈服强度，应按下表的规定取值 | |

续表

| 钢管标准 | 钢号或钢级 | 最低屈服强度 $\sigma_s$(MPa) | 焊缝系数 $\Phi$ | 备注 |
|---|---|---|---|---|
| GB/T　8163—1999《输送流体用无缝钢管》 | Q295 | 295($S$>16mm 为285) | 1.0 | |
| | Q345 | 325($S$>16mm 为315) | | |
| | 20 | 245($S$>16mm 为235) | | |
| GB/T 9711.1—1997《石油天然气工业输送钢管交货技术条件第 1 部分：A 级钢管》 | L175(A25) | 175(172) | 1.0 | $S$ 为钢管的工程壁厚 |
| | L210(A) | 210(207) | | |
| | L245(B) | 245(241) | | |
| | L290(X42) | 290(289) | | |
| | L320(X46) | 320(317) | | |
| | L360(X52) | 360(358) | | |
| | L390(X56) | 390(386) | | |
| | L415(X60) | 415(413) | | |
| | L450(X65) | 450(448) | | |
| | L485(X70) | 485(482) | | |
| | L555(X80) | 555(551) | | |
| GB/T 9711.2—1999《石油天然气工业输送钢管交货技术条件第 2 部分：B 级钢管》 | L245NB、L245MB | 245~440* | 1.0 | B 级管的质量和试验要求高于 A 级管 |
| | L290NB、L290MB | 290~440* | | |
| | L360NB、L360QB、L360MB | 360~510* | | |
| | L415NB、L415QB、L415MB | 415~565* | | |
| | L450NB、L450MB | 450~570* | | |
| | L485QB、L485MB | 485~605* | | |
| | L555QB、L555MB | 555~675* | | |

注：(1)NB 为无缝钢管和焊接钢管用钢，QB 为无缝钢管用钢，MB 为焊接铜管用钢。
　　(2)括号内的钢级及屈服强度为 API 5L 标准的数值。
　　(3)带＊数值为 0.5％总伸长下的应力值，在此值范围内由用户在合同书中提出具体要求。
　　(4)管道及管件由永久荷载、可变荷载所产生的轴向应力之和，不应超过钢管的最低屈服强度的 80％，但不得将地震作用和风荷载同时计入。

# 第四节　输油管路摩阻损失查表计算

为提高设计效率，按水力计算公式进行计算，将计算结果列于表6-7。已知输油管径、油品黏度、输油流量，即可在表中查得相应水力坡降值，即管路沿程摩阻损失。

管件、阀件的局部阻力系数和当量长度可查表6-8~表6-11。

表6-7 输油管水力坡降表

φ32×3 输油管水力坡降值（米液柱/米管长）

| Q (m³/h) | V (m/s) | 黏度 (mm²/s) | | | | | | | | | | | | | | | | |
|---|---|---|---|---|---|---|---|---|---|---|---|---|---|---|---|---|---|---|
| | | 0.50 | 0.75 | 1.00 | 1.25 | 1.50 | 1.75 | 2.00 | 2.50 | 3.00 | 4.00 | 5.00 | 6.00 | 7.00 | 8.00 | 9.00 | 10.00 | 15.00 |
| 0.6 | 0.314 | 0.00697 | 0.00731 | 0.00644 | 0.00681 | 0.00712 | 0.00740 | 0.00765 | 0.00809 | 0.00428 | 0.00460 | 0.00758 | 0.00910 | 0.01061 | 0.01213 | 0.01365 | 0.01516 | 0.02274 |
| 0.8 | 0.419 | 0.01205 | 0.01254 | 0.01300 | 0.01126 | 0.01179 | 0.01225 | 0.01266 | 0.01339 | 0.01402 | 0.00762 | 0.00805 | 0.01213 | 0.01415 | 0.01617 | 0.01820 | 0.02022 | 0.03033 |
| 1.0 | 0.523 | 0.01850 | 0.01914 | 0.01974 | 0.02031 | 0.01742 | 0.01810 | 0.01871 | 0.01979 | 0.02071 | 0.02226 | 0.01190 | 0.01245 | 0.01769 | 0.02022 | 0.02274 | 0.02527 | 0.03791 |
| 1.5 | 0.785 | 0.04062 | 0.04163 | 0.04260 | 0.04353 | 0.04443 | 0.04529 | 0.04612 | 0.04023 | 0.04211 | 0.04525 | 0.04784 | 0.05007 | 0.02632 | 0.02721 | 0.02802 | 0.02877 | 0.05686 |
| 2.0 | 1.046 | 0.07128 | 0.07267 | 0.07402 | 0.07532 | 0.07657 | 0.07779 | 0.07898 | 0.08126 | 0.06966 | 0.07486 | 0.07915 | 0.08284 | 0.08610 | 0.08902 | 0.09168 | 0.04760 | 0.07582 |
| 2.5 | 1.308 | 0.11047 | 0.11225 | 0.11398 | 0.11565 | 0.11728 | 0.11887 | 0.12042 | 0.12340 | 0.12627 | 0.11062 | 0.11697 | 0.12242 | 0.12723 | 0.13155 | 0.13548 | 0.13910 | 0.07784 |
| 3.0 | 1.570 | 0.15821 | 0.16037 | 0.16248 | 0.16453 | 0.16654 | 0.16850 | 0.17042 | 0.17413 | 0.17770 | 0.18448 | 0.16092 | 0.16843 | 0.17505 | 0.18099 | 0.18640 | 0.19137 | 0.10710 |
| 3.5 | 1.831 | 0.21448 | 0.21703 | 0.21952 | 0.22196 | 0.22434 | 0.22668 | 0.22897 | 0.23342 | 0.23772 | 0.24590 | 0.21076 | 0.22058 | 0.22925 | 0.23703 | 0.24412 | 0.25063 | 0.27737 |
| 4.0 | 2.093 | 0.27929 | 0.28223 | 0.28510 | 0.28792 | 0.29069 | 0.29340 | 0.29607 | 0.30127 | 0.30630 | 0.31592 | 0.32502 | 0.27865 | 0.28960 | 0.29943 | 0.30838 | 0.31661 | 0.35039 |
| 4.5 | 2.354 | 0.35264 | 0.35596 | 0.35923 | 0.36243 | 0.36558 | 0.36867 | 0.37172 | 0.37766 | 0.38343 | 0.39451 | 0.40503 | 0.41508 | 0.35589 | 0.36797 | 0.37897 | 0.38908 | 0.43059 |
| 5.0 | 2.616 | 0.43453 | 0.43824 | 0.44189 | 0.44548 | 0.44901 | 0.45248 | 0.45591 | 0.46261 | 0.46913 | 0.48166 | 0.49362 | 0.50506 | 0.42795 | 0.44247 | 0.45570 | 0.46786 | 0.51777 |
| 6.0 | 3.139 | 0.62392 | 0.62840 | 0.63283 | 0.63719 | 0.64149 | 0.64573 | 0.64992 | 0.65814 | 0.66616 | 0.68166 | 0.69652 | 0.71081 | 0.72459 | 0.73791 | 0.62697 | 0.64370 | 0.71237 |
| 7.0 | 3.662 | 26.32004 | 0.85272 | 0.85792 | 0.86305 | 0.86812 | 0.87313 | 0.87809 | 0.88783 | 0.89737 | 0.91587 | 0.93368 | 0.95087 | 0.96749 | 0.98361 | 0.99926 | 0.84302 | 0.93296 |

| Q (m³/h) | V (m/s) | 黏度 (mm²/s) | | | | | | | | | | | | | | | | |
|---|---|---|---|---|---|---|---|---|---|---|---|---|---|---|---|---|---|---|
| | | 20.00 | 25.00 | 30.00 | 40.00 | 50.00 | 60.00 | 70.00 | 80.00 | 90.00 | 100.00 | 125.00 | 150.0 | 200.0 | 300.0 | 400.0 | 500.0 | 1000.0 |
| 0.6 | 0.314 | 0.03033 | 0.03791 | 0.04549 | 0.06065 | 0.07582 | 0.09098 | 0.10614 | 0.12130 | 0.13647 | 0.15163 | 0.18954 | 0.22745 | 0.30326 | 0.45489 | 0.60652 | 0.75816 | 1.51631 |
| 0.8 | 0.419 | 0.04043 | 0.05054 | 0.06065 | 0.08087 | 0.10109 | 0.12130 | 0.14152 | 0.16174 | 0.18196 | 0.20217 | 0.25272 | 0.30326 | 0.40435 | 0.60652 | 0.80870 | 1.01087 | 2.02175 |
| 1.0 | 0.523 | 0.05054 | 0.06318 | 0.07582 | 0.10109 | 0.12636 | 0.15163 | 0.17690 | 0.20217 | 0.22745 | 0.25272 | 0.31590 | 0.37908 | 0.50544 | 0.75816 | 1.01087 | 1.26359 | 2.52719 |
| 1.5 | 0.785 | 0.07582 | 0.09477 | 0.11372 | 0.15163 | 0.18954 | 0.22745 | 0.26535 | 0.30326 | 0.34117 | 0.37908 | 0.47385 | 0.56862 | 0.75816 | 1.13723 | 1.51631 | 1.89539 | 3.79078 |
| 2.0 | 1.046 | 0.10109 | 0.12636 | 0.15163 | 0.20217 | 0.25272 | 0.30326 | 0.35381 | 0.40435 | 0.45489 | 0.50544 | 0.63180 | 0.75816 | 1.01087 | 1.51631 | 2.02175 | 2.52719 | 5.05437 |
| 2.5 | 1.308 | 0.12636 | 0.15795 | 0.18954 | 0.25272 | 0.31590 | 0.37908 | 0.44226 | 0.50544 | 0.56862 | 0.63180 | 0.78975 | 0.94769 | 1.26359 | 1.89539 | 2.52719 | 3.15898 | 6.31796 |

续表

| Q (m³/h) | V (m/s) | 黏度（mm²/s） | | | | | | | | | | | | | | | | |
|---|---|---|---|---|---|---|---|---|---|---|---|---|---|---|---|---|---|---|
| | | 20.00 | 25.00 | 30.00 | 40.00 | 50.00 | 60.00 | 70.00 | 80.00 | 90.00 | 100.00 | 125.0 | 150.0 | 200.0 | 300.0 | 400.0 | 500.0 | 1000.0 |
| 3.0 | 1.570 | 0.15163 | 0.18954 | 0.22745 | 0.30326 | 0.37908 | 0.45489 | 0.53071 | 0.60652 | 0.68234 | 0.75816 | 0.94769 | 1.13723 | 1.51631 | 2.27447 | 3.03262 | 3.79078 | 7.58156 |
| 3.5 | 1.831 | 0.17690 | 0.22113 | 0.26535 | 0.35381 | 0.44226 | 0.53071 | 0.61916 | 0.70761 | 0.79606 | 0.88451 | 1.10564 | 1.32677 | 1.76903 | 2.65354 | 3.53806 | 4.42257 | 8.84515 |
| 4.0 | 2.093 | 0.20217 | 0.25272 | 0.30326 | 0.40435 | 0.50544 | 0.60652 | 0.70761 | 0.80870 | 0.90979 | 1.01087 | 1.26359 | 1.51631 | 2.02175 | 3.03262 | 4.04350 | 5.05437 | 10.10874 |
| 4.5 | 2.354 | 0.22745 | 0.28431 | 0.34117 | 0.45489 | 0.56862 | 0.68234 | 0.79606 | 0.90979 | 1.02351 | 1.13723 | 1.42154 | 1.70585 | 2.27447 | 3.41170 | 4.54893 | 5.68617 | 11.37233 |
| 5.0 | 2.616 | 0.25272 | 0.31590 | 0.37908 | 0.50544 | 0.63180 | 0.75816 | 0.88451 | 1.01087 | 1.13723 | 1.26359 | 1.57949 | 1.89539 | 2.52719 | 3.79078 | 5.05437 | 6.31796 | 12.63593 |
| 6.0 | 3.139 | 0.30326 | 0.37908 | 0.45489 | 0.60652 | 0.75816 | 0.90979 | 1.06142 | 1.21305 | 1.36468 | 1.51631 | 1.89539 | 2.27447 | 3.03262 | 4.54893 | 6.06525 | 7.58156 | 15.16311 |
| 7.0 | 3.662 | 0.35381 | 0.44226 | 0.53071 | 0.70761 | 0.88451 | 1.06142 | 1.23832 | 1.41522 | 1.59213 | 1.76903 | 2.21129 | 2.65354 | 3.53806 | 5.30709 | 7.07612 | 8.84515 | 17.69030 |

## φ38×3.5 输油管水力坡降值（米液柱/米管长）

| Q (m³/h) | V (m/s) | 黏度（mm²/s） | | | | | | | | | | | | | | | | |
|---|---|---|---|---|---|---|---|---|---|---|---|---|---|---|---|---|---|---|
| | | 0.50 | 0.75 | 1.00 | 1.25 | 1.50 | 1.75 | 2.00 | 2.50 | 3.00 | 4.00 | 5.00 | 6.00 | 7.00 | 8.00 | 9.00 | 10.00 | 15.00 |
| 1.0 | 0.368 | 0.00574 | 0.00635 | 0.00682 | 0.00722 | 0.00755 | 0.00785 | 0.00812 | 0.00858 | 0.00898 | 0.00965 | 0.00625 | 0.00751 | 0.00876 | 0.01001 | 0.01126 | 0.01251 | 0.01876 |
| 1.5 | 0.552 | 0.01167 | 0.01291 | 0.01388 | 0.01467 | 0.01536 | 0.01596 | 0.01650 | 0.01745 | 0.01826 | 0.01962 | 0.02075 | 0.02172 | 0.02257 | 0.01501 | 0.01689 | 0.01877 | 0.02815 |
| 2.0 | 0.736 | 0.01930 | 0.02136 | 0.02296 | 0.02427 | 0.02540 | 0.02640 | 0.02740 | 0.02886 | 0.03021 | 0.03246 | 0.03433 | 0.03593 | 0.03734 | 0.03861 | 0.03976 | 0.02502 | 0.03753 |
| 2.5 | 0.920 | 0.02852 | 0.03156 | 0.03392 | 0.03586 | 0.03754 | 0.03901 | 0.04033 | 0.04265 | 0.04464 | 0.04796 | 0.05072 | 0.05308 | 0.05517 | 0.05704 | 0.05874 | 0.06032 | 0.04689 |
| 3.0 | 1.104 | 0.03924 | 0.04342 | 0.04666 | 0.04934 | 0.05164 | 0.05367 | 0.05549 | 0.05868 | 0.06141 | 0.06599 | 0.06978 | 0.07303 | 0.07590 | 0.07848 | 0.08082 | 0.08299 | 0.05627 |
| 3.5 | 1.288 | 0.05142 | 0.05688 | 0.06112 | 0.06463 | 0.06766 | 0.07031 | 0.07270 | 0.07687 | 0.08045 | 0.08645 | 0.09141 | 0.09567 | 0.09943 | 0.10281 | 0.10588 | 0.10872 | 0.12029 |
| 4.0 | 1.472 | 0.06490 | 0.07183 | 0.07718 | 0.08161 | 0.08542 | 0.08878 | 0.09179 | 0.09706 | 0.10158 | 0.10915 | 0.11541 | 0.12079 | 0.12554 | 0.12980 | 0.13368 | 0.13726 | 0.15190 |
| 5.0 | 1.840 | 0.09593 | 0.10616 | 0.11408 | 0.12062 | 0.12625 | 0.13121 | 0.13566 | 0.14344 | 0.15013 | 0.16133 | 0.17058 | 0.17854 | 0.18555 | 0.19185 | 0.19759 | 0.20287 | 0.22450 |
| 6.0 | 2.208 | 0.13200 | 0.14609 | 0.15698 | 0.16599 | 0.17373 | 0.18055 | 0.18668 | 0.19739 | 0.20660 | 0.22200 | 0.23474 | 0.24569 | 0.25534 | 0.26401 | 0.27191 | 0.27917 | 0.30895 |
| 7.0 | 2.576 | 0.17291 | 0.19136 | 0.20563 | 0.21742 | 0.22756 | 0.23651 | 0.24454 | 0.25857 | 0.27062 | 0.29080 | 0.30749 | 0.32182 | 0.33447 | 0.34583 | 0.35617 | 0.36567 | 0.40467 |
| 8.0 | 2.944 | 0.21843 | 0.24171 | 0.25976 | 0.27466 | 0.28747 | 0.29877 | 0.30891 | 0.32663 | 0.34186 | 0.36734 | 0.38842 | 0.40653 | 0.42250 | 0.43684 | 0.44990 | 0.46191 | 0.51120 |
| 9.0 | 3.312 | 0.26832 | 0.29694 | 0.31908 | 0.33739 | 0.35312 | 0.36701 | 0.37947 | 0.40123 | 0.41994 | 0.45124 | 0.47714 | 0.49939 | 0.51901 | 0.53663 | 0.55268 | 0.56742 | 0.62797 |
| 10.0 | 3.680 | 0.32267 | 0.35709 | 0.38372 | 0.40574 | 0.42466 | 0.44136 | 0.45634 | 0.48252 | 0.50502 | 0.54267 | 0.57381 | 0.60056 | 0.62417 | 0.64536 | 0.66465 | 0.68239 | 0.75517 |

续表

| Q (m³/h) | V (m/s) | 黏度 (mm²/s) 20.00 | 25.00 | 30.00 | 40.00 | 50.00 | 60.00 | 70.00 | 80.00 | 90.00 | 100.00 | 125.0 | 150.0 | 200.0 | 300.0 | 400.0 | 500.0 | 1000.0 |
|---|---|---|---|---|---|---|---|---|---|---|---|---|---|---|---|---|---|---|
| 1.0 | 0.368 | 0.02501 | 0.03126 | 0.03752 | 0.05002 | 0.06253 | 0.07503 | 0.08754 | 0.10004 | 0.11255 | 0.12505 | 0.15631 | 0.18758 | 0.25010 | 0.37515 | 0.50020 | 0.62525 | 1.25050 |
| 1.5 | 0.552 | 0.03752 | 0.04689 | 0.05627 | 0.07503 | 0.09379 | 0.11255 | 0.13130 | 0.15006 | 0.16882 | 0.18758 | 0.23447 | 0.28136 | 0.37515 | 0.56273 | 0.75030 | 0.93788 | 1.87575 |
| 2.0 | 0.736 | 0.05002 | 0.06253 | 0.07503 | 0.10004 | 0.12505 | 0.15006 | 0.17507 | 0.20008 | 0.22509 | 0.25010 | 0.31263 | 0.37515 | 0.50020 | 0.75030 | 1.00040 | 1.25050 | 2.50100 |
| 2.5 | 0.920 | 0.06253 | 0.07816 | 0.09379 | 0.12505 | 0.15631 | 0.18758 | 0.21884 | 0.25010 | 0.28136 | 0.31263 | 0.39078 | 0.46894 | 0.62525 | 0.93788 | 1.25050 | 1.56313 | 3.12625 |
| 3.0 | 1.104 | 0.07503 | 0.09379 | 0.11255 | 0.15006 | 0.18758 | 0.22509 | 0.26261 | 0.30012 | 0.33764 | 0.37515 | 0.46894 | 0.56273 | 0.75030 | 1.12545 | 1.50060 | 1.87575 | 3.75150 |
| 3.5 | 1.288 | 0.08754 | 0.10942 | 0.13130 | 0.17507 | 0.21884 | 0.26261 | 0.30637 | 0.35014 | 0.39391 | 0.43768 | 0.54709 | 0.65651 | 0.87535 | 1.31303 | 1.75070 | 2.18838 | 4.37675 |
| 4.0 | 1.472 | 0.08257 | 0.12505 | 0.15006 | 0.20008 | 0.25010 | 0.30012 | 0.35014 | 0.40016 | 0.45018 | 0.50020 | 0.62525 | 0.75030 | 1.00040 | 1.50060 | 2.00080 | 2.50100 | 5.00200 |
| 5.0 | 1.840 | 0.12201 | 0.12901 | 0.18758 | 0.25010 | 0.31263 | 0.37515 | 0.43768 | 0.50020 | 0.56273 | 0.62525 | 0.78156 | 0.93788 | 1.25050 | 1.87575 | 2.50100 | 3.12625 | 6.25250 |
| 6.0 | 2.208 | 0.33197 | 0.17750 | 0.18578 | 0.30012 | 0.37515 | 0.45018 | 0.52521 | 0.60024 | 0.67527 | 0.75030 | 0.93788 | 1.12545 | 1.50060 | 2.25090 | 3.00120 | 3.75150 | 7.50300 |
| 7.0 | 2.576 | 0.43476 | 0.45971 | 0.24331 | 0.35014 | 0.43768 | 0.52521 | 0.61275 | 0.70028 | 0.78782 | 0.87535 | 1.09419 | 1.31303 | 1.75070 | 2.62605 | 3.50140 | 4.37675 | 8.75350 |
| 8.0 | 2.944 | 0.54921 | 0.58072 | 0.60780 | 0.33028 | 0.50020 | 0.60024 | 0.70028 | 0.80032 | 0.90036 | 1.00040 | 1.25050 | 1.50060 | 2.00080 | 3.00120 | 4.00160 | 5.00200 | 10.00400 |
| 9.0 | 3.312 | 0.67493 | 0.71365 | 0.74693 | 0.40588 | 0.42917 | 0.67527 | 0.78782 | 0.90036 | 1.01291 | 1.12545 | 1.40681 | 1.68818 | 2.25090 | 3.37635 | 4.50180 | 5.62725 | 11.25450 |
| 10.0 | 3.680 | 0.81158 | 0.85814 | 0.89816 | 0.48806 | 0.51606 | 0.75030 | 0.87535 | 1.00040 | 1.12545 | 1.25050 | 1.56313 | 1.875750 | 2.50100 | 3.75150 | 5.00200 | 6.25250 | 12.50500 |

φ45×4 输油管水力坡降值(米液柱/米管长)

| Q (m³/h) | V (m/s) | 黏度 (mm²/s) 0.50 | 0.75 | 1.00 | 1.25 | 1.50 | 1.75 | 2.00 | 2.50 | 3.00 | 4.00 | 5.00 | 6.00 | 7.00 | 8.00 | 9.00 | 10.00 | 15.00 |
|---|---|---|---|---|---|---|---|---|---|---|---|---|---|---|---|---|---|---|
| 1.0 | 0.258 | 0.00304 | 0.00274 | 0.00294 | 0.00311 | 0.00326 | 0.00339 | 0.00350 | 0.00370 | 0.00388 | 0.00211 | 0.00308 | 0.00370 | 0.00431 | 0.00493 | 0.00555 | 0.00616 | 0.00924 |
| 2.0 | 0.517 | 0.01140 | 0.01178 | 0.01214 | 0.01249 | 0.01096 | 0.01139 | 0.01178 | 0.01246 | 0.01304 | 0.01401 | 0.01481 | 0.01550 | 0.00815 | 0.00842 | 0.00868 | 0.01232 | 0.01849 |
| 3.0 | 0.775 | 0.02502 | 0.02564 | 0.02623 | 0.02679 | 0.02732 | 0.02784 | 0.02395 | 0.02532 | 0.02650 | 0.02848 | 0.03012 | 0.03152 | 0.03276 | 0.03387 | 0.03488 | 0.01811 | 0.02773 |
| 4.0 | 1.033 | 0.04391 | 0.04476 | 0.04558 | 0.04637 | 0.04713 | 0.04786 | 0.04858 | 0.04994 | 0.04385 | 0.04712 | 0.04982 | 0.05215 | 0.05420 | 0.05604 | 0.05771 | 0.05925 | 0.03316 |
| 5.0 | 1.292 | 0.06807 | 0.06915 | 0.07020 | 0.07122 | 0.07221 | 0.07317 | 0.07410 | 0.07590 | 0.07762 | 0.06963 | 0.07362 | 0.07706 | 0.08009 | 0.08280 | 0.08528 | 0.08756 | 0.09690 |

续表

| Q (m³/h) | V (m/s) | 黏度 (mm²/s) | | | | | | | | | | | | | | | |
|---|---|---|---|---|---|---|---|---|---|---|---|---|---|---|---|---|---|
| | | 0.50 | 0.75 | 1.00 | 1.25 | 1.50 | 1.75 | 2.00 | 2.50 | 3.00 | 4.00 | 5.00 | 6.00 | 7.00 | 8.00 | 9.00 | 10.00 | 15.00 |
| 6.0 | 1.550 | 0.09748 | 0.09880 | 0.10009 | 0.10134 | 0.10256 | 0.10374 | 0.10490 | 0.10715 | 0.10930 | 0.09580 | 0.10130 | 0.10602 | 0.11019 | 0.11393 | 0.11733 | 0.12046 | 0.13331 |
| 7.0 | 1.808 | 0.13216 | 0.13372 | 0.13524 | 0.13672 | 0.13817 | 0.13959 | 0.14098 | 0.14367 | 0.14626 | 0.15118 | 0.13266 | 0.13885 | 0.14430 | 0.14920 | 0.15366 | 0.15776 | 0.17459 |
| 8.0 | 2.067 | 0.17210 | 0.17389 | 0.17565 | 0.17737 | 0.17906 | 0.18071 | 0.18232 | 0.18547 | 0.18851 | 0.19430 | 0.19977 | 0.17540 | 0.18229 | 0.18848 | 0.19411 | 0.19929 | 0.22055 |
| 9.0 | 2.325 | 0.21730 | 0.21933 | 0.22133 | 0.22328 | 0.22520 | 0.22708 | 0.22894 | 0.23254 | 0.23603 | 0.24271 | 0.24903 | 0.21555 | 0.22402 | 0.23162 | 0.23854 | 0.24491 | 0.27104 |
| 10.0 | 2.583 | 0.26776 | 0.27003 | 0.27226 | 0.27446 | 0.27661 | 0.27873 | 0.28081 | 0.28488 | 0.28883 | 0.29640 | 0.30360 | 0.31046 | 0.26938 | 0.27852 | 0.28684 | 0.29450 | 0.32592 |
| 12.0 | 3.100 | 0.38447 | 0.38722 | 0.38993 | 0.39259 | 0.39522 | 0.39781 | 0.40036 | 0.40536 | 0.41023 | 0.41962 | 0.42858 | 0.43718 | 0.44545 | 0.38320 | 0.39465 | 0.40518 | 0.44841 |
| 14.0 | 3.617 | 0.52222 | 0.52545 | 0.52863 | 0.53177 | 0.53487 | 0.53794 | 0.54096 | 0.54690 | 0.55270 | 0.56392 | 0.57469 | 0.58505 | 0.59505 | 0.60473 | 0.61410 | 0.53065 | 0.58726 |
| 16.0 | 4.134 | 0.68107 | 0.68473 | 0.68839 | 0.69200 | 0.69558 | 0.69911 | 0.70261 | 0.70949 | 0.71622 | 0.72930 | 0.74189 | 0.75404 | 0.76581 | 0.77721 | 0.78829 | 0.79906 | 0.74185 |

| Q (m³/h) | V (m/s) | 黏度 (mm²/s) | | | | | | | | | | | | | | | |
|---|---|---|---|---|---|---|---|---|---|---|---|---|---|---|---|---|---|---|
| | | 20.00 | 25.00 | 30.00 | 40.00 | 50.00 | 60.00 | 70.00 | 80.00 | 90.00 | 100.0 | 125.0 | 150.0 | 200.0 | 300.0 | 400.0 | 500.0 | 1000.0 |
| 1.0 | 0.258 | 0.01232 | 0.01541 | 0.01849 | 0.02465 | 0.03081 | 0.03697 | 0.04313 | 0.04930 | 0.05546 | 0.06162 | 0.07703 | 0.09243 | 0.12324 | 0.18486 | 0.24648 | 0.30810 | 0.61620 |
| 2.0 | 0.517 | 0.02465 | 0.03081 | 0.03697 | 0.04930 | 0.06162 | 0.07394 | 0.08627 | 0.09859 | 0.11092 | 0.12324 | 0.15405 | 0.18486 | 0.24648 | 0.36972 | 0.49296 | 0.61620 | 1.23241 |
| 3.0 | 0.775 | 0.03697 | 0.04622 | 0.05546 | 0.07394 | 0.09243 | 0.11092 | 0.12940 | 0.14789 | 0.16637 | 0.18486 | 0.23108 | 0.27729 | 0.36972 | 0.55458 | 0.73944 | 0.92430 | 1.84861 |
| 4.0 | 1.033 | 0.04930 | 0.06162 | 0.07394 | 0.09859 | 0.12324 | 0.14789 | 0.17254 | 0.19718 | 0.22183 | 0.24648 | 0.30810 | 0.36972 | 0.49296 | 0.73944 | 0.98592 | 1.23241 | 2.46481 |
| 5.0 | 1.292 | 0.06162 | 0.07703 | 0.09243 | 0.12324 | 0.15405 | 0.18486 | 0.21567 | 0.24648 | 0.27729 | 0.30810 | 0.38513 | 0.46215 | 0.61620 | 0.92430 | 1.23241 | 1.54051 | 3.08101 |
| 6.0 | 1.550 | 0.07394 | 0.09243 | 0.11092 | 0.14789 | 0.18486 | 0.22183 | 0.25881 | 0.29578 | 0.33275 | 0.36972 | 0.46215 | 0.55458 | 0.73944 | 1.10916 | 1.47889 | 1.84861 | 3.69722 |
| 7.0 | 1.808 | 0.18761 | 0.10786 | 0.12943 | 0.17254 | 0.21567 | 0.25881 | 0.30194 | 0.34507 | 0.38821 | 0.43134 | 0.53918 | 0.64701 | 0.86268 | 1.29403 | 1.72537 | 2.15671 | 4.31342 |
| 8.0 | 2.067 | 0.23700 | 0.25060 | 0.14792 | 0.19718 | 0.24648 | 0.29578 | 0.34507 | 0.39437 | 0.44367 | 0.49296 | 0.61620 | 0.73944 | 0.98592 | 1.47889 | 1.97185 | 2.46481 | 4.92962 |
| 9.0 | 2.325 | 0.29125 | 0.30796 | 0.16641 | 0.22183 | 0.27729 | 0.33275 | 0.38821 | 0.44367 | 0.49912 | 0.55458 | 0.69323 | 0.83187 | 1.10916 | 1.66375 | 2.21833 | 2.77291 | 5.54582 |
| 10.0 | 2.583 | 0.35022 | 0.37031 | 0.38758 | 0.24648 | 0.30810 | 0.36972 | 0.43134 | 0.49296 | 0.55458 | 0.61620 | 0.77025 | 0.92430 | 1.23241 | 1.84861 | 2.46481 | 3.08101 | 6.16203 |
| 12.0 | 3.100 | 0.48185 | 0.50949 | 0.53325 | 0.29578 | 0.36972 | 0.44367 | 0.51761 | 0.59155 | 0.66550 | 0.73944 | 0.92430 | 1.10916 | 1.47889 | 2.21833 | 2.95777 | 3.69722 | 7.39443 |
| 14.0 | 3.617 | 0.63105 | 0.66726 | 0.69837 | 0.75045 | 0.43134 | 0.51761 | 0.60388 | 0.69015 | 0.77642 | 0.86268 | 1.07835 | 1.29403 | 1.72537 | 2.58805 | 3.45074 | 4.31342 | 8.62684 |
| 16.0 | 4.134 | 0.79717 | 0.84291 | 0.88221 | 0.94800 | 1.00239 | 0.59155 | 0.69015 | 0.78874 | 0.88733 | 0.98592 | 1.23241 | 1.47889 | 1.97185 | 2.95777 | 3.94370 | 4.92962 | 9.85924 |

## φ57×4 输油管水力坡降值（米液柱/米管长）

黏度（mm²/s）

| Q (m³/h) | V (m/s) | 0.50 | 0.75 | 1.00 | 1.25 | 1.50 | 1.75 | 2.00 | 2.50 | 3.00 | 4.00 | 5.00 | 6.00 | 7.00 | 8.00 | 9.00 | 10.00 | 15.00 |
|---|---|---|---|---|---|---|---|---|---|---|---|---|---|---|---|---|---|---|
| 3.0 | 0.442 | 0.00587 | 0.00609 | 0.00629 | 0.00561 | 0.00587 | 0.00610 | 0.00631 | 0.00667 | 0.00698 | 0.00750 | 0.00793 | 0.00830 | 0.00863 | 0.00451 | 0.00465 | 0.00477 | 0.00901 |
| 4.0 | 0.589 | 0.01022 | 0.01053 | 0.01082 | 0.01109 | 0.00971 | 0.01009 | 0.01043 | 0.01103 | 0.01155 | 0.01241 | 0.01312 | 0.01373 | 0.01427 | 0.01476 | 0.01520 | 0.00789 | 0.01202 |
| 5.0 | 0.737 | 0.01577 | 0.01617 | 0.01654 | 0.01690 | 0.01725 | 0.01757 | 0.01542 | 0.01630 | 0.01706 | 0.01834 | 0.01939 | 0.02029 | 0.02109 | 0.02181 | 0.02246 | 0.02306 | 0.01290 |
| 6.0 | 0.884 | 0.02251 | 0.02300 | 0.02347 | 0.02391 | 0.02434 | 0.02475 | 0.02515 | 0.02243 | 0.02348 | 0.02523 | 0.02668 | 0.02792 | 0.02902 | 0.03000 | 0.03090 | 0.03172 | 0.01775 |
| 7.0 | 1.031 | 0.03044 | 0.03102 | 0.03158 | 0.03211 | 0.03263 | 0.03313 | 0.03361 | 0.03454 | 0.03075 | 0.03304 | 0.03494 | 0.03657 | 0.03800 | 0.03929 | 0.04047 | 0.04155 | 0.04598 |
| 8.0 | 1.178 | 0.03956 | 0.04024 | 0.04089 | 0.04151 | 0.04212 | 0.04270 | 0.04327 | 0.04436 | 0.03884 | 0.04174 | 0.04413 | 0.04619 | 0.04801 | 0.04964 | 0.05112 | 0.05248 | 0.05808 |
| 9.0 | 1.326 | 0.04988 | 0.05064 | 0.05138 | 0.05210 | 0.05280 | 0.05347 | 0.05413 | 0.05539 | 0.05659 | 0.05129 | 0.05423 | 0.05676 | 0.05899 | 0.06100 | 0.06282 | 0.06450 | 0.07138 |
| 10.0 | 1.473 | 0.06138 | 0.06224 | 0.06308 | 0.06388 | 0.06467 | 0.06543 | 0.06618 | 0.06761 | 0.06898 | 0.06168 | 0.06522 | 0.06826 | 0.07094 | 0.07335 | 0.07554 | 0.07756 | 0.08583 |
| 12.0 | 1.768 | 0.08797 | 0.08902 | 0.09003 | 0.09103 | 0.09199 | 0.09294 | 0.09386 | 0.09565 | 0.09736 | 0.10061 | 0.08973 | 0.09391 | 0.09760 | 0.10091 | 0.10393 | 0.10670 | 0.11809 |
| 14.0 | 2.062 | 0.11932 | 0.12055 | 0.12176 | 0.12294 | 0.12409 | 0.12521 | 0.12632 | 0.12846 | 0.13053 | 0.13445 | 0.13814 | 0.12299 | 0.12782 | 0.13216 | 0.13611 | 0.13974 | 0.15465 |
| 16.0 | 2.357 | 0.15544 | 0.15686 | 0.15825 | 0.15961 | 0.16095 | 0.16226 | 0.16354 | 0.16605 | 0.16847 | 0.17309 | 0.17745 | 0.15537 | 0.16147 | 0.16695 | 0.17194 | 0.17653 | 0.19536 |
| 18.0 | 2.651 | 0.19632 | 0.19793 | 0.19951 | 0.20106 | 0.20258 | 0.20407 | 0.20554 | 0.20841 | 0.21119 | 0.21651 | 0.22156 | 0.22637 | 0.19843 | 0.20517 | 0.21130 | 0.21694 | 0.24008 |
| 20.0 | 2.946 | 0.24197 | 0.24377 | 0.24553 | 0.24727 | 0.24897 | 0.25065 | 0.25230 | 0.25554 | 0.25868 | 0.26471 | 0.27045 | 0.27593 | 0.28119 | 0.24671 | 0.25408 | 0.26086 | 0.28869 |

黏度（mm²/s）

| Q (m³/h) | V (m/s) | 20.00 | 25.00 | 30.00 | 40.00 | 50.00 | 60.00 | 70.00 | 80.00 | 90.00 | 100.00 | 125.0 | 150.0 | 200.0 | 300.0 | 400.0 | 500.0 | 1000.0 |
|---|---|---|---|---|---|---|---|---|---|---|---|---|---|---|---|---|---|---|
| 3.0 | 0.442 | 0.01202 | 0.01502 | 0.01803 | 0.02404 | 0.03005 | 0.03606 | 0.04207 | 0.04808 | 0.05409 | 0.06010 | 0.07512 | 0.09015 | 0.12020 | 0.18030 | 0.24040 | 0.30050 | 0.60099 |
| 4.0 | 0.589 | 0.01603 | 0.02003 | 0.02404 | 0.03205 | 0.04007 | 0.04808 | 0.05609 | 0.06411 | 0.07212 | 0.08013 | 0.10017 | 0.12020 | 0.16026 | 0.24040 | 0.32053 | 0.40066 | 0.80132 |
| 5.0 | 0.737 | 0.02003 | 0.02504 | 0.03005 | 0.04007 | 0.05008 | 0.06010 | 0.07012 | 0.08013 | 0.09015 | 0.10017 | 0.12521 | 0.15025 | 0.20033 | 0.30050 | 0.40066 | 0.50083 | 1.00165 |
| 6.0 | 0.884 | 0.01908 | 0.03005 | 0.03606 | 0.04808 | 0.06010 | 0.07212 | 0.08414 | 0.09616 | 0.10818 | 0.12020 | 0.15025 | 0.18030 | 0.24040 | 0.36059 | 0.48079 | 0.60099 | 1.20198 |
| 7.0 | 1.031 | 0.02498 | 0.02642 | 0.04207 | 0.05609 | 0.07012 | 0.08414 | 0.09816 | 0.11218 | 0.12621 | 0.14023 | 0.17529 | 0.21035 | 0.28046 | 0.42069 | 0.56092 | 0.70116 | 1.40231 |
| 8.0 | 1.178 | 0.03156 | 0.03337 | 0.04808 | 0.06411 | 0.08013 | 0.09616 | 0.11218 | 0.12821 | 0.14424 | 0.16026 | 0.20033 | 0.24040 | 0.32053 | 0.48079 | 0.64106 | 0.80132 | 1.60264 |

续表

| Q (m³/h) | V (m/s) | 黏度（mm²/s） | | | | | | | | | | | | | | | | |
| --- | --- | --- | --- | --- | --- | --- | --- | --- | --- | --- | --- | --- | --- | --- | --- | --- | --- | --- |
| | | 20.00 | 25.00 | 30.00 | 40.00 | 50.00 | 60.00 | 70.00 | 80.00 | 90.00 | 100.0 | 125.0 | 150.0 | 200.0 | 300.0 | 400.0 | 500.0 | 1000.0 |
| 9.0 | 1.326 | 0.07670 | 0.04101 | 0.04292 | 0.07212 | 0.09015 | 0.10818 | 0.12621 | 0.14424 | 0.16227 | 0.18030 | 0.22537 | 0.27045 | 0.36059 | 0.54089 | 0.72119 | 0.90149 | 1.80297 |
| 10.0 | 1.473 | 0.09223 | 0.04932 | 0.05161 | 0.08013 | 0.10017 | 0.12020 | 0.14023 | 0.16026 | 0.18030 | 0.20033 | 0.25041 | 0.30050 | 0.40066 | 0.60099 | 0.80132 | 1.00165 | 2.00330 |
| 12.0 | 1.768 | 0.12689 | 0.13417 | 0.07101 | 0.07631 | 0.12020 | 0.14424 | 0.16828 | 0.19232 | 0.21636 | 0.24040 | 0.30050 | 0.36059 | 0.48079 | 0.72119 | 0.96158 | 1.20198 | 2.40396 |
| 14.0 | 2.062 | 0.16619 | 0.17572 | 0.18391 | 0.09994 | 0.10567 | 0.16828 | 0.19632 | 0.22437 | 0.25242 | 0.28046 | 0.35058 | 0.42069 | 0.56092 | 0.84139 | 1.12185 | 1.40231 | 2.80462 |
| 16.0 | 2.357 | 0.20993 | 0.22198 | 0.23233 | 0.12625 | 0.13349 | 0.19232 | 0.22437 | 0.25642 | 0.28848 | 0.32053 | 0.40066 | 0.48079 | 0.64106 | 0.96158 | 1.28211 | 1.60264 | 3.20528 |
| 18.0 | 2.651 | 0.25799 | 0.27279 | 0.28551 | 0.30680 | 0.16405 | 0.17170 | 0.25242 | 0.28848 | 0.32453 | 0.36059 | 0.45074 | 0.54089 | 0.72119 | 1.08178 | 1.44238 | 1.80297 | 3.60594 |
| 20.0 | 2.946 | 0.31022 | 0.32802 | 0.34332 | 0.36892 | 0.19726 | 0.20646 | 0.21457 | 0.32053 | 0.36059 | 0.40066 | 0.50083 | 0.60099 | 0.80132 | 1.20198 | 1.60264 | 2.00330 | 4.00660 |

## φ73×4 输油管水力坡降值（米液柱/米管长）

| Q (m³/h) | V (m/s) | 黏度（mm²/s） | | | | | | | | | | | | | | | | |
| --- | --- | --- | --- | --- | --- | --- | --- | --- | --- | --- | --- | --- | --- | --- | --- | --- | --- | --- |
| | | 0.50 | 0.75 | 1.00 | 1.25 | 1.50 | 1.75 | 2.00 | 2.50 | 3.00 | 4.00 | 5.00 | 6.00 | 7.00 | 8.00 | 9.00 | 10.00 | 15.00 |
| 4.0 | 0.335 | 0.00240 | 0.00251 | 0.00229 | 0.00242 | 0.00254 | 0.00264 | 0.00273 | 0.00288 | 0.00302 | 0.00324 | 0.00343 | 0.00359 | 0.00373 | 0.00195 | 0.00201 | 0.00206 | 0.00388 |
| 6.0 | 0.502 | 0.00523 | 0.00540 | 0.00556 | 0.00493 | 0.00516 | 0.00536 | 0.00554 | 0.00586 | 0.00613 | 0.00659 | 0.00697 | 0.00729 | 0.00758 | 0.00784 | 0.00807 | 0.00829 | 0.00464 |
| 8.0 | 0.670 | 0.00913 | 0.00937 | 0.00960 | 0.00982 | 0.01003 | 0.00887 | 0.00917 | 0.00970 | 0.01015 | 0.01091 | 0.01153 | 0.01207 | 0.01254 | 0.01297 | 0.01336 | 0.01371 | 0.00767 |
| 10.0 | 0.837 | 0.01411 | 0.01442 | 0.01472 | 0.01501 | 0.01528 | 0.01554 | 0.01355 | 0.01433 | 0.01500 | 0.01611 | 0.01704 | 0.01783 | 0.01853 | 0.01916 | 0.01974 | 0.02026 | 0.02242 |
| 12.0 | 1.005 | 0.02015 | 0.02054 | 0.02091 | 0.02127 | 0.02161 | 0.02194 | 0.02226 | 0.01971 | 0.02063 | 0.02217 | 0.02344 | 0.02454 | 0.02550 | 0.02637 | 0.02715 | 0.02788 | 0.03085 |
| 14.0 | 1.172 | 0.02728 | 0.02774 | 0.02818 | 0.02861 | 0.02902 | 0.02941 | 0.02980 | 0.03054 | 0.02702 | 0.02904 | 0.03070 | 0.03213 | 0.03340 | 0.03453 | 0.03556 | 0.03651 | 0.04041 |
| 16.0 | 1.339 | 0.03547 | 0.03601 | 0.03652 | 0.03702 | 0.03750 | 0.03797 | 0.03842 | 0.03929 | 0.04012 | 0.03668 | 0.03878 | 0.04059 | 0.04219 | 0.04362 | 0.04492 | 0.04612 | 0.05104 |
| 18.0 | 1.507 | 0.04474 | 0.04535 | 0.04593 | 0.04650 | 0.04705 | 0.04759 | 0.04811 | 0.04912 | 0.05008 | 0.04508 | 0.04766 | 0.04988 | 0.05184 | 0.05360 | 0.05521 | 0.05668 | 0.06273 |
| 20.0 | 1.674 | 0.05508 | 0.05576 | 0.05642 | 0.05706 | 0.05769 | 0.05829 | 0.05889 | 0.06003 | 0.06112 | 0.05420 | 0.05731 | 0.05999 | 0.06234 | 0.06446 | 0.06638 | 0.06816 | 0.07543 |
| 22.5 | 1.883 | 0.06952 | 0.07029 | 0.07104 | 0.07177 | 0.07248 | 0.07318 | 0.07386 | 0.07518 | 0.07644 | 0.07883 | 0.07043 | 0.07372 | 0.07661 | 0.07921 | 0.08158 | 0.08376 | 0.09269 |
| 25.0 | 2.093 | 0.08563 | 0.08649 | 0.08734 | 0.08816 | 0.08896 | 0.08975 | 0.09052 | 0.09201 | 0.09345 | 0.09617 | 0.08469 | 0.08864 | 0.09212 | 0.09525 | 0.09810 | 0.10072 | 0.11146 |

| Q (m³/h) | V (m/s) | 黏度（mm²/s） | | | | | | | | | | | | | | | |
|---|---|---|---|---|---|---|---|---|---|---|---|---|---|---|---|---|---|
| | | 0.50 | 0.75 | 1.00 | 1.25 | 1.50 | 1.75 | 2.00 | 2.50 | 3.00 | 4.00 | 5.00 | 6.00 | 7.00 | 8.00 | 9.00 | 10.00 | 15.00 |
| 27.5 | 2.302 | 0.10342 | 0.10437 | 0.10531 | 0.10622 | 0.10712 | 0.10799 | 0.10885 | 0.11052 | 0.11213 | 0.11519 | 0.11808 | 0.10473 | 0.10885 | 0.11254 | 0.11590 | 0.11900 | 0.13169 |
| 30.0 | 2.511 | 0.12289 | 0.12393 | 0.12496 | 0.12596 | 0.12695 | 0.12791 | 0.12886 | 0.13071 | 0.13249 | 0.13590 | 0.13912 | 0.12196 | 0.12675 | 0.13105 | 0.13497 | 0.13857 | 0.15335 |
| 32.5 | 2.721 | 0.14403 | 0.14517 | 0.14628 | 0.14738 | 0.14846 | 0.14951 | 0.15055 | 0.15258 | 0.15454 | 0.15829 | 0.16184 | 0.16522 | 0.14581 | 0.15076 | 0.15526 | 0.15940 | 0.17641 |
| 35.0 | 2.930 | 0.16685 | 0.16808 | 0.16929 | 0.17048 | 0.17164 | 0.17279 | 0.17392 | 0.17612 | 0.17826 | 0.18236 | 0.18625 | 0.18996 | 0.16600 | 0.17163 | 0.17676 | 0.18148 | 0.20084 |

| Q (m³/h) | V (m/s) | 黏度（mm²/s） | | | | | | | | | | | | | | | |
|---|---|---|---|---|---|---|---|---|---|---|---|---|---|---|---|---|---|
| | | 20.00 | 25.00 | 30.00 | 40.00 | 50.00 | 60.00 | 70.00 | 80.00 | 90.00 | 100.00 | 125.0 | 150.0 | 200.0 | 300.0 | 400.0 | 500.0 | 1000.0 |
| 4.0 | 0.335 | 0.00518 | 0.00647 | 0.00776 | 0.01035 | 0.01294 | 0.01553 | 0.01811 | 0.02070 | 0.02329 | 0.02588 | 0.03235 | 0.03882 | 0.05176 | 0.07764 | 0.10351 | 0.12939 | 0.25878 |
| 6.0 | 0.502 | 0.00776 | 0.00970 | 0.01165 | 0.01553 | 0.01941 | 0.02329 | 0.02717 | 0.03105 | 0.03494 | 0.03882 | 0.04852 | 0.05823 | 0.07764 | 0.11645 | 0.15527 | 0.19409 | 0.38818 |
| 8.0 | 0.670 | 0.00825 | 0.01294 | 0.01553 | 0.02070 | 0.02588 | 0.03105 | 0.03623 | 0.04141 | 0.04658 | 0.05176 | 0.06470 | 0.07764 | 0.10351 | 0.15527 | 0.20703 | 0.25878 | 0.51757 |
| 10.0 | 0.837 | 0.01219 | 0.01288 | 0.01941 | 0.02588 | 0.03235 | 0.03882 | 0.04529 | 0.05176 | 0.05823 | 0.06470 | 0.08087 | 0.09704 | 0.12939 | 0.19409 | 0.25878 | 0.32348 | 0.64696 |
| 12.0 | 1.005 | 0.03315 | 0.01773 | 0.01855 | 0.03105 | 0.03882 | 0.04658 | 0.05434 | 0.06211 | 0.06987 | 0.07764 | 0.09704 | 0.11645 | 0.15527 | 0.23291 | 0.31054 | 0.38818 | 0.77635 |
| 14.0 | 1.172 | 0.04342 | 0.04591 | 0.02430 | 0.03623 | 0.04529 | 0.05434 | 0.06340 | 0.07246 | 0.08152 | 0.09057 | 0.11322 | 0.13586 | 0.18115 | 0.27172 | 0.36230 | 0.45287 | 0.90574 |
| 16.0 | 1.339 | 0.05485 | 0.05800 | 0.03070 | 0.03298 | 0.05176 | 0.06211 | 0.07246 | 0.08281 | 0.09316 | 0.10351 | 0.12939 | 0.15527 | 0.20703 | 0.31054 | 0.41405 | 0.51757 | 1.03514 |
| 18.0 | 1.507 | 0.06740 | 0.07127 | 0.07460 | 0.04053 | 0.05823 | 0.06987 | 0.08152 | 0.09316 | 0.10481 | 0.11645 | 0.14557 | 0.17468 | 0.23291 | 0.34936 | 0.46581 | 0.58226 | 1.16453 |
| 20.0 | 1.674 | 0.08105 | 0.08570 | 0.08970 | 0.04874 | 0.05154 | 0.07764 | 0.09057 | 0.10351 | 0.11645 | 0.12939 | 0.16174 | 0.19409 | 0.25878 | 0.38818 | 0.51757 | 0.64696 | 1.29392 |
| 22.5 | 1.883 | 0.09960 | 0.10532 | 0.11023 | 0.11845 | 0.06334 | 0.06629 | 0.10190 | 0.11645 | 0.13101 | 0.14557 | 0.18196 | 0.21835 | 0.29113 | 0.43670 | 0.58226 | 0.72783 | 1.45566 |
| 25.0 | 2.093 | 0.11977 | 0.12664 | 0.13255 | 0.14243 | 0.07616 | 0.07971 | 0.11322 | 0.12939 | 0.14557 | 0.16174 | 0.20217 | 0.24261 | 0.32348 | 0.48522 | 0.64696 | 0.80870 | 1.61740 |
| 27.5 | 2.302 | 0.14151 | 0.14963 | 0.15661 | 0.16829 | 0.08998 | 0.09418 | 0.09788 | 0.14233 | 0.16012 | 0.17791 | 0.22239 | 0.26687 | 0.35583 | 0.53374 | 0.71166 | 0.88957 | 1.77914 |
| 30.0 | 2.511 | 0.16479 | 0.17424 | 0.18237 | 0.19597 | 0.20721 | 0.10967 | 0.11398 | 0.11785 | 0.17468 | 0.19409 | 0.24261 | 0.29113 | 0.38818 | 0.58226 | 0.77635 | 0.97044 | 1.94088 |
| 32.5 | 2.721 | 0.18956 | 0.20044 | 0.20979 | 0.22543 | 0.23836 | 0.12616 | 0.13112 | 0.13557 | 0.18924 | 0.21026 | 0.26283 | 0.31539 | 0.42052 | 0.63079 | 0.84105 | 1.05131 | 2.10262 |
| 35.0 | 2.930 | 0.21581 | 0.22820 | 0.23884 | 0.25665 | 0.27137 | 0.28403 | 0.14927 | 0.15434 | 0.15895 | 0.22644 | 0.28304 | 0.33965 | 0.45287 | 0.67931 | 0.90574 | 1.13218 | 2.26436 |

## φ89×4 输油管水力坡降值（米液柱/米管长）

黏度（mm²/s）

| Q (m³/h) | V (m/s) | 0.50 | 0.75 | 1.00 | 1.25 | 1.50 | 1.75 | 2.00 | 2.50 | 3.00 | 4.00 | 5.00 | 6.00 | 7.00 | 8.00 | 9.00 | 10.00 | 15.00 |
|---|---|---|---|---|---|---|---|---|---|---|---|---|---|---|---|---|---|---|
| 6.0 | 0.323 | 0.00170 | 0.00152 | 0.00164 | 0.00173 | 0.00181 | 0.00188 | 0.00195 | 0.00206 | 0.00216 | 0.00232 | 0.00245 | 0.00256 | 0.00267 | 0.00276 | 0.00286 | 0.00296 | 0.00241 |
| 8.0 | 0.431 | 0.00295 | 0.00305 | 0.00271 | 0.00287 | 0.00300 | 0.00312 | 0.00322 | 0.00341 | 0.00357 | 0.00383 | 0.00405 | 0.00424 | 0.00441 | 0.00456 | 0.00470 | 0.00482 | 0.00270 |
| 10.0 | 0.539 | 0.00453 | 0.00467 | 0.00481 | 0.00424 | 0.00443 | 0.00461 | 0.00476 | 0.00504 | 0.00527 | 0.00567 | 0.00599 | 0.00627 | 0.00652 | 0.00674 | 0.00694 | 0.00712 | 0.00399 |
| 15.0 | 0.809 | 0.00997 | 0.01020 | 0.01041 | 0.01062 | 0.01081 | 0.01100 | 0.00969 | 0.01024 | 0.01072 | 0.01152 | 0.01218 | 0.01275 | 0.01325 | 0.01370 | 0.01411 | 0.01448 | 0.01603 |
| 20.0 | 1.078 | 0.01751 | 0.01783 | 0.01813 | 0.01842 | 0.01870 | 0.01896 | 0.01922 | 0.01694 | 0.01773 | 0.01906 | 0.02015 | 0.02109 | 0.02192 | 0.02266 | 0.02334 | 0.02396 | 0.02652 |
| 25.0 | 1.348 | 0.02716 | 0.02756 | 0.02795 | 0.02833 | 0.02869 | 0.02904 | 0.02938 | 0.03003 | 0.03065 | 0.02816 | 0.02978 | 0.03117 | 0.03239 | 0.03349 | 0.03449 | 0.03541 | 0.03919 |
| 30.0 | 1.617 | 0.03891 | 0.03941 | 0.03988 | 0.04034 | 0.04079 | 0.04123 | 0.04165 | 0.04247 | 0.04325 | 0.03874 | 0.04097 | 0.04288 | 0.04456 | 0.04608 | 0.04745 | 0.04872 | 0.05392 |
| 35.0 | 1.887 | 0.05277 | 0.05335 | 0.05392 | 0.05446 | 0.05500 | 0.05552 | 0.05603 | 0.05702 | 0.05796 | 0.05974 | 0.05365 | 0.05616 | 0.05836 | 0.06034 | 0.06215 | 0.06381 | 0.07061 |
| 40.0 | 2.156 | 0.06873 | 0.06940 | 0.07006 | 0.07069 | 0.07131 | 0.07192 | 0.07252 | 0.07367 | 0.07478 | 0.07689 | 0.06778 | 0.07094 | 0.07373 | 0.07623 | 0.07851 | 0.08060 | 0.08920 |
| 45.0 | 2.426 | 0.08680 | 0.08756 | 0.08830 | 0.08902 | 0.08973 | 0.09043 | 0.09111 | 0.09244 | 0.09372 | 0.09615 | 0.09844 | 0.08718 | 0.09060 | 0.09368 | 0.09648 | 0.09905 | 0.10962 |
| 50.0 | 2.695 | 0.10697 | 0.10782 | 0.10865 | 0.10946 | 0.11026 | 0.11104 | 0.11181 | 0.11331 | 0.11476 | 0.11752 | 0.12014 | 0.12262 | 0.10895 | 0.11264 | 0.11601 | 0.11911 | 0.13181 |
| 55.0 | 2.965 | 0.12925 | 0.13018 | 0.13110 | 0.13200 | 0.13289 | 0.13376 | 0.13462 | 0.13629 | 0.13791 | 0.14101 | 0.14395 | 0.14675 | 0.12872 | 0.13309 | 0.13707 | 0.14073 | 0.15574 |

黏度（mm²/s）

| Q (m³/h) | V (m/s) | 20.00 | 25.00 | 30.00 | 40.00 | 50.00 | 60.00 | 70.00 | 80.00 | 90.00 | 100.00 | 125.0 | 150.0 | 200.0 | 300.0 | 400.0 | 500.0 | 1000.0 |
|---|---|---|---|---|---|---|---|---|---|---|---|---|---|---|---|---|---|---|
| 6.0 | 0.323 | 0.00322 | 0.00402 | 0.00483 | 0.00644 | 0.00805 | 0.00966 | 0.01127 | 0.01288 | 0.01449 | 0.01610 | 0.02012 | 0.02415 | 0.03219 | 0.04829 | 0.06439 | 0.08048 | 0.16097 |
| 8.0 | 0.431 | 0.00429 | 0.00537 | 0.00644 | 0.00859 | 0.01073 | 0.01288 | 0.01502 | 0.01717 | 0.01932 | 0.02146 | 0.02683 | 0.03219 | 0.04293 | 0.06439 | 0.08585 | 0.10731 | 0.21463 |
| 10.0 | 0.539 | 0.00537 | 0.00671 | 0.00805 | 0.01073 | 0.01341 | 0.01610 | 0.01878 | 0.02146 | 0.02415 | 0.02683 | 0.03354 | 0.04024 | 0.05366 | 0.08048 | 0.10731 | 0.13414 | 0.26828 |
| 15.0 | 0.809 | 0.00921 | 0.00964 | 0.01207 | 0.01610 | 0.02012 | 0.02415 | 0.02817 | 0.03219 | 0.03622 | 0.04024 | 0.05030 | 0.06036 | 0.08048 | 0.12073 | 0.16097 | 0.20121 | 0.40242 |
| 20.0 | 1.078 | 0.01722 | 0.01894 | 0.02040 | 0.02146 | 0.02683 | 0.03219 | 0.03756 | 0.04293 | 0.04829 | 0.05366 | 0.06707 | 0.08048 | 0.10731 | 0.16097 | 0.21463 | 0.26828 | 0.53656 |
| 25.0 | 1.348 | 0.02850 | 0.03013 | 0.03150 | 0.03300 | 0.03354 | 0.04024 | 0.04695 | 0.05366 | 0.06036 | 0.06707 | 0.08384 | 0.10061 | 0.13414 | 0.20121 | 0.26828 | 0.33535 | 0.67070 |
| 30.0 | 1.617 | 0.04211 | 0.04453 | 0.04660 | 0.04745 | 0.04800 | 0.04829 | 0.05634 | 0.06439 | 0.07244 | 0.08048 | 0.10061 | 0.12073 | 0.16097 | 0.24145 | 0.32194 | 0.40242 | 0.80484 |
| 35.0 | 1.887 | 0.05794 | 0.06126 | 0.06412 | 0.06480 | 0.06520 | 0.05634 | 0.06573 | 0.07512 | 0.08451 | 0.09390 | 0.11737 | 0.14085 | 0.18780 | 0.28170 | 0.37559 | 0.46949 | 0.93898 |

续表

黏度（mm²/s）

| Q (m³/h) | V (m/s) | 20.00 | 25.00 | 30.00 | 40.00 | 50.00 | 60.00 | 70.00 | 80.00 | 90.00 | 100.0 | 125.0 | 150.0 | 200.0 | 300.0 | 400.0 | 500.0 | 1000.0 |
|---|---|---|---|---|---|---|---|---|---|---|---|---|---|---|---|---|---|---|
| 40.0 | 2.156 | 0.09585 | 0.10135 | 0.10608 | 0.11399 | 0.12053 | 0.06630 | 0.06855 | 0.08155 | 0.09658 | 0.10731 | 0.13414 | 0.16097 | 0.21463 | 0.32194 | 0.42925 | 0.53656 | 1.07313 |
| 45.0 | 2.426 | 0.11779 | 0.12455 | 0.13036 | 0.14008 | 0.14812 | 0.15502 | 0.08147 | 0.08424 | 0.08676 | 0.12073 | 0.15091 | 0.18109 | 0.24145 | 0.36218 | 0.48291 | 0.60363 | 1.20727 |
| 50.0 | 2.695 | 0.14164 | 0.14977 | 0.15675 | 0.16844 | 0.17811 | 0.18641 | 0.19374 | 0.10130 | 0.10432 | 0.10711 | 0.16768 | 0.20121 | 0.26828 | 0.40242 | 0.53656 | 0.67070 | 1.34141 |
| 55.0 | 2.965 | 0.16735 | 0.17695 | 0.18521 | 0.19902 | 0.21043 | 0.22025 | 0.22890 | 0.23667 | 0.12326 | 0.12655 | 0.18444 | 0.22133 | 0.29511 | 0.44266 | 0.59022 | 0.73777 | 1.47555 |

## φ108×5 输油管水力坡降值（米液柱/米管长）

黏度（mm²/s）

| Q (m³/h) | V (m/s) | 0.50 | 0.75 | 1.00 | 1.25 | 1.50 | 1.75 | 2.00 | 2.50 | 3.00 | 4.00 | 5.00 | 6.00 | 7.00 | 8.00 | 9.00 | 10.00 | 15.00 |
|---|---|---|---|---|---|---|---|---|---|---|---|---|---|---|---|---|---|---|
| 10.0 | 0.368 | 0.00154 | 0.00161 | 0.00147 | 0.00156 | 0.00163 | 0.00169 | 0.00175 | 0.00185 | 0.00194 | 0.00208 | 0.00220 | 0.00230 | 0.00240 | 0.00248 | 0.00255 | 0.00262 | 0.00447 |
| 15.0 | 0.552 | 0.00337 | 0.00347 | 0.00357 | 0.00317 | 0.00331 | 0.00344 | 0.00356 | 0.00376 | 0.00394 | 0.00423 | 0.00448 | 0.00469 | 0.00487 | 0.00503 | 0.00519 | 0.00532 | 0.00589 |
| 20.0 | 0.737 | 0.00589 | 0.00604 | 0.00617 | 0.00631 | 0.00643 | 0.00570 | 0.00589 | 0.00623 | 0.00652 | 0.00700 | 0.00741 | 0.00775 | 0.00806 | 0.00833 | 0.00858 | 0.00881 | 0.00975 |
| 25.0 | 0.921 | 0.00910 | 0.00929 | 0.00948 | 0.00965 | 0.00981 | 0.00997 | 0.00870 | 0.00920 | 0.00963 | 0.01035 | 0.01094 | 0.01145 | 0.01190 | 0.01231 | 0.01268 | 0.01301 | 0.01440 |
| 30.0 | 1.105 | 0.01301 | 0.01325 | 0.01347 | 0.01369 | 0.01389 | 0.01409 | 0.01428 | 0.01266 | 0.01325 | 0.01424 | 0.01506 | 0.01576 | 0.01638 | 0.01693 | 0.01744 | 0.01791 | 0.01982 |
| 35.0 | 1.289 | 0.01762 | 0.01790 | 0.01816 | 0.01842 | 0.01867 | 0.01891 | 0.01914 | 0.01959 | 0.01736 | 0.01865 | 0.01972 | 0.02064 | 0.02145 | 0.02218 | 0.02284 | 0.02345 | 0.02595 |
| 40.0 | 1.473 | 0.02292 | 0.02324 | 0.02355 | 0.02385 | 0.02414 | 0.02443 | 0.02470 | 0.02522 | 0.02572 | 0.02356 | 0.02491 | 0.02607 | 0.02710 | 0.02802 | 0.02885 | 0.02962 | 0.03278 |
| 45.0 | 1.657 | 0.02891 | 0.02928 | 0.02963 | 0.02998 | 0.03031 | 0.03064 | 0.03095 | 0.03156 | 0.03214 | 0.02895 | 0.03061 | 0.03204 | 0.03330 | 0.03443 | 0.03546 | 0.03641 | 0.04029 |
| 50.0 | 1.841 | 0.03560 | 0.03601 | 0.03641 | 0.03680 | 0.03718 | 0.03754 | 0.03790 | 0.03859 | 0.03925 | 0.03481 | 0.03681 | 0.03853 | 0.04004 | 0.04140 | 0.04264 | 0.04378 | 0.04845 |
| 55.0 | 2.025 | 0.04299 | 0.04344 | 0.04389 | 0.04432 | 0.04474 | 0.04515 | 0.04555 | 0.04632 | 0.04706 | 0.04846 | 0.04349 | 0.04552 | 0.04731 | 0.04892 | 0.05038 | 0.05172 | 0.05724 |
| 60.0 | 2.210 | 0.05106 | 0.05156 | 0.05205 | 0.05253 | 0.05299 | 0.05345 | 0.05389 | 0.05475 | 0.05557 | 0.05713 | 0.05065 | 0.05301 | 0.05509 | 0.05696 | 0.05866 | 0.06023 | 0.06665 |
| 65.0 | 2.394 | 0.05984 | 0.06038 | 0.06092 | 0.06143 | 0.06194 | 0.06244 | 0.06293 | 0.06387 | 0.06478 | 0.06650 | 0.06812 | 0.06098 | 0.06337 | 0.06553 | 0.06748 | 0.06929 | 0.07668 |
| 70.0 | 2.578 | 0.06931 | 0.06990 | 0.07047 | 0.07104 | 0.07159 | 0.07213 | 0.07266 | 0.07369 | 0.07468 | 0.07657 | 0.07834 | 0.06942 | 0.07215 | 0.07460 | 0.07683 | 0.07888 | 0.08729 |
| 75.0 | 2.762 | 0.07947 | 0.08010 | 0.08072 | 0.08133 | 0.08193 | 0.08251 | 0.08309 | 0.08420 | 0.08528 | 0.08733 | 0.08927 | 0.07833 | 0.08141 | 0.08417 | 0.08669 | 0.08900 | 0.09850 |
| 80.0 | 2.946 | 0.09033 | 0.09101 | 0.09167 | 0.09232 | 0.09296 | 0.09359 | 0.09421 | 0.09541 | 0.09657 | 0.09879 | 0.10089 | 0.10288 | 0.09114 | 0.09424 | 0.09705 | 0.09964 | 0.11027 |

续表

黏度（mm²/s）

| Q (m³/h) | V (m/s) | 20.00 | 25.00 | 30.00 | 40.00 | 50.00 | 60.00 | 70.00 | 80.00 | 90.00 | 100.00 | 125.0 | 150.0 | 200.0 | 300.0 | 400.0 | 500.0 | 1000.0 |
|---|---|---|---|---|---|---|---|---|---|---|---|---|---|---|---|---|---|---|
| 10.0 | 0.368 | 0.00231 | 0.00289 | 0.00346 | 0.00462 | 0.00577 | 0.00693 | 0.00808 | 0.00924 | 0.01039 | 0.01155 | 0.01444 | 0.01732 | 0.02310 | 0.03465 | 0.04619 | 0.05774 | 0.11549 |
| 20.0 | 0.737 | 0.01047 | 0.00560 | 0.00586 | 0.00924 | 0.01155 | 0.01386 | 0.01617 | 0.01848 | 0.02079 | 0.02310 | 0.02887 | 0.03465 | 0.04619 | 0.06929 | 0.09239 | 0.11549 | 0.23097 |
| 25.0 | 0.921 | 0.01548 | 0.01637 | 0.00866 | 0.00931 | 0.01444 | 0.01732 | 0.02021 | 0.02310 | 0.02598 | 0.02887 | 0.03609 | 0.04331 | 0.05774 | 0.08661 | 0.11549 | 0.14436 | 0.28872 |
| 30.0 | 1.105 | 0.02129 | 0.02252 | 0.02357 | 0.01281 | 0.01354 | 0.02079 | 0.02425 | 0.02772 | 0.03118 | 0.03465 | 0.04331 | 0.05197 | 0.06929 | 0.10394 | 0.13858 | 0.17323 | 0.34646 |
| 35.0 | 1.289 | 0.02789 | 0.02949 | 0.03086 | 0.03316 | 0.01773 | 0.01856 | 0.02829 | 0.03234 | 0.03638 | 0.04042 | 0.05053 | 0.06063 | 0.08084 | 0.12126 | 0.16168 | 0.20210 | 0.40420 |
| 40.0 | 1.473 | 0.03523 | 0.03725 | 0.03899 | 0.04189 | 0.02240 | 0.02345 | 0.02437 | 0.03696 | 0.04158 | 0.04619 | 0.05774 | 0.06929 | 0.09239 | 0.13858 | 0.18478 | 0.23097 | 0.46195 |
| 45.0 | 1.657 | 0.04329 | 0.04578 | 0.04791 | 0.05148 | 0.05444 | 0.02881 | 0.02994 | 0.04158 | 0.04677 | 0.05197 | 0.06496 | 0.07795 | 0.10394 | 0.15591 | 0.20788 | 0.25984 | 0.51969 |
| 50.0 | 1.841 | 0.05206 | 0.05505 | 0.05761 | 0.06191 | 0.06546 | 0.03465 | 0.03601 | 0.03723 | 0.05197 | 0.05774 | 0.07218 | 0.08661 | 0.11549 | 0.17323 | 0.23097 | 0.28872 | 0.57743 |
| 55.0 | 2.025 | 0.06151 | 0.06504 | 0.06807 | 0.07315 | 0.07734 | 0.08095 | 0.04254 | 0.04399 | 0.04530 | 0.06352 | 0.07940 | 0.09528 | 0.12703 | 0.19055 | 0.25407 | 0.31759 | 0.63517 |
| 60.0 | 2.210 | 0.07162 | 0.07573 | 0.07927 | 0.08518 | 0.09006 | 0.09426 | 0.09797 | 0.05122 | 0.05275 | 0.05416 | 0.08661 | 0.10394 | 0.13858 | 0.20788 | 0.27717 | 0.34646 | 0.69292 |
| 65.0 | 2.394 | 0.08239 | 0.08712 | 0.09118 | 0.09798 | 0.10361 | 0.10844 | 0.11270 | 0.05892 | 0.06069 | 0.06231 | 0.09383 | 0.11260 | 0.15013 | 0.22520 | 0.30026 | 0.37533 | 0.75066 |
| 70.0 | 2.578 | 0.09380 | 0.09919 | 0.10381 | 0.11155 | 0.11795 | 0.12345 | 0.12830 | 0.13266 | 0.06909 | 0.07093 | 0.10105 | 0.12126 | 0.16168 | 0.24252 | 0.32336 | 0.40420 | 0.80840 |
| 75.0 | 2.762 | 0.10584 | 0.11191 | 0.11713 | 0.12587 | 0.13309 | 0.13930 | 0.14477 | 0.14968 | 0.15595 | 0.08004 | 0.08463 | 0.12992 | 0.17323 | 0.25984 | 0.34646 | 0.43307 | 0.86615 |
| 80.0 | 2.946 | 0.11850 | 0.12530 | 0.13114 | 0.14092 | 0.14900 | 0.15595 | 0.16208 | 0.16758 | 0.17259 | 0.08961 | 0.09475 | 0.13858 | 0.18478 | 0.27717 | 0.36956 | 0.46195 | 0.92389 |

## φ133×5 输油管水力坡降值（米液柱/米管长）

黏度（mm²/s）

| Q (m³/h) | V (m/s) | 0.50 | 0.75 | 1.00 | 1.25 | 1.50 | 1.75 | 2.00 | 2.50 | 3.00 | 4.00 | 5.00 | 6.00 | 7.00 | 8.00 | 9.00 | 10.00 | 15.00 |
|---|---|---|---|---|---|---|---|---|---|---|---|---|---|---|---|---|---|---|
| 15.0 | 0.351 | 0.00117 | 0.00104 | 0.00112 | 0.00118 | 0.00124 | 0.00129 | 0.00133 | 0.00141 | 0.00147 | 0.00158 | 0.00167 | 0.00175 | 0.00182 | 0.00188 | 0.00194 | 0.00199 | 0.00111 |
| 20.0 | 0.468 | 0.00203 | 0.00210 | 0.00185 | 0.00196 | 0.00205 | 0.00213 | 0.00220 | 0.00233 | 0.00244 | 0.00262 | 0.00277 | 0.00290 | 0.00301 | 0.00312 | 0.00321 | 0.00329 | 0.00365 |
| 25.0 | 0.584 | 0.00313 | 0.00322 | 0.00331 | 0.00289 | 0.00303 | 0.00315 | 0.00326 | 0.00344 | 0.00360 | 0.00387 | 0.00409 | 0.00428 | 0.00445 | 0.00460 | 0.00474 | 0.00487 | 0.00539 |
| 30.0 | 0.701 | 0.00447 | 0.00458 | 0.00468 | 0.00478 | 0.00417 | 0.00433 | 0.00448 | 0.00474 | 0.00496 | 0.00533 | 0.00563 | 0.00590 | 0.00613 | 0.00633 | 0.00652 | 0.00670 | 0.00741 |
| 35.0 | 0.818 | 0.00603 | 0.00617 | 0.00629 | 0.00641 | 0.00653 | 0.00567 | 0.00587 | 0.00620 | 0.00649 | 0.00698 | 0.00738 | 0.00772 | 0.00802 | 0.00830 | 0.00854 | 0.00877 | 0.00971 |

续表

黏度（mm²/s）

| Q (m³/h) | V (m/s) | 0.50 | 0.75 | 1.00 | 1.25 | 1.50 | 1.75 | 2.00 | 2.50 | 3.00 | 4.00 | 5.00 | 6.00 | 7.00 | 8.00 | 9.00 | 10.00 | 15.00 |
|---|---|---|---|---|---|---|---|---|---|---|---|---|---|---|---|---|---|---|
| 40.0 | 0.935 | 0.00784 | 0.00799 | 0.00814 | 0.00828 | 0.00841 | 0.00854 | 0.00741 | 0.00784 | 0.00820 | 0.00881 | 0.00932 | 0.00975 | 0.01014 | 0.01048 | 0.01079 | 0.01108 | 0.01226 |
| 45.0 | 1.052 | 0.00987 | 0.01005 | 0.01022 | 0.01038 | 0.01054 | 0.01069 | 0.01083 | 0.00963 | 0.01008 | 0.01083 | 0.01145 | 0.01199 | 0.01246 | 0.01288 | 0.01326 | 0.01362 | 0.01507 |
| 50.0 | 1.169 | 0.01214 | 0.01234 | 0.01253 | 0.01272 | 0.01289 | 0.01306 | 0.01323 | 0.01158 | 0.01212 | 0.01302 | 0.01377 | 0.01441 | 0.01498 | 0.01549 | 0.01595 | 0.01638 | 0.01812 |
| 55.0 | 1.286 | 0.01465 | 0.01487 | 0.01508 | 0.01529 | 0.01549 | 0.01568 | 0.01586 | 0.01622 | 0.01432 | 0.01539 | 0.01627 | 0.01703 | 0.01770 | 0.01830 | 0.01884 | 0.01935 | 0.02141 |
| 60.0 | 1.403 | 0.01738 | 0.01763 | 0.01787 | 0.01809 | 0.01831 | 0.01853 | 0.01873 | 0.01913 | 0.01667 | 0.01792 | 0.01895 | 0.01983 | 0.02061 | 0.02131 | 0.02194 | 0.02253 | 0.02493 |
| 65.0 | 1.520 | 0.02036 | 0.02062 | 0.02088 | 0.02113 | 0.02137 | 0.02161 | 0.02184 | 0.02227 | 0.02269 | 0.02061 | 0.02179 | 0.02281 | 0.02371 | 0.02451 | 0.02524 | 0.02592 | 0.02868 |
| 70.0 | 1.636 | 0.02356 | 0.02385 | 0.02413 | 0.02441 | 0.02467 | 0.02493 | 0.02517 | 0.02565 | 0.02611 | 0.02347 | 0.02481 | 0.02597 | 0.02699 | 0.02791 | 0.02874 | 0.02951 | 0.03265 |
| 75.0 | 1.753 | 0.02700 | 0.02732 | 0.02762 | 0.02791 | 0.02820 | 0.02848 | 0.02875 | 0.02927 | 0.02976 | 0.02648 | 0.02800 | 0.02930 | 0.03045 | 0.03149 | 0.03243 | 0.03329 | 0.03684 |
| 80.0 | 1.870 | 0.03068 | 0.03102 | 0.03134 | 0.03166 | 0.03196 | 0.03226 | 0.03256 | 0.03312 | 0.03366 | 0.02964 | 0.03134 | 0.03280 | 0.03409 | 0.03525 | 0.03630 | 0.03727 | 0.04125 |
| 85.0 | 1.987 | 0.03459 | 0.03495 | 0.03530 | 0.03563 | 0.03596 | 0.03628 | 0.03660 | 0.03720 | 0.03778 | 0.03887 | 0.03485 | 0.03648 | 0.03791 | 0.03920 | 0.04037 | 0.04145 | 0.04587 |
| 90.0 | 2.104 | 0.03873 | 0.03911 | 0.03948 | 0.03985 | 0.04020 | 0.04054 | 0.04088 | 0.04152 | 0.04215 | 0.04332 | 0.03852 | 0.04031 | 0.04190 | 0.04332 | 0.04461 | 0.04581 | 0.05069 |
| 95.0 | 2.221 | 0.04311 | 0.04351 | 0.04391 | 0.04429 | 0.04466 | 0.04503 | 0.04539 | 0.04608 | 0.04674 | 0.04800 | 0.04234 | 0.04431 | 0.04606 | 0.04762 | 0.04904 | 0.05035 | 0.05572 |
| 100.0 | 2.338 | 0.04772 | 0.04815 | 0.04856 | 0.04897 | 0.04937 | 0.04975 | 0.05013 | 0.05087 | 0.05157 | 0.05291 | 0.04632 | 0.04848 | 0.05038 | 0.05209 | 0.05365 | 0.05508 | 0.06096 |
| 110.0 | 2.572 | 0.05765 | 0.05812 | 0.05858 | 0.05903 | 0.05947 | 0.05991 | 0.06033 | 0.06115 | 0.06194 | 0.06345 | 0.06486 | 0.05728 | 0.05953 | 0.06155 | 0.06339 | 0.06508 | 0.07202 |
| 120.0 | 2.805 | 0.06851 | 0.06903 | 0.06954 | 0.07003 | 0.07052 | 0.07099 | 0.07146 | 0.07237 | 0.07325 | 0.07492 | 0.07650 | 0.06670 | 0.06932 | 0.07167 | 0.07381 | 0.07578 | 0.08387 |
| 130.0 | 3.039 | 0.08031 | 0.08088 | 0.08143 | 0.08197 | 0.08250 | 0.08302 | 0.08353 | 0.08453 | 0.08549 | 0.08734 | 0.08909 | 0.09074 | 0.07974 | 0.08245 | 0.08491 | 0.08718 | 0.09648 |

黏度（mm²/s）

| Q (m³/h) | V (m/s) | 20.00 | 25.00 | 30.00 | 40.00 | 50.00 | 60.00 | 70.00 | 80.00 | 90.00 | 100.00 | 125.0 | 150.0 | 200.0 | 300.0 | 400.0 | 500.0 | 1000.0 |
|---|---|---|---|---|---|---|---|---|---|---|---|---|---|---|---|---|---|---|
| 15.0 | 0.351 | 0.00120 | 0.00189 | 0.00227 | 0.00303 | 0.00378 | 0.00454 | 0.00530 | 0.00605 | 0.00681 | 0.00757 | 0.00946 | 0.01135 | 0.01514 | 0.02271 | 0.03027 | 0.03784 | 0.07568 |
| 20.0 | 0.468 | 0.00198 | 0.00209 | 0.00303 | 0.00404 | 0.00505 | 0.00605 | 0.00706 | 0.00807 | 0.00908 | 0.01009 | 0.01261 | 0.01514 | 0.02018 | 0.03027 | 0.04036 | 0.05046 | 0.10091 |
| 25.0 | 0.584 | 0.00579 | 0.00310 | 0.00324 | 0.00505 | 0.00631 | 0.00757 | 0.00883 | 0.01009 | 0.01135 | 0.01261 | 0.01577 | 0.01892 | 0.02523 | 0.03784 | 0.05046 | 0.06307 | 0.12614 |
| 30.0 | 0.701 | 0.00797 | 0.00842 | 0.00446 | 0.00479 | 0.00757 | 0.00908 | 0.01060 | 0.01211 | 0.01362 | 0.01514 | 0.01892 | 0.02271 | 0.03027 | 0.04541 | 0.06055 | 0.07568 | 0.15137 |
| 35.0 | 0.818 | 0.01043 | 0.01103 | 0.01154 | 0.00627 | 0.00663 | 0.01060 | 0.01236 | 0.01413 | 0.01589 | 0.01766 | 0.02207 | 0.02649 | 0.03532 | 0.05298 | 0.07064 | 0.08830 | 0.17659 |

| Q (m³/h) | V (m/s) | 黏度（mm²/s） | | | | | | | | | | | | | | | | |
|---|---|---|---|---|---|---|---|---|---|---|---|---|---|---|---|---|---|---|
| | | 20.00 | 25.00 | 30.00 | 40.00 | 50.00 | 60.00 | 70.00 | 80.00 | 90.00 | 100.00 | 125.0 | 150.0 | 200.0 | 300.0 | 400.0 | 500.0 | 1000.0 |
| 40.0 | 0.935 | 0.01318 | 0.01393 | 0.01458 | 0.00792 | 0.00838 | 0.01211 | 0.01413 | 0.01615 | 0.01816 | 0.02018 | 0.02523 | 0.03027 | 0.04036 | 0.06055 | 0.08073 | 0.10091 | 0.20182 |
| 45.0 | 1.052 | 0.01619 | 0.01712 | 0.01792 | 0.01926 | 0.01030 | 0.01078 | 0.01589 | 0.01816 | 0.02043 | 0.02271 | 0.02838 | 0.03406 | 0.04541 | 0.06812 | 0.09082 | 0.11353 | 0.22705 |
| 50.0 | 1.169 | 0.01947 | 0.02059 | 0.02155 | 0.02316 | 0.01238 | 0.01296 | 0.01347 | 0.02018 | 0.02271 | 0.02523 | 0.03153 | 0.03784 | 0.05046 | 0.07568 | 0.10091 | 0.12614 | 0.25228 |
| 55.0 | 1.286 | 0.02301 | 0.02433 | 0.02546 | 0.02736 | 0.02893 | 0.01531 | 0.01591 | 0.02220 | 0.02498 | 0.02775 | 0.03469 | 0.04163 | 0.05550 | 0.08325 | 0.11100 | 0.13875 | 0.27751 |
| 60.0 | 1.403 | 0.02679 | 0.02833 | 0.02965 | 0.03186 | 0.03369 | 0.01783 | 0.01853 | 0.01916 | 0.02725 | 0.03027 | 0.03784 | 0.04541 | 0.06055 | 0.09082 | 0.12109 | 0.15137 | 0.30273 |
| 65.0 | 1.520 | 0.03082 | 0.03259 | 0.03411 | 0.03665 | 0.03876 | 0.04056 | 0.02132 | 0.02204 | 0.02270 | 0.03280 | 0.04100 | 0.04919 | 0.06559 | 0.09839 | 0.13118 | 0.16398 | 0.32796 |
| 70.0 | 1.636 | 0.03509 | 0.03710 | 0.03883 | 0.04173 | 0.04412 | 0.04618 | 0.02427 | 0.02509 | 0.02584 | 0.02653 | 0.04415 | 0.05298 | 0.07064 | 0.10596 | 0.14128 | 0.17659 | 0.35319 |
| 75.0 | 1.753 | 0.03959 | 0.04186 | 0.04382 | 0.04708 | 0.04978 | 0.05211 | 0.05415 | 0.02831 | 0.02916 | 0.02994 | 0.04730 | 0.05676 | 0.07568 | 0.11353 | 0.15137 | 0.18921 | 0.37842 |
| 80.0 | 1.870 | 0.04433 | 0.04687 | 0.04905 | 0.05271 | 0.05574 | 0.05834 | 0.06063 | 0.03170 | 0.03265 | 0.03352 | 0.05046 | 0.06055 | 0.08073 | 0.12109 | 0.16146 | 0.20182 | 0.40365 |
| 85.0 | 1.987 | 0.04929 | 0.05211 | 0.05455 | 0.05861 | 0.06198 | 0.06487 | 0.06741 | 0.06970 | 0.03630 | 0.03727 | 0.05361 | 0.06433 | 0.08577 | 0.12866 | 0.17155 | 0.21444 | 0.42887 |
| 90.0 | 2.104 | 0.05447 | 0.05760 | 0.06028 | 0.06478 | 0.06850 | 0.07169 | 0.07451 | 0.07704 | 0.04012 | 0.04119 | 0.04355 | 0.06812 | 0.09082 | 0.13623 | 0.18164 | 0.22705 | 0.45410 |
| 95.0 | 2.221 | 0.05988 | 0.06331 | 0.06627 | 0.07121 | 0.07529 | 0.07880 | 0.08190 | 0.08468 | 0.08721 | 0.04528 | 0.04788 | 0.07190 | 0.09587 | 0.14380 | 0.19173 | 0.23966 | 0.47933 |
| 100.0 | 2.338 | 0.06550 | 0.06926 | 0.07249 | 0.07789 | 0.08236 | 0.08620 | 0.08959 | 0.09263 | 0.09540 | 0.04953 | 0.05237 | 0.07568 | 0.10091 | 0.15137 | 0.20182 | 0.25228 | 0.50456 |
| 110.0 | 2.572 | 0.07739 | 0.08183 | 0.08565 | 0.09203 | 0.09731 | 0.10185 | 0.10585 | 0.10945 | 0.11272 | 0.11573 | 0.06188 | 0.06476 | 0.11100 | 0.16650 | 0.22201 | 0.27751 | 0.55501 |
| 120.0 | 2.805 | 0.09012 | 0.09529 | 0.09973 | 0.10717 | 0.11332 | 0.11860 | 0.12326 | 0.12745 | 0.13126 | 0.13476 | 0.07206 | 0.07542 | 0.12109 | 0.18164 | 0.24219 | 0.30273 | 0.60547 |
| 130.0 | 3.039 | 0.10367 | 0.10962 | 0.11473 | 0.12328 | 0.13036 | 0.13644 | 0.14180 | 0.14661 | 0.15099 | 0.15502 | 0.08289 | 0.08676 | 0.13118 | 0.19678 | 0.26237 | 0.32796 | 0.65592 |

### φ159×6 输油管水力坡降值（米液柱/米管长）

| Q (m³/h) | V (m/s) | 黏度（mm²/s） | | | | | | | | | | | | | | | | |
|---|---|---|---|---|---|---|---|---|---|---|---|---|---|---|---|---|---|---|
| | | 0.50 | 0.75 | 1.00 | 1.25 | 1.50 | 1.75 | 2.00 | 2.50 | 3.00 | 4.00 | 5.00 | 6.00 | 7.00 | 8.00 | 9.00 | 10.00 | 15.00 |
| 20.0 | 0.327 | 0.00082 | 0.00074 | 0.00079 | 0.00084 | 0.00088 | 0.00091 | 0.00094 | 0.00100 | 0.00105 | 0.00112 | 0.00119 | 0.00124 | 0.00129 | 0.00134 | 0.00138 | 0.00141 | 0.00156 |
| 30.0 | 0.491 | 0.00179 | 0.00185 | 0.00190 | 0.00171 | 0.00179 | 0.00186 | 0.00192 | 0.00203 | 0.00213 | 0.00228 | 0.00242 | 0.00253 | 0.00263 | 0.00272 | 0.00280 | 0.00287 | 0.00318 |
| 40.0 | 0.655 | 0.00313 | 0.00321 | 0.00329 | 0.00336 | 0.00296 | 0.00307 | 0.00318 | 0.00336 | 0.00352 | 0.00378 | 0.00400 | 0.00418 | 0.00435 | 0.00449 | 0.00463 | 0.00475 | 0.00526 |

续表

**粘度（mm²/s）**

| Q (m³/h) | V (m/s) | 0.50 | 0.75 | 1.00 | 1.25 | 1.50 | 1.75 | 2.00 | 2.50 | 3.00 | 4.00 | 5.00 | 6.00 | 7.00 | 8.00 | 9.00 | 10.00 | 15.00 |
|---|---|---|---|---|---|---|---|---|---|---|---|---|---|---|---|---|---|---|
| 50.0 | 0.818 | 0.00483 | 0.00494 | 0.00504 | 0.00513 | 0.00522 | 0.00454 | 0.00470 | 0.00497 | 0.00520 | 0.00558 | 0.00591 | 0.00618 | 0.00642 | 0.00664 | 0.00684 | 0.00702 | 0.00777 |
| 60.0 | 0.982 | 0.00690 | 0.00704 | 0.00716 | 0.00728 | 0.00739 | 0.00750 | 0.00760 | 0.00683 | 0.00715 | 0.00768 | 0.00812 | 0.00850 | 0.00884 | 0.00914 | 0.00941 | 0.00966 | 0.01069 |
| 70.0 | 1.146 | 0.00935 | 0.00950 | 0.00965 | 0.00979 | 0.00993 | 0.01006 | 0.01019 | 0.00895 | 0.00936 | 0.01006 | 0.01064 | 0.01114 | 0.01157 | 0.01197 | 0.01232 | 0.01265 | 0.01400 |
| 80.0 | 1.309 | 0.01215 | 0.01233 | 0.01251 | 0.01267 | 0.01284 | 0.01299 | 0.01314 | 0.01343 | 0.01183 | 0.01271 | 0.01344 | 0.01407 | 0.01462 | 0.01512 | 0.01557 | 0.01598 | 0.01769 |
| 90.0 | 1.473 | 0.01533 | 0.01554 | 0.01573 | 0.01593 | 0.01611 | 0.01629 | 0.01646 | 0.01679 | 0.01711 | 0.01562 | 0.01652 | 0.01729 | 0.01797 | 0.01858 | 0.01913 | 0.01964 | 0.02174 |
| 100.0 | 1.637 | 0.01887 | 0.01910 | 0.01933 | 0.01954 | 0.01975 | 0.01996 | 0.02015 | 0.02053 | 0.02089 | 0.01878 | 0.01986 | 0.02079 | 0.02161 | 0.02234 | 0.02301 | 0.02362 | 0.02614 |
| 110.0 | 1.800 | 0.02278 | 0.02304 | 0.02329 | 0.02353 | 0.02376 | 0.02399 | 0.02421 | 0.02464 | 0.02504 | 0.02219 | 0.02347 | 0.02456 | 0.02553 | 0.02639 | 0.02718 | 0.02791 | 0.03088 |
| 120.0 | 1.964 | 0.02706 | 0.02735 | 0.02762 | 0.02788 | 0.02814 | 0.02839 | 0.02864 | 0.02911 | 0.02957 | 0.03042 | 0.02733 | 0.02860 | 0.02973 | 0.03073 | 0.03165 | 0.03250 | 0.03596 |
| 130.0 | 2.128 | 0.03171 | 0.03202 | 0.03232 | 0.03261 | 0.03289 | 0.03317 | 0.03344 | 0.03396 | 0.03446 | 0.03540 | 0.03144 | 0.03290 | 0.03419 | 0.03536 | 0.03641 | 0.03738 | 0.04137 |
| 140.0 | 2.291 | 0.03672 | 0.03706 | 0.03738 | 0.03770 | 0.03800 | 0.03831 | 0.03860 | 0.03917 | 0.03972 | 0.04075 | 0.03579 | 0.03746 | 0.03893 | 0.04025 | 0.04145 | 0.04256 | 0.04710 |
| 150.0 | 2.455 | 0.04211 | 0.04246 | 0.04281 | 0.04315 | 0.04349 | 0.04381 | 0.04413 | 0.04475 | 0.04535 | 0.04647 | 0.04753 | 0.04227 | 0.04393 | 0.04542 | 0.04677 | 0.04802 | 0.05315 |
| 160.0 | 2.619 | 0.04786 | 0.04824 | 0.04861 | 0.04898 | 0.04934 | 0.04969 | 0.05003 | 0.05070 | 0.05134 | 0.05256 | 0.05371 | 0.04732 | 0.04918 | 0.05085 | 0.05237 | 0.05376 | 0.05950 |
| 170.0 | 2.782 | 0.05397 | 0.05438 | 0.05478 | 0.05517 | 0.05556 | 0.05593 | 0.05630 | 0.05702 | 0.05771 | 0.05902 | 0.06026 | 0.05261 | 0.05468 | 0.05654 | 0.05823 | 0.05978 | 0.06616 |
| 180.0 | 2.946 | 0.06046 | 0.06089 | 0.06132 | 0.06173 | 0.06214 | 0.06254 | 0.06294 | 0.06370 | 0.06444 | 0.06585 | 0.06718 | 0.06844 | 0.06043 | 0.06249 | 0.06435 | 0.06607 | 0.07312 |

**粘度（mm²/s）**

| Q (m³/h) | V (m/s) | 20.00 | 25.00 | 30.00 | 40.00 | 50.00 | 60.00 | 70.00 | 80.00 | 90.00 | 100.00 | 125.0 | 150.0 | 200.0 | 300.0 | 400.0 | 500.0 | 1000.0 |
|---|---|---|---|---|---|---|---|---|---|---|---|---|---|---|---|---|---|---|
| 20.0 | 0.327 | 0.00085 | 0.00124 | 0.00148 | 0.00198 | 0.00247 | 0.00297 | 0.00346 | 0.00396 | 0.00445 | 0.00495 | 0.00618 | 0.00742 | 0.00989 | 0.01484 | 0.01979 | 0.02473 | 0.04946 |
| 30.0 | 0.491 | 0.00342 | 0.00371 | 0.00379 | 0.00297 | 0.00371 | 0.00445 | 0.00519 | 0.00594 | 0.00668 | 0.00742 | 0.00927 | 0.01113 | 0.01484 | 0.02226 | 0.02968 | 0.03710 | 0.07420 |
| 40.0 | 0.655 | 0.00565 | 0.00597 | 0.00625 | 0.00672 | 0.00495 | 0.00594 | 0.00692 | 0.00791 | 0.00890 | 0.00989 | 0.01237 | 0.01484 | 0.01979 | 0.02968 | 0.03957 | 0.04946 | 0.09893 |
| 50.0 | 0.818 | 0.00835 | 0.00883 | 0.00924 | 0.00993 | 0.01050 | 0.00742 | 0.00866 | 0.00989 | 0.01113 | 0.01237 | 0.01546 | 0.01855 | 0.02473 | 0.03710 | 0.04946 | 0.06183 | 0.12366 |
| 60.0 | 0.982 | 0.01149 | 0.01215 | 0.01272 | 0.01366 | 0.01444 | 0.01512 | 0.01039 | 0.01187 | 0.01336 | 0.01484 | 0.01855 | 0.02226 | 0.02968 | 0.04452 | 0.05936 | 0.07420 | 0.14839 |
| 70.0 | 1.146 | 0.01505 | 0.01591 | 0.01665 | 0.01789 | 0.01892 | 0.01981 | 0.02059 | 0.01385 | 0.01558 | 0.01731 | 0.02164 | 0.02597 | 0.03462 | 0.05194 | 0.06925 | 0.08656 | 0.17312 |
| 80.0 | 1.309 | 0.01901 | 0.02010 | 0.02104 | 0.02261 | 0.02390 | 0.02502 | 0.02601 | 0.02688 | 0.01781 | 0.01979 | 0.02473 | 0.02968 | 0.03957 | 0.05936 | 0.07914 | 0.09893 | 0.19786 |

续表

黏度 (mm²/s)

| Q (m³/h) | V (m/s) | 20.00 | 25.00 | 30.00 | 40.00 | 50.00 | 60.00 | 70.00 | 80.00 | 90.00 | 100.00 | 125.0 | 150.0 | 200.0 | 300.0 | 400.0 | 500.0 | 1000.0 |
|---|---|---|---|---|---|---|---|---|---|---|---|---|---|---|---|---|---|---|
| 90.0 | 1.473 | 0.02336 | 0.02470 | 0.02585 | 0.02778 | 0.02937 | 0.03074 | 0.03195 | 0.01671 | 0.01720 | 0.01766 | 0.02782 | 0.03339 | 0.04452 | 0.06678 | 0.08904 | 0.11129 | 0.22259 |
| 100.0 | 1.637 | 0.02809 | 0.02970 | 0.03109 | 0.03340 | 0.03532 | 0.03697 | 0.03842 | 0.03972 | 0.02069 | 0.02124 | 0.03092 | 0.03710 | 0.04946 | 0.07420 | 0.09893 | 0.12366 | 0.24732 |
| 110.0 | 1.800 | 0.03319 | 0.03509 | 0.03673 | 0.03947 | 0.04173 | 0.04368 | 0.04539 | 0.04693 | 0.02444 | 0.02510 | 0.02654 | 0.04081 | 0.05441 | 0.08162 | 0.10882 | 0.13603 | 0.27205 |
| 120.0 | 1.964 | 0.03865 | 0.04086 | 0.04277 | 0.04596 | 0.04860 | 0.05086 | 0.05286 | 0.05465 | 0.05629 | 0.02922 | 0.03090 | 0.04452 | 0.05936 | 0.08904 | 0.11871 | 0.14839 | 0.29679 |
| 130.0 | 2.128 | 0.04446 | 0.04701 | 0.04920 | 0.05287 | 0.05590 | 0.05851 | 0.06081 | 0.06287 | 0.06475 | 0.06648 | 0.03555 | 0.03720 | 0.06430 | 0.09646 | 0.12861 | 0.16076 | 0.32152 |
| 140.0 | 2.291 | 0.05061 | 0.05352 | 0.05601 | 0.06019 | 0.06364 | 0.06661 | 0.06923 | 0.07158 | 0.07372 | 0.07568 | 0.04047 | 0.04236 | 0.06925 | 0.10387 | 0.13850 | 0.17312 | 0.34625 |
| 150.0 | 2.455 | 0.05711 | 0.06039 | 0.06320 | 0.06791 | 0.07181 | 0.07516 | 0.07811 | 0.08076 | 0.08318 | 0.08540 | 0.04566 | 0.04779 | 0.07420 | 0.11129 | 0.14839 | 0.18549 | 0.37098 |
| 160.0 | 2.619 | 0.06394 | 0.06761 | 0.07076 | 0.07603 | 0.08040 | 0.08415 | 0.08745 | 0.09042 | 0.09312 | 0.09561 | 0.05109 | 0.05351 | 0.07914 | 0.11871 | 0.15829 | 0.19786 | 0.39571 |
| 170.0 | 2.782 | 0.07109 | 0.07517 | 0.07868 | 0.08454 | 0.08939 | 0.09356 | 0.09724 | 0.10054 | 0.10355 | 0.10631 | 0.11241 | 0.05949 | 0.06393 | 0.12613 | 0.16818 | 0.21022 | 0.42045 |
| 180.0 | 2.946 | 0.07857 | 0.08308 | 0.08695 | 0.09344 | 0.09880 | 0.10341 | 0.10747 | 0.11112 | 0.11444 | 0.11749 | 0.12423 | 0.06575 | 0.07066 | 0.13355 | 0.17807 | 0.22259 | 0.44518 |

## φ219×7 输油管水力坡降值(米液柱/米管长)

黏度 (mm²/s)

| Q (m³/h) | V (m/s) | 0.50 | 0.75 | 1.00 | 1.25 | 1.50 | 1.75 | 2.00 | 2.50 | 3.00 | 4.00 | 5.00 | 6.00 | 7.00 | 8.00 | 9.00 | 10.00 | 15.00 |
|---|---|---|---|---|---|---|---|---|---|---|---|---|---|---|---|---|---|---|
| 40.0 | 0.337 | 0.00057 | 0.00051 | 0.00055 | 0.00058 | 0.00061 | 0.00063 | 0.00065 | 0.00069 | 0.00072 | 0.00078 | 0.00082 | 0.00086 | 0.00090 | 0.00093 | 0.00095 | 0.00098 | 0.00108 |
| 50.0 | 0.421 | 0.00088 | 0.00091 | 0.00081 | 0.00086 | 0.00090 | 0.00094 | 0.00097 | 0.00102 | 0.00107 | 0.00115 | 0.00122 | 0.00127 | 0.00132 | 0.00137 | 0.00141 | 0.00145 | 0.00160 |
| 60.0 | 0.505 | 0.00125 | 0.00129 | 0.00112 | 0.00118 | 0.00124 | 0.00129 | 0.00133 | 0.00141 | 0.00147 | 0.00158 | 0.00167 | 0.00175 | 0.00182 | 0.00188 | 0.00194 | 0.00199 | 0.00220 |
| 70.0 | 0.589 | 0.00169 | 0.00173 | 0.00178 | 0.00155 | 0.00162 | 0.00169 | 0.00174 | 0.00184 | 0.00193 | 0.00207 | 0.00219 | 0.00229 | 0.00238 | 0.00247 | 0.00254 | 0.00261 | 0.00289 |
| 80.0 | 0.673 | 0.00219 | 0.00224 | 0.00229 | 0.00234 | 0.00205 | 0.00213 | 0.00220 | 0.00233 | 0.00244 | 0.00262 | 0.00277 | 0.00290 | 0.00301 | 0.00311 | 0.00321 | 0.00329 | 0.00364 |
| 90.0 | 0.757 | 0.00275 | 0.00281 | 0.00287 | 0.00293 | 0.00252 | 0.00262 | 0.00271 | 0.00286 | 0.00300 | 0.00322 | 0.00340 | 0.00356 | 0.00370 | 0.00383 | 0.00394 | 0.00405 | 0.00448 |
| 100.0 | 0.842 | 0.00338 | 0.00345 | 0.00352 | 0.00358 | 0.00364 | 0.00315 | 0.00325 | 0.00344 | 0.00360 | 0.00387 | 0.00409 | 0.00428 | 0.00445 | 0.00460 | 0.00474 | 0.00487 | 0.00539 |
| 110.0 | 0.926 | 0.00407 | 0.00415 | 0.00423 | 0.00430 | 0.00437 | 0.00443 | 0.00385 | 0.00407 | 0.00426 | 0.00457 | 0.00483 | 0.00506 | 0.00526 | 0.00544 | 0.00560 | 0.00575 | 0.00636 |
| 120.0 | 1.010 | 0.00483 | 0.00492 | 0.00500 | 0.00508 | 0.00516 | 0.00523 | 0.00448 | 0.00473 | 0.00496 | 0.00532 | 0.00563 | 0.00589 | 0.00612 | 0.00633 | 0.00652 | 0.00670 | 0.00741 |

续表

| Q (m³/h) | V (m/s) | 粘度（mm²/s） | | | | | | | | | | | | | | | | |
| --- | --- | --- | --- | --- | --- | --- | --- | --- | --- | --- | --- | --- | --- | --- | --- | --- | --- | --- |
| | | 0.50 | 0.75 | 1.00 | 1.25 | 1.50 | 1.75 | 2.00 | 2.50 | 3.00 | 4.00 | 5.00 | 6.00 | 7.00 | 8.00 | 9.00 | 10.00 | 15.00 |
| 130.0 | 1.094 | 0.00565 | 0.00575 | 0.00584 | 0.00593 | 0.00601 | 0.00609 | 0.00617 | 0.00545 | 0.00570 | 0.00613 | 0.00648 | 0.00678 | 0.00705 | 0.00728 | 0.00750 | 0.00770 | 0.00852 |
| 140.0 | 1.178 | 0.00654 | 0.00664 | 0.00674 | 0.00684 | 0.00693 | 0.00702 | 0.00711 | 0.00620 | 0.00649 | 0.00697 | 0.00737 | 0.00772 | 0.00802 | 0.00829 | 0.00854 | 0.00877 | 0.00970 |
| 150.0 | 1.262 | 0.00749 | 0.00760 | 0.00771 | 0.00782 | 0.00792 | 0.00801 | 0.00811 | 0.00700 | 0.00732 | 0.00787 | 0.00832 | 0.00871 | 0.00905 | 0.00936 | 0.00964 | 0.00989 | 0.01095 |
| 160.0 | 1.347 | 0.00850 | 0.00863 | 0.00874 | 0.00886 | 0.00896 | 0.00907 | 0.00917 | 0.00936 | 0.00820 | 0.00881 | 0.00931 | 0.00975 | 0.01013 | 0.01048 | 0.01079 | 0.01108 | 0.01226 |
| 170.0 | 1.431 | 0.00958 | 0.00971 | 0.00984 | 0.00996 | 0.01008 | 0.01019 | 0.01030 | 0.01051 | 0.00912 | 0.00980 | 0.01036 | 0.01084 | 0.01127 | 0.01165 | 0.01200 | 0.01232 | 0.01363 |
| 180.0 | 1.515 | 0.01073 | 0.01087 | 0.01100 | 0.01113 | 0.01125 | 0.01137 | 0.01149 | 0.01172 | 0.01007 | 0.01083 | 0.01145 | 0.01198 | 0.01245 | 0.01287 | 0.01326 | 0.01361 | 0.01506 |
| 190.0 | 1.599 | 0.01193 | 0.01208 | 0.01223 | 0.01236 | 0.01250 | 0.01262 | 0.01275 | 0.01299 | 0.01322 | 0.01190 | 0.01258 | 0.01317 | 0.01369 | 0.01415 | 0.01457 | 0.01496 | 0.01656 |
| 200.0 | 1.683 | 0.01321 | 0.01336 | 0.01351 | 0.01366 | 0.01380 | 0.01394 | 0.01407 | 0.01433 | 0.01457 | 0.01302 | 0.01376 | 0.01441 | 0.01497 | 0.01548 | 0.01594 | 0.01637 | 0.01811 |
| 210.0 | 1.767 | 0.01454 | 0.01471 | 0.01487 | 0.01502 | 0.01517 | 0.01532 | 0.01546 | 0.01573 | 0.01599 | 0.01418 | 0.01499 | 0.01569 | 0.01631 | 0.01686 | 0.01736 | 0.01783 | 0.01973 |
| 220.0 | 1.851 | 0.01595 | 0.01612 | 0.01629 | 0.01645 | 0.01661 | 0.01676 | 0.01691 | 0.01720 | 0.01747 | 0.01538 | 0.01626 | 0.01702 | 0.01769 | 0.01829 | 0.01884 | 0.01934 | 0.02140 |
| 230.0 | 1.936 | 0.01741 | 0.01759 | 0.01777 | 0.01794 | 0.01811 | 0.01827 | 0.01843 | 0.01873 | 0.01902 | 0.01662 | 0.01758 | 0.01840 | 0.01912 | 0.01977 | 0.02036 | 0.02090 | 0.02313 |
| 240.0 | 2.020 | 0.01894 | 0.01913 | 0.01932 | 0.01950 | 0.01967 | 0.01984 | 0.02001 | 0.02033 | 0.02063 | 0.01791 | 0.01894 | 0.01982 | 0.02060 | 0.02130 | 0.02194 | 0.02252 | 0.02492 |
| 250.0 | 2.104 | 0.02054 | 0.02074 | 0.02093 | 0.02112 | 0.02130 | 0.02148 | 0.02165 | 0.02199 | 0.02231 | 0.02291 | 0.02034 | 0.02129 | 0.02212 | 0.02288 | 0.02356 | 0.02419 | 0.02677 |
| 260.0 | 2.188 | 0.02219 | 0.02240 | 0.02260 | 0.02280 | 0.02299 | 0.02318 | 0.02336 | 0.02371 | 0.02405 | 0.02468 | 0.02178 | 0.02280 | 0.02370 | 0.02450 | 0.02523 | 0.02591 | 0.02867 |
| 270.0 | 2.272 | 0.02392 | 0.02413 | 0.02435 | 0.02455 | 0.02475 | 0.02495 | 0.02514 | 0.02550 | 0.02586 | 0.02652 | 0.02327 | 0.02436 | 0.02531 | 0.02617 | 0.02696 | 0.02768 | 0.03063 |
| 280.0 | 2.356 | 0.02571 | 0.02593 | 0.02615 | 0.02636 | 0.02657 | 0.02678 | 0.02697 | 0.02736 | 0.02773 | 0.02842 | 0.02480 | 0.02596 | 0.02698 | 0.02789 | 0.02873 | 0.02949 | 0.03264 |
| 290.0 | 2.441 | 0.02756 | 0.02779 | 0.02802 | 0.02824 | 0.02846 | 0.02867 | 0.02888 | 0.02928 | 0.02966 | 0.03039 | 0.02637 | 0.02760 | 0.02869 | 0.02966 | 0.03055 | 0.03136 | 0.03471 |
| 300.0 | 2.525 | 0.02947 | 0.02972 | 0.02995 | 0.03018 | 0.03041 | 0.03063 | 0.03084 | 0.03126 | 0.03166 | 0.03242 | 0.02798 | 0.02929 | 0.03044 | 0.03147 | 0.03241 | 0.03328 | 0.03683 |
| 310.0 | 2.609 | 0.03145 | 0.03171 | 0.03195 | 0.03219 | 0.03242 | 0.03265 | 0.03288 | 0.03331 | 0.03373 | 0.03452 | 0.03526 | 0.03102 | 0.03224 | 0.03333 | 0.03433 | 0.03524 | 0.03900 |
| 320.0 | 2.693 | 0.03350 | 0.03376 | 0.03401 | 0.03426 | 0.03450 | 0.03474 | 0.03497 | 0.03542 | 0.03586 | 0.03668 | 0.03745 | 0.03279 | 0.03408 | 0.03524 | 0.03629 | 0.03726 | 0.04123 |
| 330.0 | 2.777 | 0.03561 | 0.03588 | 0.03614 | 0.03640 | 0.03665 | 0.03689 | 0.03713 | 0.03760 | 0.03805 | 0.03890 | 0.03970 | 0.03461 | 0.03597 | 0.03719 | 0.03830 | 0.03932 | 0.04351 |
| 340.0 | 2.861 | 0.03778 | 0.03806 | 0.03833 | 0.03860 | 0.03885 | 0.03911 | 0.03936 | 0.03984 | 0.04031 | 0.04119 | 0.04203 | 0.03646 | 0.03789 | 0.03918 | 0.04035 | 0.04143 | 0.04585 |
| 350.0 | 2.946 | 0.04002 | 0.04031 | 0.04059 | 0.04086 | 0.04113 | 0.04139 | 0.04165 | 0.04215 | 0.04263 | 0.04355 | 0.04441 | 0.03836 | 0.03987 | 0.04122 | 0.04245 | 0.04358 | 0.04823 |

续表

黏度（mm²/s）

| $Q$ (m³/h) | $V$ (m/s) | 20.00 | 25.00 | 30.00 | 40.00 | 50.00 | 60.00 | 70.00 | 80.00 | 90.00 | 100.0 | 125.0 | 150.0 | 200.0 | 300.0 | 400.0 | 500.0 | 1000.0 |
|---|---|---|---|---|---|---|---|---|---|---|---|---|---|---|---|---|---|---|
| 40.0 | 0.337 | 0.00116 | 0.00062 | 0.00065 | 0.00105 | 0.00131 | 0.00157 | 0.00183 | 0.00209 | 0.00235 | 0.00262 | 0.00327 | 0.00392 | 0.00523 | 0.00785 | 0.01046 | 0.01308 | 0.02616 |
| 50.0 | 0.421 | 0.00172 | 0.00182 | 0.00096 | 0.00103 | 0.00163 | 0.00196 | 0.00229 | 0.00262 | 0.00294 | 0.00327 | 0.00409 | 0.00490 | 0.00654 | 0.00981 | 0.01308 | 0.01635 | 0.03270 |
| 60.0 | 0.505 | 0.00237 | 0.00250 | 0.00262 | 0.00142 | 0.00151 | 0.00235 | 0.00275 | 0.00314 | 0.00353 | 0.00392 | 0.00490 | 0.00589 | 0.00785 | 0.01177 | 0.01569 | 0.01962 | 0.03923 |
| 70.0 | 0.589 | 0.00310 | 0.00328 | 0.00343 | 0.00369 | 0.00197 | 0.00206 | 0.00320 | 0.00366 | 0.00412 | 0.00458 | 0.00572 | 0.00687 | 0.00915 | 0.01373 | 0.01831 | 0.02289 | 0.04577 |
| 80.0 | 0.673 | 0.00392 | 0.00414 | 0.00433 | 0.00466 | 0.00249 | 0.00261 | 0.00366 | 0.00418 | 0.00471 | 0.00523 | 0.00654 | 0.00785 | 0.01046 | 0.01569 | 0.02092 | 0.02616 | 0.05231 |
| 90.0 | 0.757 | 0.00481 | 0.00509 | 0.00533 | 0.00572 | 0.00605 | 0.00320 | 0.00333 | 0.00471 | 0.00530 | 0.00589 | 0.00736 | 0.00883 | 0.01177 | 0.01766 | 0.02354 | 0.02943 | 0.05885 |
| 100.0 | 0.842 | 0.00579 | 0.00612 | 0.00640 | 0.00688 | 0.00728 | 0.00385 | 0.00400 | 0.00414 | 0.00589 | 0.00654 | 0.00817 | 0.00981 | 0.01308 | 0.01962 | 0.02616 | 0.03270 | 0.06539 |
| 110.0 | 0.926 | 0.00684 | 0.00723 | 0.00757 | 0.00813 | 0.00860 | 0.00900 | 0.00473 | 0.00489 | 0.00504 | 0.00719 | 0.00899 | 0.01079 | 0.01439 | 0.02158 | 0.02877 | 0.03596 | 0.07193 |
| 120.0 | 1.010 | 0.00796 | 0.00842 | 0.00881 | 0.00947 | 0.01001 | 0.01048 | 0.00551 | 0.00569 | 0.00586 | 0.00602 | 0.00981 | 0.01177 | 0.01569 | 0.02354 | 0.03139 | 0.03923 | 0.07847 |
| 130.0 | 1.094 | 0.00916 | 0.00968 | 0.01014 | 0.01089 | 0.01152 | 0.01205 | 0.01253 | 0.00655 | 0.00675 | 0.00693 | 0.01063 | 0.01275 | 0.01700 | 0.02550 | 0.03400 | 0.04250 | 0.08501 |
| 140.0 | 1.178 | 0.01043 | 0.01103 | 0.01154 | 0.01240 | 0.01311 | 0.01372 | 0.01426 | 0.01475 | 0.00768 | 0.00789 | 0.01144 | 0.01373 | 0.01831 | 0.02746 | 0.03662 | 0.04577 | 0.09155 |
| 150.0 | 1.262 | 0.01177 | 0.01244 | 0.01302 | 0.01399 | 0.01479 | 0.01548 | 0.01609 | 0.01664 | 0.00867 | 0.00890 | 0.00941 | 0.01471 | 0.01962 | 0.02943 | 0.03923 | 0.04904 | 0.09809 |
| 160.0 | 1.347 | 0.01317 | 0.01393 | 0.01458 | 0.01567 | 0.01656 | 0.01734 | 0.01802 | 0.01863 | 0.01919 | 0.00996 | 0.01053 | 0.01569 | 0.02092 | 0.03139 | 0.04185 | 0.05231 | 0.10462 |
| 170.0 | 1.431 | 0.01465 | 0.01549 | 0.01621 | 0.01742 | 0.01842 | 0.01928 | 0.02003 | 0.02071 | 0.02133 | 0.01108 | 0.01171 | 0.01667 | 0.02223 | 0.03335 | 0.04447 | 0.05558 | 0.11116 |
| 180.0 | 1.515 | 0.01619 | 0.01712 | 0.01792 | 0.01925 | 0.02036 | 0.02130 | 0.02214 | 0.02289 | 0.02358 | 0.02421 | 0.01294 | 0.01355 | 0.02354 | 0.03531 | 0.04708 | 0.05885 | 0.11770 |
| 190.0 | 1.599 | 0.01779 | 0.01882 | 0.01969 | 0.02116 | 0.02238 | 0.02342 | 0.02434 | 0.02517 | 0.02592 | 0.02661 | 0.01423 | 0.01489 | 0.02485 | 0.03727 | 0.04970 | 0.06212 | 0.12424 |
| 200.0 | 1.683 | 0.01947 | 0.02058 | 0.02154 | 0.02315 | 0.02448 | 0.02562 | 0.02662 | 0.02753 | 0.02835 | 0.02911 | 0.01556 | 0.01629 | 0.02616 | 0.03923 | 0.05231 | 0.06539 | 0.13078 |
| 210.0 | 1.767 | 0.02120 | 0.02242 | 0.02346 | 0.02521 | 0.02666 | 0.02790 | 0.02900 | 0.02998 | 0.03088 | 0.03170 | 0.01695 | 0.01774 | 0.02746 | 0.04120 | 0.05493 | 0.06866 | 0.13732 |
| 220.0 | 1.851 | 0.02300 | 0.02432 | 0.02545 | 0.02735 | 0.02892 | 0.03027 | 0.03146 | 0.03253 | 0.03350 | 0.03439 | 0.03636 | 0.01925 | 0.02877 | 0.04316 | 0.05754 | 0.07193 | 0.14386 |
| 230.0 | 1.936 | 0.02486 | 0.02629 | 0.02751 | 0.02956 | 0.03126 | 0.03272 | 0.03400 | 0.03516 | 0.03621 | 0.03717 | 0.03931 | 0.02080 | 0.03008 | 0.04512 | 0.06016 | 0.07520 | 0.15040 |
| 240.0 | 2.020 | 0.02678 | 0.02832 | 0.02964 | 0.03185 | 0.03368 | 0.03525 | 0.03663 | 0.03788 | 0.03901 | 0.04005 | 0.04235 | 0.02241 | 0.02408 | 0.04708 | 0.06277 | 0.07847 | 0.15694 |
| 250.0 | 2.104 | 0.02876 | 0.03042 | 0.03183 | 0.03421 | 0.03617 | 0.03786 | 0.03934 | 0.04068 | 0.04190 | 0.04301 | 0.04548 | 0.02407 | 0.02587 | 0.04904 | 0.06539 | 0.08174 | 0.16348 |
| 260.0 | 2.188 | 0.03081 | 0.03258 | 0.03410 | 0.03664 | 0.03874 | 0.04055 | 0.04214 | 0.04357 | 0.04487 | 0.04607 | 0.04871 | 0.02578 | 0.02770 | 0.05100 | 0.06801 | 0.08501 | 0.17002 |

续表

黏度（mm²/s）

| Q(m³/h) | V(m/s) | 20.00 | 25.00 | 30.00 | 40.00 | 50.00 | 60.00 | 70.00 | 80.00 | 90.00 | 100.0 | 125.0 | 150.0 | 200.0 | 300.0 | 400.0 | 500.0 | 1000.0 |
|---|---|---|---|---|---|---|---|---|---|---|---|---|---|---|---|---|---|---|
| 270.0 | 2.272 | 0.03291 | 0.03480 | 0.03642 | 0.03914 | 0.04138 | 0.04331 | 0.04502 | 0.04654 | 0.04794 | 0.04922 | 0.05204 | 0.05447 | 0.02960 | 0.05297 | 0.07062 | 0.08828 | 0.17655 |
| 280.0 | 2.356 | 0.03507 | 0.03709 | 0.03882 | 0.04171 | 0.04410 | 0.04616 | 0.04797 | 0.04960 | 0.05109 | 0.05245 | 0.05546 | 0.05804 | 0.03154 | 0.05493 | 0.07324 | 0.09155 | 0.18309 |
| 290.0 | 2.441 | 0.03730 | 0.03944 | 0.04128 | 0.04435 | 0.04690 | 0.04908 | 0.05101 | 0.05274 | 0.05432 | 0.05577 | 0.05897 | 0.06172 | 0.03354 | 0.05689 | 0.07585 | 0.09482 | 0.18963 |
| 300.0 | 2.525 | 0.03958 | 0.04185 | 0.04380 | 0.04706 | 0.04976 | 0.05208 | 0.05413 | 0.05597 | 0.05764 | 0.05918 | 0.06257 | 0.06549 | 0.03559 | 0.05885 | 0.07847 | 0.09809 | 0.19617 |
| 310.0 | 2.609 | 0.04191 | 0.04432 | 0.04638 | 0.04984 | 0.05270 | 0.05516 | 0.05733 | 0.05927 | 0.06105 | 0.06267 | 0.06627 | 0.06936 | 0.03769 | 0.06081 | 0.08108 | 0.10136 | 0.20271 |
| 320.0 | 2.693 | 0.04431 | 0.04685 | 0.04903 | 0.05269 | 0.05571 | 0.05831 | 0.06060 | 0.06266 | 0.06453 | 0.06626 | 0.07006 | 0.07332 | 0.03984 | 0.06277 | 0.08370 | 0.10462 | 0.20925 |
| 330.0 | 2.777 | 0.04676 | 0.04944 | 0.05175 | 0.05561 | 0.05880 | 0.06154 | 0.06396 | 0.06613 | 0.06810 | 0.06992 | 0.07393 | 0.07738 | 0.04205 | 0.06474 | 0.08632 | 0.10789 | 0.21579 |
| 340.0 | 2.861 | 0.04927 | 0.05209 | 0.05452 | 0.05859 | 0.06195 | 0.06484 | 0.06739 | 0.06967 | 0.07176 | 0.07367 | 0.07790 | 0.08153 | 0.04430 | 0.06670 | 0.08893 | 0.11116 | 0.22233 |
| 350.0 | 2.946 | 0.05183 | 0.05480 | 0.05736 | 0.06164 | 0.06517 | 0.06821 | 0.07089 | 0.07330 | 0.07549 | 0.07751 | 0.08195 | 0.08577 | 0.09217 | 0.05158 | 0.09155 | 0.11443 | 0.22887 |

## φ273×8 输油管水力坡降值（米液柱/米管长）

黏度（mm²/s）

| Q(m³/h) | V(m/s) | 0.50 | 0.75 | 1.00 | 1.25 | 1.50 | 1.75 | 2.00 | 2.50 | 3.00 | 4.00 | 5.00 | 6.00 | 7.00 | 8.00 | 9.00 | 10.00 | 15.00 |
|---|---|---|---|---|---|---|---|---|---|---|---|---|---|---|---|---|---|---|
| 60.0 | 0.321 | 0.00040 | 0.00036 | 0.00038 | 0.00040 | 0.00042 | 0.00044 | 0.00045 | 0.00048 | 0.00050 | 0.00054 | 0.00057 | 0.00060 | 0.00062 | 0.00064 | 0.00066 | 0.00068 | 0.00075 |
| 80.0 | 0.428 | 0.00069 | 0.00071 | 0.00063 | 0.00067 | 0.00070 | 0.00073 | 0.00075 | 0.00080 | 0.00083 | 0.00089 | 0.00095 | 0.00099 | 0.00103 | 0.00106 | 0.00110 | 0.00113 | 0.00125 |
| 100.0 | 0.535 | 0.00106 | 0.00109 | 0.00112 | 0.00099 | 0.00103 | 0.00108 | 0.00111 | 0.00118 | 0.00123 | 0.00132 | 0.00140 | 0.00146 | 0.00152 | 0.00157 | 0.00162 | 0.00166 | 0.00184 |
| 120.0 | 0.643 | 0.00151 | 0.00155 | 0.00159 | 0.00136 | 0.00142 | 0.00148 | 0.00153 | 0.00162 | 0.00169 | 0.00182 | 0.00192 | 0.00201 | 0.00209 | 0.00216 | 0.00223 | 0.00229 | 0.00253 |
| 140.0 | 0.750 | 0.00204 | 0.00209 | 0.00213 | 0.00217 | 0.00186 | 0.00194 | 0.00200 | 0.00212 | 0.00222 | 0.00238 | 0.00252 | 0.00264 | 0.00274 | 0.00283 | 0.00292 | 0.00300 | 0.00332 |
| 160.0 | 0.857 | 0.00265 | 0.00270 | 0.00276 | 0.00280 | 0.00285 | 0.00245 | 0.00253 | 0.00268 | 0.00280 | 0.00301 | 0.00318 | 0.00333 | 0.00346 | 0.00358 | 0.00369 | 0.00379 | 0.00419 |
| 180.0 | 0.964 | 0.00334 | 0.00340 | 0.00346 | 0.00351 | 0.00357 | 0.00362 | 0.00311 | 0.00329 | 0.00344 | 0.00370 | 0.00391 | 0.00409 | 0.00425 | 0.00440 | 0.00453 | 0.00465 | 0.00515 |
| 200.0 | 1.071 | 0.00410 | 0.00417 | 0.00424 | 0.00430 | 0.00437 | 0.00442 | 0.00448 | 0.00396 | 0.00414 | 0.00445 | 0.00470 | 0.00492 | 0.00512 | 0.00529 | 0.00545 | 0.00559 | 0.00619 |
| 220.0 | 1.178 | 0.00495 | 0.00503 | 0.00510 | 0.00517 | 0.00524 | 0.00531 | 0.00537 | 0.00467 | 0.00489 | 0.00526 | 0.00556 | 0.00582 | 0.00604 | 0.00625 | 0.00644 | 0.00661 | 0.00731 |
| 240.0 | 1.285 | 0.00587 | 0.00596 | 0.00604 | 0.00612 | 0.00620 | 0.00627 | 0.00634 | 0.00544 | 0.00570 | 0.00612 | 0.00647 | 0.00677 | 0.00704 | 0.00728 | 0.00750 | 0.00770 | 0.00852 |

续表

黏度（mm²/s）

| Q (m³/h) | V (m/s) | 0.50 | 0.75 | 1.00 | 1.25 | 1.50 | 1.75 | 2.00 | 2.50 | 3.00 | 4.00 | 5.00 | 6.00 | 7.00 | 8.00 | 9.00 | 10.00 | 15.00 |
|---|---|---|---|---|---|---|---|---|---|---|---|---|---|---|---|---|---|---|
| 260.0 | 1.392 | 0.00687 | 0.00697 | 0.00706 | 0.00715 | 0.00723 | 0.00732 | 0.00739 | 0.00754 | 0.00655 | 0.00704 | 0.00744 | 0.00779 | 0.00810 | 0.00837 | 0.00862 | 0.00885 | 0.00980 |
| 280.0 | 1.499 | 0.00796 | 0.00806 | 0.00816 | 0.00826 | 0.00835 | 0.00844 | 0.00852 | 0.00869 | 0.00746 | 0.00801 | 0.00847 | 0.00887 | 0.00922 | 0.00953 | 0.00982 | 0.01008 | 0.01115 |
| 300.0 | 1.606 | 0.00912 | 0.00923 | 0.00934 | 0.00944 | 0.00954 | 0.00964 | 0.00973 | 0.00991 | 0.01008 | 0.00904 | 0.00956 | 0.01001 | 0.01040 | 0.01075 | 0.01108 | 0.01137 | 0.01258 |
| 320.0 | 1.714 | 0.01036 | 0.01048 | 0.01059 | 0.01070 | 0.01081 | 0.01092 | 0.01102 | 0.01122 | 0.01140 | 0.01012 | 0.01071 | 0.01120 | 0.01165 | 0.01204 | 0.01240 | 0.01273 | 0.01409 |
| 340.0 | 1.821 | 0.01168 | 0.01180 | 0.01193 | 0.01205 | 0.01216 | 0.01228 | 0.01239 | 0.01260 | 0.01280 | 0.01126 | 0.01190 | 0.01246 | 0.01295 | 0.01339 | 0.01379 | 0.01416 | 0.01567 |
| 360.0 | 1.928 | 0.01307 | 0.01321 | 0.01334 | 0.01347 | 0.01359 | 0.01372 | 0.01383 | 0.01406 | 0.01427 | 0.01244 | 0.01316 | 0.01377 | 0.01431 | 0.01480 | 0.01524 | 0.01565 | 0.01731 |
| 380.0 | 2.035 | 0.01455 | 0.01469 | 0.01483 | 0.01497 | 0.01510 | 0.01523 | 0.01536 | 0.01560 | 0.01583 | 0.01368 | 0.01446 | 0.01514 | 0.01573 | 0.01626 | 0.01675 | 0.01720 | 0.01903 |
| 400.0 | 2.142 | 0.01610 | 0.01626 | 0.01641 | 0.01655 | 0.01669 | 0.01683 | 0.01696 | 0.01722 | 0.01746 | 0.01793 | 0.01582 | 0.01656 | 0.01721 | 0.01779 | 0.01832 | 0.01881 | 0.02082 |
| 420.0 | 2.249 | 0.01774 | 0.01790 | 0.01806 | 0.01821 | 0.01836 | 0.01850 | 0.01864 | 0.01892 | 0.01918 | 0.01967 | 0.01723 | 0.01803 | 0.01874 | 0.01938 | 0.01996 | 0.02049 | 0.02268 |
| 440.0 | 2.356 | 0.01945 | 0.01962 | 0.01979 | 0.01995 | 0.02010 | 0.02026 | 0.02041 | 0.02070 | 0.02097 | 0.02149 | 0.01869 | 0.01956 | 0.02033 | 0.02102 | 0.02165 | 0.02223 | 0.02460 |
| 460.0 | 2.463 | 0.02124 | 0.02142 | 0.02160 | 0.02177 | 0.02193 | 0.02209 | 0.02225 | 0.02255 | 0.02284 | 0.02339 | 0.02020 | 0.02115 | 0.02198 | 0.02272 | 0.02340 | 0.02403 | 0.02659 |
| 480.0 | 2.570 | 0.02312 | 0.02330 | 0.02348 | 0.02366 | 0.02383 | 0.02400 | 0.02417 | 0.02449 | 0.02480 | 0.02538 | 0.02177 | 0.02278 | 0.02368 | 0.02448 | 0.02521 | 0.02588 | 0.02865 |
| 500.0 | 2.677 | 0.02507 | 0.02526 | 0.02545 | 0.02564 | 0.02582 | 0.02599 | 0.02617 | 0.02650 | 0.02683 | 0.02744 | 0.02801 | 0.02447 | 0.02543 | 0.02629 | 0.02708 | 0.02780 | 0.03077 |
| 520.0 | 2.784 | 0.02709 | 0.02730 | 0.02750 | 0.02769 | 0.02788 | 0.02806 | 0.02825 | 0.02860 | 0.02894 | 0.02958 | 0.03018 | 0.02621 | 0.02724 | 0.02816 | 0.02900 | 0.02978 | 0.03295 |
| 540.0 | 2.892 | 0.02920 | 0.02941 | 0.02962 | 0.02982 | 0.03002 | 0.03021 | 0.03040 | 0.03077 | 0.03112 | 0.03180 | 0.03243 | 0.02800 | 0.02910 | 0.03008 | 0.03098 | 0.03181 | 0.03520 |
| 560.0 | 2.999 | 0.03139 | 0.03161 | 0.03182 | 0.03203 | 0.03224 | 0.03244 | 0.03264 | 0.03302 | 0.03339 | 0.03409 | 0.03475 | 0.02984 | 0.03101 | 0.03206 | 0.03302 | 0.03390 | 0.03752 |

黏度（mm²/s）

| Q (m³/h) | V (m/s) | 20.00 | 25.00 | 30.00 | 40.00 | 50.00 | 60.00 | 70.00 | 80.00 | 90.00 | 100.00 | 125.0 | 150.0 | 200.0 | 300.0 | 400.0 | 500.0 | 1000.0 |
|---|---|---|---|---|---|---|---|---|---|---|---|---|---|---|---|---|---|---|
| 60.0 | 0.321 | 0.00081 | 0.00086 | 0.00045 | 0.00049 | 0.00079 | 0.00095 | 0.00111 | 0.00127 | 0.00143 | 0.00159 | 0.00199 | 0.00238 | 0.00318 | 0.00477 | 0.00635 | 0.00794 | 0.01588 |
| 80.0 | 0.428 | 0.00134 | 0.00141 | 0.00148 | 0.00080 | 0.00085 | 0.00127 | 0.00148 | 0.00169 | 0.00191 | 0.00212 | 0.00265 | 0.00318 | 0.00424 | 0.00635 | 0.00847 | 0.01059 | 0.02118 |
| 100.0 | 0.535 | 0.00198 | 0.00209 | 0.00219 | 0.00235 | 0.00126 | 0.00132 | 0.00185 | 0.00212 | 0.00238 | 0.00265 | 0.00331 | 0.00397 | 0.00529 | 0.00794 | 0.01059 | 0.01324 | 0.02647 |
| 120.0 | 0.643 | 0.00272 | 0.00288 | 0.00301 | 0.00324 | 0.00342 | 0.00181 | 0.00188 | 0.00195 | 0.00286 | 0.00318 | 0.00397 | 0.00477 | 0.00635 | 0.00953 | 0.01271 | 0.01588 | 0.03177 |

续表

| Q (m³/h) | V (m/s) | 粘度 (mm²/s) | | | | | | | | | | | | | | | | |
|---|---|---|---|---|---|---|---|---|---|---|---|---|---|---|---|---|---|---|
| | | 20.00 | 25.00 | 30.00 | 40.00 | 50.00 | 60.00 | 70.00 | 80.00 | 90.00 | 100.0 | 125.0 | 150.0 | 200.0 | 300.0 | 400.0 | 500.0 | 1000.0 |
| 140.0 | 0.750 | 0.00356 | 0.00377 | 0.00394 | 0.00424 | 0.00448 | 0.00469 | 0.00246 | 0.00255 | 0.00262 | 0.00371 | 0.00463 | 0.00556 | 0.00741 | 0.01112 | 0.01482 | 0.01853 | 0.03706 |
| 160.0 | 0.857 | 0.00450 | 0.00476 | 0.00498 | 0.00535 | 0.00566 | 0.00592 | 0.00616 | 0.00322 | 0.00332 | 0.00340 | 0.00529 | 0.00635 | 0.00847 | 0.01271 | 0.01694 | 0.02118 | 0.04236 |
| 180.0 | 0.964 | 0.00553 | 0.00585 | 0.00612 | 0.00658 | 0.00696 | 0.00728 | 0.00757 | 0.00782 | 0.00407 | 0.00418 | 0.00596 | 0.00715 | 0.00953 | 0.01430 | 0.01906 | 0.02383 | 0.04765 |
| 200.0 | 1.071 | 0.00665 | 0.00703 | 0.00736 | 0.00791 | 0.00836 | 0.00875 | 0.00910 | 0.00941 | 0.00969 | 0.00503 | 0.00532 | 0.00794 | 0.01059 | 0.01588 | 0.02118 | 0.02647 | 0.05295 |
| 220.0 | 1.178 | 0.00786 | 0.00831 | 0.00870 | 0.00935 | 0.00988 | 0.01034 | 0.01075 | 0.01111 | 0.01145 | 0.01175 | 0.00628 | 0.00658 | 0.01165 | 0.01747 | 0.02330 | 0.02912 | 0.05824 |
| 240.0 | 1.285 | 0.00915 | 0.00968 | 0.01013 | 0.01088 | 0.01151 | 0.01204 | 0.01252 | 0.01294 | 0.01333 | 0.01368 | 0.00732 | 0.00766 | 0.01271 | 0.01906 | 0.02541 | 0.03177 | 0.06353 |
| 260.0 | 1.392 | 0.01053 | 0.01113 | 0.01165 | 0.01252 | 0.01324 | 0.01385 | 0.01440 | 0.01489 | 0.01533 | 0.01574 | 0.00842 | 0.00881 | 0.01377 | 0.02065 | 0.02753 | 0.03441 | 0.06883 |
| 280.0 | 1.499 | 0.01199 | 0.01267 | 0.01326 | 0.01425 | 0.01507 | 0.01577 | 0.01639 | 0.01695 | 0.01746 | 0.01792 | 0.01895 | 0.01003 | 0.01482 | 0.02224 | 0.02965 | 0.03706 | 0.07412 |
| 300.0 | 1.606 | 0.01352 | 0.01430 | 0.01497 | 0.01608 | 0.01700 | 0.01780 | 0.01850 | 0.01912 | 0.01970 | 0.02022 | 0.02138 | 0.01132 | 0.01216 | 0.02383 | 0.03177 | 0.03971 | 0.07942 |
| 320.0 | 1.714 | 0.01514 | 0.01601 | 0.01676 | 0.01800 | 0.01904 | 0.01993 | 0.02071 | 0.02141 | 0.02205 | 0.02264 | 0.02394 | 0.01267 | 0.01361 | 0.02541 | 0.03389 | 0.04236 | 0.08471 |
| 340.0 | 1.821 | 0.01683 | 0.01780 | 0.01863 | 0.02002 | 0.02117 | 0.02216 | 0.02303 | 0.02381 | 0.02452 | 0.02517 | 0.02662 | 0.02786 | 0.01514 | 0.02700 | 0.03600 | 0.04500 | 0.09001 |
| 360.0 | 1.928 | 0.01861 | 0.01967 | 0.02059 | 0.02213 | 0.02340 | 0.02449 | 0.02545 | 0.02631 | 0.02710 | 0.02782 | 0.02942 | 0.03079 | 0.01673 | 0.02859 | 0.03812 | 0.04765 | 0.09530 |
| 380.0 | 2.035 | 0.02045 | 0.02163 | 0.02263 | 0.02432 | 0.02572 | 0.02692 | 0.02797 | 0.02892 | 0.02979 | 0.03058 | 0.03234 | 0.03385 | 0.01839 | 0.03018 | 0.04024 | 0.05030 | 0.10060 |
| 400.0 | 2.142 | 0.02237 | 0.02366 | 0.02476 | 0.02661 | 0.02813 | 0.02944 | 0.03060 | 0.03164 | 0.03259 | 0.03346 | 0.03537 | 0.03702 | 0.02012 | 0.03177 | 0.04236 | 0.05295 | 0.10589 |
| 420.0 | 2.249 | 0.02437 | 0.02577 | 0.02697 | 0.02898 | 0.03064 | 0.03207 | 0.03333 | 0.03446 | 0.03549 | 0.03644 | 0.03853 | 0.04032 | 0.02191 | 0.03336 | 0.04447 | 0.05559 | 0.11119 |
| 440.0 | 2.356 | 0.02643 | 0.02795 | 0.02925 | 0.03144 | 0.03324 | 0.03479 | 0.03616 | 0.03738 | 0.03850 | 0.03953 | 0.04180 | 0.04374 | 0.04701 | 0.02631 | 0.04659 | 0.05824 | 0.11648 |
| 460.0 | 2.463 | 0.02857 | 0.03021 | 0.03162 | 0.03398 | 0.03593 | 0.03760 | 0.03908 | 0.04041 | 0.04161 | 0.04273 | 0.04518 | 0.04728 | 0.05081 | 0.02843 | 0.04871 | 0.06089 | 0.12177 |
| 480.0 | 2.570 | 0.03078 | 0.03255 | 0.03407 | 0.03661 | 0.03871 | 0.04051 | 0.04210 | 0.04353 | 0.04483 | 0.04603 | 0.04867 | 0.05094 | 0.05474 | 0.03063 | 0.05083 | 0.06353 | 0.12707 |
| 500.0 | 2.677 | 0.03306 | 0.03496 | 0.03659 | 0.03932 | 0.04157 | 0.04351 | 0.04522 | 0.04676 | 0.04815 | 0.04944 | 0.05227 | 0.05471 | 0.05879 | 0.03290 | 0.05295 | 0.06618 | 0.13236 |
| 520.0 | 2.784 | 0.03541 | 0.03744 | 0.03919 | 0.04211 | 0.04453 | 0.04660 | 0.04843 | 0.05008 | 0.05157 | 0.05295 | 0.05599 | 0.05860 | 0.06297 | 0.03524 | 0.05506 | 0.06883 | 0.13766 |
| 540.0 | 2.892 | 0.03783 | 0.04000 | 0.04186 | 0.04498 | 0.04757 | 0.04978 | 0.05174 | 0.05350 | 0.05509 | 0.05657 | 0.05981 | 0.06260 | 0.06727 | 0.03765 | 0.05718 | 0.07148 | 0.14295 |
| 560.0 | 2.999 | 0.04031 | 0.04263 | 0.04461 | 0.04794 | 0.05069 | 0.05306 | 0.05514 | 0.05701 | 0.05872 | 0.06028 | 0.06374 | 0.06671 | 0.07169 | 0.04012 | 0.05930 | 0.07412 | 0.14825 |

## φ325×9 输油管水力坡降值（米液柱/米管长）

| Q (m³/h) | V (m/s) | 黏度（mm²/s） | | | | | | | | | | | | | | | | |
|---|---|---|---|---|---|---|---|---|---|---|---|---|---|---|---|---|---|---|
| | | 0.50 | 0.75 | 1.00 | 1.25 | 1.50 | 1.75 | 2.00 | 2.50 | 3.00 | 4.00 | 5.00 | 6.00 | 7.00 | 8.00 | 9.00 | 10.00 | 15.00 |
| 100.0 | 0.375 | 0.00043 | 0.00037 | 0.00040 | 0.00042 | 0.00044 | 0.00046 | 0.00048 | 0.00051 | 0.00053 | 0.00057 | 0.00060 | 0.00063 | 0.00065 | 0.00068 | 0.00070 | 0.00071 | 0.00079 |
| 125.0 | 0.469 | 0.00066 | 0.00068 | 0.00059 | 0.00063 | 0.00066 | 0.00068 | 0.00071 | 0.00075 | 0.00078 | 0.00084 | 0.00089 | 0.00093 | 0.00097 | 0.00100 | 0.00103 | 0.00106 | 0.00117 |
| 150.0 | 0.563 | 0.00094 | 0.00097 | 0.00099 | 0.00086 | 0.00090 | 0.00094 | 0.00097 | 0.00103 | 0.00108 | 0.00116 | 0.00122 | 0.00128 | 0.00133 | 0.00137 | 0.00142 | 0.00145 | 0.00161 |
| 175.0 | 0.657 | 0.00127 | 0.00130 | 0.00133 | 0.00113 | 0.00118 | 0.00123 | 0.00127 | 0.00135 | 0.00141 | 0.00151 | 0.00160 | 0.00167 | 0.00174 | 0.00180 | 0.00185 | 0.00190 | 0.00211 |
| 200.0 | 0.751 | 0.00164 | 0.00168 | 0.00172 | 0.00175 | 0.00150 | 0.00155 | 0.00161 | 0.00170 | 0.00178 | 0.00191 | 0.00202 | 0.00212 | 0.00220 | 0.00227 | 0.00234 | 0.00240 | 0.00266 |
| 225.0 | 0.844 | 0.00207 | 0.00211 | 0.00215 | 0.00219 | 0.00223 | 0.00191 | 0.00198 | 0.00209 | 0.00219 | 0.00235 | 0.00248 | 0.00260 | 0.00270 | 0.00279 | 0.00288 | 0.00295 | 0.00327 |
| 250.0 | 0.938 | 0.00254 | 0.00259 | 0.00264 | 0.00268 | 0.00272 | 0.00276 | 0.00238 | 0.00251 | 0.00263 | 0.00283 | 0.00299 | 0.00313 | 0.00325 | 0.00336 | 0.00346 | 0.00355 | 0.00393 |
| 275.0 | 1.032 | 0.00307 | 0.00312 | 0.00317 | 0.00322 | 0.00327 | 0.00331 | 0.00281 | 0.00297 | 0.00311 | 0.00334 | 0.00353 | 0.00369 | 0.00384 | 0.00397 | 0.00409 | 0.00420 | 0.00465 |
| 300.0 | 1.126 | 0.00364 | 0.00370 | 0.00376 | 0.00381 | 0.00386 | 0.00391 | 0.00396 | 0.00346 | 0.00362 | 0.00389 | 0.00411 | 0.00430 | 0.00447 | 0.00462 | 0.00476 | 0.00489 | 0.00541 |
| 325.0 | 1.220 | 0.00426 | 0.00432 | 0.00439 | 0.00445 | 0.00450 | 0.00456 | 0.00461 | 0.00398 | 0.00416 | 0.00447 | 0.00473 | 0.00495 | 0.00514 | 0.00532 | 0.00548 | 0.00562 | 0.00622 |
| 350.0 | 1.313 | 0.00493 | 0.00500 | 0.00507 | 0.00513 | 0.00520 | 0.00526 | 0.00532 | 0.00453 | 0.00474 | 0.00509 | 0.00538 | 0.00563 | 0.00586 | 0.00605 | 0.00623 | 0.00640 | 0.00708 |
| 375.0 | 1.407 | 0.00565 | 0.00572 | 0.00580 | 0.00587 | 0.00594 | 0.00600 | 0.00607 | 0.00619 | 0.00535 | 0.00574 | 0.00607 | 0.00636 | 0.00661 | 0.00683 | 0.00703 | 0.00722 | 0.00799 |
| 400.0 | 1.501 | 0.00641 | 0.00650 | 0.00657 | 0.00665 | 0.00673 | 0.00680 | 0.00687 | 0.00700 | 0.00598 | 0.00643 | 0.00680 | 0.00712 | 0.00740 | 0.00765 | 0.00788 | 0.00809 | 0.00895 |
| 425.0 | 1.595 | 0.00723 | 0.00732 | 0.00740 | 0.00748 | 0.00756 | 0.00764 | 0.00771 | 0.00786 | 0.00665 | 0.00715 | 0.00756 | 0.00791 | 0.00822 | 0.00850 | 0.00876 | 0.00899 | 0.00995 |
| 450.0 | 1.689 | 0.00809 | 0.00819 | 0.00828 | 0.00837 | 0.00845 | 0.00853 | 0.00861 | 0.00877 | 0.00891 | 0.00790 | 0.00836 | 0.00875 | 0.00909 | 0.00940 | 0.00968 | 0.00994 | 0.01100 |
| 475.0 | 1.782 | 0.00900 | 0.00910 | 0.00920 | 0.00929 | 0.00939 | 0.00947 | 0.00956 | 0.00972 | 0.00988 | 0.00869 | 0.00919 | 0.00961 | 0.00999 | 0.01033 | 0.01064 | 0.01092 | 0.01209 |
| 500.0 | 1.876 | 0.00996 | 0.01007 | 0.01017 | 0.01027 | 0.01037 | 0.01046 | 0.01055 | 0.01073 | 0.01089 | 0.00950 | 0.01005 | 0.01052 | 0.01093 | 0.01130 | 0.01164 | 0.01195 | 0.01322 |
| 525.0 | 1.970 | 0.01097 | 0.01109 | 0.01120 | 0.01130 | 0.01140 | 0.01150 | 0.01160 | 0.01178 | 0.01196 | 0.01035 | 0.01094 | 0.01145 | 0.01190 | 0.01231 | 0.01268 | 0.01301 | 0.01440 |
| 550.0 | 2.064 | 0.01203 | 0.01215 | 0.01227 | 0.01238 | 0.01248 | 0.01259 | 0.01269 | 0.01289 | 0.01307 | 0.01123 | 0.01187 | 0.01243 | 0.01291 | 0.01335 | 0.01375 | 0.01412 | 0.01562 |
| 575.0 | 2.158 | 0.01314 | 0.01326 | 0.01338 | 0.01350 | 0.01361 | 0.01372 | 0.01383 | 0.01404 | 0.01424 | 0.01461 | 0.01283 | 0.01343 | 0.01396 | 0.01443 | 0.01486 | 0.01526 | 0.01689 |
| 600.0 | 2.252 | 0.01430 | 0.01443 | 0.01455 | 0.01467 | 0.01479 | 0.01491 | 0.01502 | 0.01524 | 0.01545 | 0.01584 | 0.01382 | 0.01447 | 0.01504 | 0.01555 | 0.01601 | 0.01644 | 0.01819 |
| 625.0 | 2.345 | 0.01550 | 0.01564 | 0.01577 | 0.01590 | 0.01602 | 0.01614 | 0.01626 | 0.01649 | 0.01671 | 0.01712 | 0.01485 | 0.01554 | 0.01615 | 0.01670 | 0.01720 | 0.01766 | 0.01954 |

续表

黏度(mm²/s)

| Q (m³/h) | V (m/s) | 0.50 | 0.75 | 1.00 | 1.25 | 1.50 | 1.75 | 2.00 | 2.50 | 3.00 | 4.00 | 5.00 | 6.00 | 7.00 | 8.00 | 9.00 | 10.00 | 15.00 |
|---|---|---|---|---|---|---|---|---|---|---|---|---|---|---|---|---|---|---|
| 650.0 | 2.439 | 0.01675 | 0.01690 | 0.01703 | 0.01717 | 0.01730 | 0.01743 | 0.01755 | 0.01779 | 0.01802 | 0.01845 | 0.01590 | 0.01664 | 0.01730 | 0.01789 | 0.01842 | 0.01891 | 0.02093 |
| 675.0 | 2.533 | 0.01806 | 0.01820 | 0.01835 | 0.01849 | 0.01862 | 0.01876 | 0.01889 | 0.01914 | 0.01938 | 0.01983 | 0.01699 | 0.01778 | 0.01848 | 0.01911 | 0.01968 | 0.02020 | 0.02236 |
| 700.0 | 2.627 | 0.01941 | 0.01956 | 0.01971 | 0.01986 | 0.02000 | 0.02014 | 0.02027 | 0.02053 | 0.02079 | 0.02126 | 0.01811 | 0.01895 | 0.01969 | 0.02036 | 0.02097 | 0.02153 | 0.02383 |
| 725.0 | 2.721 | 0.02081 | 0.02097 | 0.02112 | 0.02127 | 0.02142 | 0.02156 | 0.02171 | 0.02198 | 0.02224 | 0.02274 | 0.02320 | 0.02015 | 0.02094 | 0.02165 | 0.02230 | 0.02289 | 0.02534 |
| 750.0 | 2.814 | 0.02226 | 0.02242 | 0.02258 | 0.02274 | 0.02289 | 0.02304 | 0.02319 | 0.02347 | 0.02375 | 0.02426 | 0.02475 | 0.02138 | 0.02222 | 0.02298 | 0.02366 | 0.02429 | 0.02689 |
| 775.0 | 2.908 | 0.02375 | 0.02392 | 0.02409 | 0.02425 | 0.02441 | 0.02457 | 0.02472 | 0.02502 | 0.02530 | 0.02584 | 0.02635 | 0.02264 | 0.02353 | 0.02433 | 0.02506 | 0.02573 | 0.02847 |

黏度(mm²/s)

| Q (m³/h) | V (m/s) | 20.00 | 25.00 | 30.00 | 40.00 | 50.00 | 60.00 | 70.00 | 80.00 | 90.00 | 100.00 | 125.0 | 150.0 | 200.0 | 300.0 | 400.0 | 500.0 | 1000.0 |
|---|---|---|---|---|---|---|---|---|---|---|---|---|---|---|---|---|---|---|
| 100.0 | 0.375 | 0.00085 | 0.00090 | 0.00094 | 0.00051 | 0.00054 | 0.00078 | 0.00091 | 0.00104 | 0.00117 | 0.00130 | 0.00163 | 0.00195 | 0.00260 | 0.00390 | 0.00520 | 0.00650 | 0.01300 |
| 125.0 | 0.469 | 0.00126 | 0.00133 | 0.00139 | 0.00149 | 0.00080 | 0.00084 | 0.00087 | 0.00130 | 0.00146 | 0.00163 | 0.00203 | 0.00244 | 0.00325 | 0.00488 | 0.00650 | 0.00813 | 0.01625 |
| 150.0 | 0.563 | 0.00173 | 0.00183 | 0.00191 | 0.00205 | 0.00217 | 0.00115 | 0.00120 | 0.00124 | 0.00176 | 0.00195 | 0.00244 | 0.00293 | 0.00390 | 0.00585 | 0.00780 | 0.00975 | 0.01950 |
| 175.0 | 0.657 | 0.00226 | 0.00239 | 0.00250 | 0.00269 | 0.00285 | 0.00298 | 0.00157 | 0.00162 | 0.00167 | 0.00171 | 0.00284 | 0.00341 | 0.00455 | 0.00683 | 0.00910 | 0.01138 | 0.02275 |
| 200.0 | 0.751 | 0.00286 | 0.00302 | 0.00316 | 0.00340 | 0.00359 | 0.00376 | 0.00391 | 0.00204 | 0.00211 | 0.00216 | 0.00325 | 0.00390 | 0.00520 | 0.00780 | 0.01040 | 0.01300 | 0.02600 |
| 225.0 | 0.844 | 0.00351 | 0.00371 | 0.00389 | 0.00418 | 0.00442 | 0.00462 | 0.00481 | 0.00497 | 0.00259 | 0.00266 | 0.00281 | 0.00439 | 0.00585 | 0.00878 | 0.01170 | 0.01463 | 0.02925 |
| 250.0 | 0.938 | 0.00422 | 0.00447 | 0.00468 | 0.00502 | 0.00531 | 0.00556 | 0.00578 | 0.00597 | 0.00615 | 0.00319 | 0.00338 | 0.00488 | 0.00650 | 0.00975 | 0.01300 | 0.01625 | 0.03250 |
| 275.0 | 1.032 | 0.00499 | 0.00528 | 0.00552 | 0.00594 | 0.00628 | 0.00657 | 0.00683 | 0.00706 | 0.00727 | 0.00746 | 0.00399 | 0.00418 | 0.00715 | 0.01073 | 0.01430 | 0.01788 | 0.03575 |
| 300.0 | 1.126 | 0.00581 | 0.00615 | 0.00643 | 0.00691 | 0.00731 | 0.00765 | 0.00795 | 0.00822 | 0.00847 | 0.00869 | 0.00974 | 0.00486 | 0.00780 | 0.01170 | 0.01560 | 0.01950 | 0.03900 |
| 325.0 | 1.220 | 0.00669 | 0.00707 | 0.00740 | 0.00795 | 0.00841 | 0.00880 | 0.00915 | 0.00946 | 0.00974 | 0.01000 | 0.01109 | 0.01204 | 0.00845 | 0.01268 | 0.01690 | 0.02113 | 0.04225 |
| 350.0 | 1.313 | 0.00761 | 0.00805 | 0.00842 | 0.00905 | 0.00957 | 0.01002 | 0.01041 | 0.01077 | 0.01109 | 0.01138 | 0.01215 | 0.01284 | 0.00685 | 0.01365 | 0.01820 | 0.02275 | 0.04550 |
| 375.0 | 1.407 | 0.00859 | 0.00908 | 0.00951 | 0.01021 | 0.01080 | 0.01130 | 0.01175 | 0.01215 | 0.01251 | 0.01284 | 0.01358 | 0.01438 | 0.00719 | 0.01463 | 0.01950 | 0.02438 | 0.04875 |
| 400.0 | 1.501 | 0.00962 | 0.01017 | 0.01064 | 0.01144 | 0.01209 | 0.01266 | 0.01315 | 0.01360 | 0.01401 | 0.01438 | 0.01520 | 0.01591 | 0.00865 | 0.01560 | 0.02080 | 0.02600 | 0.05200 |
| 425.0 | 1.595 | 0.01069 | 0.01131 | 0.01183 | 0.01272 | 0.01344 | 0.01407 | 0.01462 | 0.01512 | 0.01557 | 0.01599 | 0.01691 | 0.01769 | 0.00962 | 0.01658 | 0.02210 | 0.02763 | 0.05525 |

续表

| $Q$ (m³/h) | $V$ (m/s) | 黏度（mm²/s） | | | | | | | | | | | | | | | | |
|---|---|---|---|---|---|---|---|---|---|---|---|---|---|---|---|---|---|---|
| | | 20.00 | 25.00 | 30.00 | 40.00 | 50.00 | 60.00 | 70.00 | 80.00 | 90.00 | 100.0 | 125.0 | 150.0 | 200.0 | 300.0 | 400.0 | 500.0 | 1000.0 |
| 450.0 | 1.689 | 0.01182 | 0.01250 | 0.01308 | 0.01405 | 0.01486 | 0.01555 | 0.01616 | 0.01671 | 0.01721 | 0.01767 | 0.01868 | 0.01956 | 0.01063 | 0.01755 | 0.02340 | 0.02925 | 0.05850 |
| 475.0 | 1.782 | 0.01299 | 0.01374 | 0.01438 | 0.01545 | 0.01633 | 0.01710 | 0.01777 | 0.01837 | 0.01892 | 0.01942 | 0.02054 | 0.02150 | 0.01168 | 0.01853 | 0.02470 | 0.03088 | 0.06175 |
| 500.0 | 1.876 | 0.01421 | 0.01503 | 0.01573 | 0.01690 | 0.01787 | 0.01870 | 0.01944 | 0.02010 | 0.02070 | 0.02125 | 0.02247 | 0.02352 | 0.01278 | 0.01950 | 0.02600 | 0.03250 | 0.06501 |
| 525.0 | 1.970 | 0.01548 | 0.01636 | 0.01713 | 0.01840 | 0.01946 | 0.02037 | 0.02117 | 0.02189 | 0.02254 | 0.02314 | 0.02447 | 0.02561 | 0.02752 | 0.02044 | 0.02730 | 0.03413 | 0.06826 |
| 550.0 | 2.064 | 0.01679 | 0.01775 | 0.01858 | 0.01997 | 0.02111 | 0.02210 | 0.02296 | 0.02374 | 0.02445 | 0.02511 | 0.02655 | 0.02778 | 0.02986 | 0.02145 | 0.02860 | 0.03575 | 0.07151 |
| 575.0 | 2.158 | 0.01815 | 0.01919 | 0.02008 | 0.02158 | 0.02282 | 0.02388 | 0.02482 | 0.02566 | 0.02643 | 0.02714 | 0.02869 | 0.03003 | 0.03227 | 0.02238 | 0.02990 | 0.03738 | 0.07476 |
| 600.0 | 2.252 | 0.01955 | 0.02067 | 0.02164 | 0.02325 | 0.02458 | 0.02573 | 0.02674 | 0.02765 | 0.02847 | 0.02923 | 0.03091 | 0.03235 | 0.03477 | 0.02391 | 0.03120 | 0.03900 | 0.07801 |
| 625.0 | 2.345 | 0.02100 | 0.02220 | 0.02324 | 0.02497 | 0.02640 | 0.02764 | 0.02872 | 0.02970 | 0.03058 | 0.03140 | 0.03320 | 0.03475 | 0.03734 | 0.02548 | 0.03250 | 0.04063 | 0.08126 |
| 650.0 | 2.439 | 0.02249 | 0.02378 | 0.02489 | 0.02675 | 0.02828 | 0.02960 | 0.03076 | 0.03181 | 0.03276 | 0.03363 | 0.03556 | 0.03722 | 0.03999 | 0.02710 | 0.03380 | 0.04225 | 0.08451 |
| 675.0 | 2.533 | 0.02403 | 0.02540 | 0.02659 | 0.02857 | 0.03021 | 0.03162 | 0.03286 | 0.03398 | 0.03499 | 0.03593 | 0.03799 | 0.03976 | 0.04272 | 0.02875 | 0.03510 | 0.04388 | 0.08776 |
| 700.0 | 2.627 | 0.02560 | 0.02707 | 0.02834 | 0.03045 | 0.03220 | 0.03370 | 0.03502 | 0.03621 | 0.03729 | 0.03829 | 0.04048 | 0.04237 | 0.04553 | 0.02738 | 0.03640 | 0.04550 | 0.09101 |
| 725.0 | 2.721 | 0.02723 | 0.02879 | 0.03013 | 0.03238 | 0.03423 | 0.03583 | 0.03724 | 0.03850 | 0.03965 | 0.04071 | 0.04305 | 0.04506 | 0.04842 | 0.02912 | 0.03770 | 0.04713 | 0.09426 |
| 750.0 | 2.814 | 0.02889 | 0.03055 | 0.03197 | 0.03436 | 0.03633 | 0.03802 | 0.03952 | 0.04086 | 0.04208 | 0.04320 | 0.04568 | 0.04781 | 0.05137 | 0.03090 | 0.03900 | 0.04875 | 0.09751 |
| 775.0 | 2.908 | 0.03060 | 0.03235 | 0.03386 | 0.03639 | 0.03847 | 0.04027 | 0.04185 | 0.04327 | 0.04456 | 0.04575 | 0.04838 | 0.05063 | 0.05441 | 0.03272 | 0.04030 | 0.05038 | 0.10076 |

## φ377×10 输油管水力坡降值（米液柱/米管长）

| $Q$ (m³/h) | $V$ (m/s) | 黏度（mm²/s） | | | | | | | | | | | | | | | | |
|---|---|---|---|---|---|---|---|---|---|---|---|---|---|---|---|---|---|---|
| | | 0.50 | 0.75 | 1.00 | 1.25 | 1.50 | 1.75 | 2.00 | 2.50 | 3.00 | 4.00 | 5.00 | 6.00 | 7.00 | 8.00 | 9.00 | 10.00 | 15.00 |
| 125.0 | 0.347 | 0.00031 | 0.00027 | 0.00029 | 0.00031 | 0.00032 | 0.00033 | 0.00034 | 0.00036 | 0.00038 | 0.00041 | 0.00043 | 0.00045 | 0.00047 | 0.00049 | 0.00050 | 0.00052 | 0.00057 |
| 150.0 | 0.416 | 0.00044 | 0.00045 | 0.00040 | 0.00042 | 0.00044 | 0.00046 | 0.00047 | 0.00050 | 0.00053 | 0.00056 | 0.00060 | 0.00062 | 0.00065 | 0.00067 | 0.00069 | 0.00071 | 0.00079 |
| 175.0 | 0.486 | 0.00059 | 0.00060 | 0.00052 | 0.00055 | 0.00058 | 0.00060 | 0.00062 | 0.00066 | 0.00069 | 0.00074 | 0.00078 | 0.00082 | 0.00085 | 0.00088 | 0.00091 | 0.00093 | 0.00103 |
| 200.0 | 0.555 | 0.00076 | 0.00078 | 0.00080 | 0.00070 | 0.00073 | 0.00076 | 0.00079 | 0.00083 | 0.00087 | 0.00093 | 0.00099 | 0.00103 | 0.00107 | 0.00111 | 0.00114 | 0.00117 | 0.00130 |

续表

| Q (m³/h) | V (m/s) | 粘度 (mm²/s) | | | | | | | | | | | | | | | | |
|---|---|---|---|---|---|---|---|---|---|---|---|---|---|---|---|---|---|
| | | 0.50 | 0.75 | 1.00 | 1.25 | 1.50 | 1.75 | 2.00 | 2.50 | 3.00 | 4.00 | 5.00 | 6.00 | 7.00 | 8.00 | 9.00 | 10.00 | 15.00 |
| 225.0 | 0.624 | 0.00095 | 0.00098 | 0.00100 | 0.00086 | 0.00090 | 0.00093 | 0.00096 | 0.00102 | 0.00107 | 0.00115 | 0.00121 | 0.00127 | 0.00132 | 0.00136 | 0.00141 | 0.00144 | 0.00160 |
| 250.0 | 0.694 | 0.00117 | 0.00120 | 0.00123 | 0.00125 | 0.00108 | 0.00112 | 0.00116 | 0.00123 | 0.00128 | 0.00138 | 0.00146 | 0.00153 | 0.00159 | 0.00164 | 0.00169 | 0.00173 | 0.00192 |
| 275.0 | 0.763 | 0.00141 | 0.00144 | 0.00147 | 0.00150 | 0.00128 | 0.00133 | 0.00137 | 0.00145 | 0.00152 | 0.00163 | 0.00172 | 0.00180 | 0.00187 | 0.00194 | 0.00200 | 0.00205 | 0.00227 |
| 300.0 | 0.833 | 0.00167 | 0.00171 | 0.00174 | 0.00177 | 0.00180 | 0.00154 | 0.00160 | 0.00169 | 0.00177 | 0.00190 | 0.00201 | 0.00210 | 0.00218 | 0.00226 | 0.00232 | 0.00239 | 0.00264 |
| 325.0 | 0.902 | 0.00196 | 0.00200 | 0.00203 | 0.00207 | 0.00210 | 0.00178 | 0.00184 | 0.00194 | 0.00203 | 0.00218 | 0.00231 | 0.00242 | 0.00251 | 0.00260 | 0.00267 | 0.00275 | 0.00304 |
| 350.0 | 0.971 | 0.00226 | 0.00231 | 0.00235 | 0.00238 | 0.00242 | 0.00245 | 0.00209 | 0.00221 | 0.00231 | 0.00249 | 0.00263 | 0.00275 | 0.00286 | 0.00296 | 0.00304 | 0.00313 | 0.00346 |
| 375.0 | 1.041 | 0.00259 | 0.00264 | 0.00268 | 0.00272 | 0.00276 | 0.00280 | 0.00236 | 0.00249 | 0.00261 | 0.00281 | 0.00297 | 0.00310 | 0.00323 | 0.00334 | 0.00344 | 0.00353 | 0.00390 |
| 400.0 | 1.110 | 0.00294 | 0.00299 | 0.00304 | 0.00308 | 0.00312 | 0.00317 | 0.00320 | 0.00279 | 0.00292 | 0.00314 | 0.00332 | 0.00348 | 0.00361 | 0.00373 | 0.00385 | 0.00395 | 0.00437 |
| 425.0 | 1.179 | 0.00332 | 0.00337 | 0.00342 | 0.00347 | 0.00351 | 0.00355 | 0.00360 | 0.00310 | 0.00325 | 0.00349 | 0.00369 | 0.00386 | 0.00402 | 0.00415 | 0.00428 | 0.00439 | 0.00486 |
| 450.0 | 1.249 | 0.00371 | 0.00377 | 0.00382 | 0.00387 | 0.00392 | 0.00397 | 0.00401 | 0.00343 | 0.00359 | 0.00386 | 0.00408 | 0.00427 | 0.00444 | 0.00459 | 0.00473 | 0.00485 | 0.00537 |
| 475.0 | 1.318 | 0.00413 | 0.00419 | 0.00424 | 0.00430 | 0.00435 | 0.00440 | 0.00445 | 0.00377 | 0.00395 | 0.00424 | 0.00449 | 0.00469 | 0.00488 | 0.00504 | 0.00520 | 0.00533 | 0.00590 |
| 500.0 | 1.388 | 0.00457 | 0.00463 | 0.00469 | 0.00475 | 0.00480 | 0.00486 | 0.00491 | 0.00501 | 0.00432 | 0.00464 | 0.00491 | 0.00514 | 0.00534 | 0.00552 | 0.00568 | 0.00584 | 0.00646 |
| 525.0 | 1.457 | 0.00503 | 0.00509 | 0.00516 | 0.00522 | 0.00528 | 0.00534 | 0.00539 | 0.00549 | 0.00470 | 0.00505 | 0.00534 | 0.00559 | 0.00581 | 0.00601 | 0.00619 | 0.00636 | 0.00703 |
| 550.0 | 1.526 | 0.00551 | 0.00558 | 0.00565 | 0.00571 | 0.00578 | 0.00584 | 0.00589 | 0.00600 | 0.00510 | 0.00548 | 0.00580 | 0.00607 | 0.00631 | 0.00652 | 0.00672 | 0.00689 | 0.00763 |
| 575.0 | 1.596 | 0.00602 | 0.00609 | 0.00616 | 0.00623 | 0.00629 | 0.00636 | 0.00642 | 0.00654 | 0.00552 | 0.00593 | 0.00627 | 0.00656 | 0.00682 | 0.00705 | 0.00726 | 0.00745 | 0.00825 |
| 600.0 | 1.665 | 0.00654 | 0.00662 | 0.00670 | 0.00677 | 0.00684 | 0.00690 | 0.00697 | 0.00709 | 0.00721 | 0.00638 | 0.00675 | 0.00707 | 0.00734 | 0.00759 | 0.00782 | 0.00803 | 0.00888 |
| 625.0 | 1.734 | 0.00709 | 0.00717 | 0.00725 | 0.00733 | 0.00740 | 0.00747 | 0.00754 | 0.00767 | 0.00779 | 0.00686 | 0.00725 | 0.00759 | 0.00789 | 0.00816 | 0.00840 | 0.00862 | 0.00954 |
| 650.0 | 1.804 | 0.00767 | 0.00775 | 0.00783 | 0.00791 | 0.00799 | 0.00806 | 0.00813 | 0.00827 | 0.00840 | 0.00734 | 0.00777 | 0.00813 | 0.00845 | 0.00873 | 0.00900 | 0.00924 | 0.01022 |
| 675.0 | 1.873 | 0.00826 | 0.00835 | 0.00843 | 0.00851 | 0.00859 | 0.00867 | 0.00875 | 0.00889 | 0.00903 | 0.00785 | 0.00830 | 0.00868 | 0.00902 | 0.00933 | 0.00961 | 0.00987 | 0.01092 |
| 700.0 | 1.943 | 0.00888 | 0.00897 | 0.00906 | 0.00914 | 0.00922 | 0.00931 | 0.00938 | 0.00953 | 0.00968 | 0.00836 | 0.00884 | 0.00925 | 0.00962 | 0.00994 | 0.01024 | 0.01051 | 0.01164 |
| 725.0 | 2.012 | 0.00951 | 0.00961 | 0.00970 | 0.00979 | 0.00988 | 0.00996 | 0.01004 | 0.01020 | 0.01035 | 0.00889 | 0.00940 | 0.00984 | 0.01023 | 0.01057 | 0.01089 | 0.01118 | 0.01237 |
| 750.0 | 2.081 | 0.01017 | 0.01027 | 0.01037 | 0.01046 | 0.01055 | 0.01064 | 0.01072 | 0.01089 | 0.01104 | 0.00943 | 0.00998 | 0.01044 | 0.01085 | 0.01122 | 0.01156 | 0.01186 | 0.01313 |

续表

黏度（mm²/s）

| Q (m³/h) | V (m/s) | 0.50 | 0.75 | 1.00 | 1.25 | 1.50 | 1.75 | 2.00 | 2.50 | 3.00 | 4.00 | 5.00 | 6.00 | 7.00 | 8.00 | 9.00 | 10.00 | 15.00 |
|---|---|---|---|---|---|---|---|---|---|---|---|---|---|---|---|---|---|---|
| 775.0 | 2.151 | 0.01086 | 0.01096 | 0.01106 | 0.01115 | 0.01125 | 0.01134 | 0.01143 | 0.01160 | 0.01176 | 0.00999 | 0.01057 | 0.01106 | 0.01149 | 0.01188 | 0.01224 | 0.01256 | 0.01390 |
| 800.0 | 2.220 | 0.01156 | 0.01167 | 0.01177 | 0.01187 | 0.01197 | 0.01206 | 0.01215 | 0.01233 | 0.01250 | 0.01282 | 0.01117 | 0.01169 | 0.01215 | 0.01256 | 0.01294 | 0.01328 | 0.01470 |
| 825.0 | 2.289 | 0.01229 | 0.01240 | 0.01250 | 0.01261 | 0.01271 | 0.01281 | 0.01290 | 0.01309 | 0.01326 | 0.01359 | 0.01179 | 0.01234 | 0.01282 | 0.01326 | 0.01365 | 0.01402 | 0.01551 |
| 850.0 | 2.359 | 0.01304 | 0.01315 | 0.01326 | 0.01337 | 0.01347 | 0.01357 | 0.01367 | 0.01386 | 0.01404 | 0.01439 | 0.01242 | 0.01300 | 0.01351 | 0.01397 | 0.01439 | 0.01477 | 0.01634 |
| 875.0 | 2.428 | 0.01381 | 0.01393 | 0.01404 | 0.01415 | 0.01426 | 0.01436 | 0.01446 | 0.01466 | 0.01485 | 0.01521 | 0.01307 | 0.01367 | 0.01421 | 0.01469 | 0.01513 | 0.01554 | 0.01720 |
| 900.0 | 2.498 | 0.01460 | 0.01472 | 0.01484 | 0.01495 | 0.01506 | 0.01517 | 0.01528 | 0.01548 | 0.01568 | 0.01605 | 0.01373 | 0.01437 | 0.01493 | 0.01544 | 0.01590 | 0.01632 | 0.01806 |
| 925.0 | 2.567 | 0.01542 | 0.01554 | 0.01566 | 0.01578 | 0.01589 | 0.01601 | 0.01612 | 0.01633 | 0.01653 | 0.01691 | 0.01440 | 0.01507 | 0.01566 | 0.01620 | 0.01668 | 0.01712 | 0.01895 |
| 950.0 | 2.636 | 0.01626 | 0.01638 | 0.01651 | 0.01663 | 0.01675 | 0.01686 | 0.01697 | 0.01719 | 0.01740 | 0.01780 | 0.01509 | 0.01579 | 0.01641 | 0.01697 | 0.01748 | 0.01794 | 0.01986 |
| 975.0 | 2.706 | 0.01712 | 0.01725 | 0.01737 | 0.01750 | 0.01762 | 0.01774 | 0.01785 | 0.01808 | 0.01830 | 0.01870 | 0.01579 | 0.01653 | 0.01718 | 0.01776 | 0.01829 | 0.01878 | 0.02078 |
| 1000.0 | 2.775 | 0.01800 | 0.01813 | 0.01826 | 0.01839 | 0.01852 | 0.01864 | 0.01876 | 0.01899 | 0.01921 | 0.01963 | 0.02003 | 0.01727 | 0.01795 | 0.01856 | 0.01912 | 0.01963 | 0.02172 |
| 1025.0 | 2.844 | 0.01890 | 0.01904 | 0.01917 | 0.01931 | 0.01943 | 0.01956 | 0.01968 | 0.01992 | 0.02015 | 0.02059 | 0.02099 | 0.01804 | 0.01875 | 0.01938 | 0.01996 | 0.02049 | 0.02268 |
| 1050.0 | 2.914 | 0.01983 | 0.01997 | 0.02011 | 0.02024 | 0.02038 | 0.02050 | 0.02063 | 0.02088 | 0.02111 | 0.02156 | 0.02198 | 0.01881 | 0.01955 | 0.02022 | 0.02082 | 0.02138 | 0.02366 |
| 1075.0 | 2.983 | 0.02078 | 0.02092 | 0.02106 | 0.02120 | 0.02134 | 0.02147 | 0.02160 | 0.02185 | 0.02210 | 0.02256 | 0.02299 | 0.01961 | 0.02038 | 0.02107 | 0.02170 | 0.02228 | 0.02465 |

黏度（mm²/s）

| Q (m³/h) | V (m/s) | 20.00 | 25.00 | 30.00 | 40.00 | 50.00 | 60.00 | 70.00 | 80.00 | 90.00 | 100.0 | 125.0 | 150.0 | 200.0 | 300.0 | 400.0 | 500.0 | 1000.0 |
|---|---|---|---|---|---|---|---|---|---|---|---|---|---|---|---|---|---|---|
| 125.0 | 0.347 | 0.00061 | 0.00065 | 0.00068 | 0.00073 | 0.00039 | 0.00041 | 0.00062 | 0.00071 | 0.00080 | 0.00089 | 0.00111 | 0.00133 | 0.00178 | 0.00267 | 0.00355 | 0.00444 | 0.00889 |
| 150.0 | 0.416 | 0.00084 | 0.00089 | 0.00093 | 0.00100 | 0.00054 | 0.00056 | 0.00058 | 0.00085 | 0.00096 | 0.00107 | 0.00133 | 0.00160 | 0.00213 | 0.00320 | 0.00427 | 0.00533 | 0.01066 |
| 175.0 | 0.486 | 0.00111 | 0.00117 | 0.00122 | 0.00131 | 0.00139 | 0.00074 | 0.00076 | 0.00079 | 0.00112 | 0.00124 | 0.00156 | 0.00187 | 0.00249 | 0.00373 | 0.00498 | 0.00622 | 0.01244 |
| 200.0 | 0.555 | 0.00140 | 0.00148 | 0.00155 | 0.00166 | 0.00176 | 0.00184 | 0.00097 | 0.00100 | 0.00103 | 0.00142 | 0.00178 | 0.00213 | 0.00284 | 0.00427 | 0.00569 | 0.00711 | 0.01422 |
| 225.0 | 0.624 | 0.00172 | 0.00181 | 0.00190 | 0.00204 | 0.00216 | 0.00226 | 0.00235 | 0.00123 | 0.00126 | 0.00130 | 0.00200 | 0.00240 | 0.00320 | 0.00480 | 0.00640 | 0.00800 | 0.01600 |
| 250.0 | 0.694 | 0.00206 | 0.00218 | 0.00228 | 0.00245 | 0.00259 | 0.00272 | 0.00282 | 0.00292 | 0.00152 | 0.00156 | 0.00222 | 0.00267 | 0.00355 | 0.00533 | 0.00711 | 0.00889 | 0.01777 |
| 275.0 | 0.763 | 0.00244 | 0.00258 | 0.00270 | 0.00290 | 0.00307 | 0.00321 | 0.00333 | 0.00345 | 0.00355 | 0.00184 | 0.00195 | 0.00293 | 0.00391 | 0.00587 | 0.00782 | 0.00978 | 0.01955 |

续表

| Q (m³/h) | V (m/s) | 粘度 (mm²/s) | | | | | | | | | | | | | | | | |
|---|---|---|---|---|---|---|---|---|---|---|---|---|---|---|---|---|---|---|
| | | 20.00 | 25.00 | 30.00 | 40.00 | 50.00 | 60.00 | 70.00 | 80.00 | 90.00 | 100.0 | 125.0 | 150.0 | 200.0 | 300.0 | 400.0 | 500.0 | 1000.0 |
| 300.0 | 0.833 | 0.00284 | 0.00300 | 0.00314 | 0.00338 | 0.00357 | 0.00374 | 0.00388 | 0.00401 | 0.00413 | 0.00215 | 0.00227 | 0.00320 | 0.00427 | 0.00640 | 0.00853 | 0.01066 | 0.02133 |
| 325.0 | 0.902 | 0.00327 | 0.00345 | 0.00361 | 0.00388 | 0.00411 | 0.00430 | 0.00447 | 0.00462 | 0.00476 | 0.00488 | 0.00261 | 0.00273 | 0.00462 | 0.00693 | 0.00924 | 0.01155 | 0.02311 |
| 350.0 | 0.971 | 0.00372 | 0.00393 | 0.00411 | 0.00442 | 0.00467 | 0.00489 | 0.00508 | 0.00526 | 0.00541 | 0.00556 | 0.00297 | 0.00311 | 0.00498 | 0.00747 | 0.00995 | 0.01244 | 0.02488 |
| 375.0 | 1.041 | 0.00419 | 0.00444 | 0.00464 | 0.00499 | 0.00527 | 0.00552 | 0.00574 | 0.00593 | 0.00611 | 0.00627 | 0.00335 | 0.00351 | 0.00533 | 0.00800 | 0.01066 | 0.01333 | 0.02666 |
| 400.0 | 1.110 | 0.00470 | 0.00497 | 0.00520 | 0.00558 | 0.00590 | 0.00618 | 0.00642 | 0.00664 | 0.00684 | 0.00702 | 0.00743 | 0.00393 | 0.00569 | 0.00853 | 0.01138 | 0.01422 | 0.02844 |
| 425.0 | 1.179 | 0.00522 | 0.00552 | 0.00578 | 0.00621 | 0.00657 | 0.00687 | 0.00714 | 0.00738 | 0.00761 | 0.00781 | 0.00826 | 0.00437 | 0.00470 | 0.00907 | 0.01209 | 0.01511 | 0.03022 |
| 450.0 | 1.249 | 0.00577 | 0.00610 | 0.00639 | 0.00686 | 0.00726 | 0.00759 | 0.00789 | 0.00816 | 0.00841 | 0.00863 | 0.00912 | 0.00483 | 0.00519 | 0.00960 | 0.01280 | 0.01600 | 0.03199 |
| 475.0 | 1.318 | 0.00634 | 0.00671 | 0.00702 | 0.00754 | 0.00798 | 0.00835 | 0.00868 | 0.00897 | 0.00924 | 0.00949 | 0.01003 | 0.01050 | 0.00570 | 0.01013 | 0.01351 | 0.01689 | 0.03377 |
| 500.0 | 1.388 | 0.00694 | 0.00734 | 0.00768 | 0.00825 | 0.00873 | 0.00913 | 0.00949 | 0.00981 | 0.01011 | 0.01038 | 0.01097 | 0.01148 | 0.00624 | 0.01066 | 0.01422 | 0.01777 | 0.03555 |
| 525.0 | 1.457 | 0.00756 | 0.00799 | 0.00836 | 0.00899 | 0.00950 | 0.00995 | 0.01034 | 0.01069 | 0.01101 | 0.01130 | 0.01195 | 0.01251 | 0.00680 | 0.01120 | 0.01493 | 0.01866 | 0.03733 |
| 550.0 | 1.526 | 0.00820 | 0.00867 | 0.00907 | 0.00975 | 0.01031 | 0.01079 | 0.01121 | 0.01160 | 0.01194 | 0.01226 | 0.01296 | 0.01357 | 0.00737 | 0.01173 | 0.01564 | 0.01955 | 0.03910 |
| 575.0 | 1.596 | 0.00886 | 0.00937 | 0.00981 | 0.01054 | 0.01114 | 0.01166 | 0.01212 | 0.01253 | 0.01291 | 0.01325 | 0.01401 | 0.01467 | 0.00797 | 0.01226 | 0.01635 | 0.02044 | 0.04088 |
| 600.0 | 1.665 | 0.00955 | 0.01010 | 0.01057 | 0.01135 | 0.01201 | 0.01257 | 0.01306 | 0.01350 | 0.01391 | 0.01428 | 0.01510 | 0.01580 | 0.00859 | 0.01280 | 0.01706 | 0.02133 | 0.04266 |
| 625.0 | 1.734 | 0.01025 | 0.01084 | 0.01135 | 0.01219 | 0.01289 | 0.01350 | 0.01403 | 0.01450 | 0.01494 | 0.01533 | 0.01621 | 0.01697 | 0.01824 | 0.01021 | 0.01777 | 0.02222 | 0.04444 |
| 650.0 | 1.804 | 0.01098 | 0.01161 | 0.01215 | 0.01306 | 0.01381 | 0.01445 | 0.01502 | 0.01553 | 0.01600 | 0.01642 | 0.01737 | 0.01818 | 0.01953 | 0.01093 | 0.01849 | 0.02311 | 0.04621 |
| 675.0 | 1.873 | 0.01173 | 0.01241 | 0.01298 | 0.01395 | 0.01475 | 0.01544 | 0.01605 | 0.01659 | 0.01709 | 0.01754 | 0.01855 | 0.01942 | 0.02086 | 0.01168 | 0.01920 | 0.02400 | 0.04799 |
| 700.0 | 1.943 | 0.01250 | 0.01322 | 0.01384 | 0.01487 | 0.01572 | 0.01646 | 0.01710 | 0.01768 | 0.01821 | 0.01870 | 0.01977 | 0.02069 | 0.02224 | 0.01244 | 0.01991 | 0.02488 | 0.04977 |
| 725.0 | 2.012 | 0.01330 | 0.01406 | 0.01471 | 0.01581 | 0.01672 | 0.01750 | 0.01819 | 0.01880 | 0.01937 | 0.01988 | 0.02102 | 0.02200 | 0.02364 | 0.01323 | 0.02062 | 0.02577 | 0.05155 |
| 750.0 | 2.081 | 0.01411 | 0.01492 | 0.01561 | 0.01678 | 0.01774 | 0.01857 | 0.01930 | 0.01995 | 0.02055 | 0.02110 | 0.02231 | 0.02335 | 0.02509 | 0.01404 | 0.02133 | 0.02666 | 0.05332 |
| 775.0 | 2.151 | 0.01494 | 0.01580 | 0.01654 | 0.01777 | 0.01879 | 0.01966 | 0.02044 | 0.02113 | 0.02176 | 0.02234 | 0.02363 | 0.02473 | 0.02657 | 0.01487 | 0.02204 | 0.02755 | 0.05510 |
| 800.0 | 2.220 | 0.01580 | 0.01670 | 0.01748 | 0.01878 | 0.01986 | 0.02079 | 0.02160 | 0.02234 | 0.02301 | 0.02362 | 0.02497 | 0.02614 | 0.02809 | 0.01572 | 0.02275 | 0.02844 | 0.05688 |
| 825.0 | 2.289 | 0.01667 | 0.01763 | 0.01845 | 0.01982 | 0.02096 | 0.02194 | 0.02280 | 0.02357 | 0.02428 | 0.02493 | 0.02636 | 0.02759 | 0.02964 | 0.01659 | 0.01783 | 0.02933 | 0.05866 |

续表

黏度（mm²/s）

| Q (m³/h) | V (m/s) | 20.00 | 25.00 | 30.00 | 40.00 | 50.00 | 60.00 | 70.00 | 80.00 | 90.00 | 100.00 | 125.0 | 150.0 | 200.0 | 300.0 | 400.0 | 500.0 | 1000.0 |
|---|---|---|---|---|---|---|---|---|---|---|---|---|---|---|---|---|---|---|
| 850.0 | 2.359 | 0.01756 | 0.01857 | 0.01944 | 0.02089 | 0.02208 | 0.02311 | 0.02402 | 0.02484 | 0.02558 | 0.02626 | 0.02777 | 0.02907 | 0.03123 | 0.01748 | 0.01878 | 0.03022 | 0.06043 |
| 875.0 | 2.428 | 0.01848 | 0.01954 | 0.02045 | 0.02197 | 0.02323 | 0.02432 | 0.02527 | 0.02613 | 0.02691 | 0.02763 | 0.02922 | 0.03058 | 0.03286 | 0.01839 | 0.01976 | 0.03111 | 0.06221 |
| 900.0 | 2.498 | 0.01941 | 0.02052 | 0.02148 | 0.02308 | 0.02441 | 0.02555 | 0.02655 | 0.02745 | 0.02827 | 0.02903 | 0.03069 | 0.03212 | 0.03452 | 0.01932 | 0.02076 | 0.03199 | 0.06399 |
| 925.0 | 2.567 | 0.02036 | 0.02153 | 0.02254 | 0.02422 | 0.02561 | 0.02680 | 0.02785 | 0.02880 | 0.02966 | 0.03045 | 0.03220 | 0.03370 | 0.03621 | 0.04008 | 0.02178 | 0.03288 | 0.06577 |
| 950.0 | 2.636 | 0.02134 | 0.02256 | 0.02361 | 0.02537 | 0.02683 | 0.02808 | 0.02918 | 0.03018 | 0.03108 | 0.03191 | 0.03374 | 0.03531 | 0.03794 | 0.04199 | 0.02282 | 0.03377 | 0.06754 |
| 975.0 | 2.706 | 0.02233 | 0.02361 | 0.02471 | 0.02655 | 0.02808 | 0.02939 | 0.03054 | 0.03158 | 0.03252 | 0.03339 | 0.03531 | 0.03695 | 0.03971 | 0.04394 | 0.02388 | 0.03466 | 0.06932 |
| 1000.0 | 2.775 | 0.02334 | 0.02468 | 0.02583 | 0.02776 | 0.02935 | 0.03072 | 0.03193 | 0.03301 | 0.03400 | 0.03490 | 0.03691 | 0.03863 | 0.04151 | 0.04594 | 0.02496 | 0.03555 | 0.07110 |
| 1025.0 | 2.844 | 0.02437 | 0.02577 | 0.02697 | 0.02898 | 0.03065 | 0.03208 | 0.03334 | 0.03447 | 0.03550 | 0.03644 | 0.03854 | 0.04033 | 0.04334 | 0.04796 | 0.02606 | 0.02756 | 0.07288 |
| 1050.0 | 2.914 | 0.02542 | 0.02688 | 0.02813 | 0.03023 | 0.03197 | 0.03346 | 0.03477 | 0.03595 | 0.03703 | 0.03801 | 0.04020 | 0.04207 | 0.04521 | 0.05003 | 0.02719 | 0.02875 | 0.07465 |
| 1075.0 | 2.983 | 0.02649 | 0.02801 | 0.02932 | 0.03150 | 0.03331 | 0.03486 | 0.03623 | 0.03746 | 0.03858 | 0.03961 | 0.04189 | 0.04384 | 0.04711 | 0.05213 | 0.02833 | 0.02995 | 0.07643 |

### φ426×12 输油管水力坡降值（米液柱/米管长）

黏度（mm²/s）

| Q (m³/h) | V (m/s) | 0.50 | 0.75 | 1.00 | 1.25 | 1.50 | 1.75 | 2.00 | 2.50 | 3.00 | 4.00 | 5.00 | 6.00 | 7.00 | 8.00 | 9.00 | 10.00 | 15.00 |
|---|---|---|---|---|---|---|---|---|---|---|---|---|---|---|---|---|---|---|
| 150.0 | 0.328 | 0.00024 | 0.00021 | 0.00023 | 0.00024 | 0.00025 | 0.00026 | 0.00027 | 0.00029 | 0.00030 | 0.00032 | 0.00034 | 0.00036 | 0.00037 | 0.00038 | 0.00038 | 0.00040 | 0.00045 |
| 200.0 | 0.438 | 0.00042 | 0.00043 | 0.00038 | 0.00040 | 0.00042 | 0.00043 | 0.00045 | 0.00047 | 0.00049 | 0.00053 | 0.00056 | 0.00059 | 0.00061 | 0.00063 | 0.00065 | 0.00067 | 0.00074 |
| 250.0 | 0.547 | 0.00064 | 0.00066 | 0.00056 | 0.00059 | 0.00061 | 0.00064 | 0.00066 | 0.00070 | 0.00073 | 0.00079 | 0.00083 | 0.00087 | 0.00090 | 0.00093 | 0.00096 | 0.00099 | 0.00109 |
| 300.0 | 0.657 | 0.00091 | 0.00093 | 0.00096 | 0.00081 | 0.00085 | 0.00088 | 0.00091 | 0.00096 | 0.00101 | 0.00108 | 0.00114 | 0.00120 | 0.00124 | 0.00128 | 0.00132 | 0.00136 | 0.00150 |
| 350.0 | 0.766 | 0.00123 | 0.00126 | 0.00128 | 0.00131 | 0.00111 | 0.00115 | 0.00119 | 0.00126 | 0.00132 | 0.00141 | 0.00150 | 0.00157 | 0.00163 | 0.00168 | 0.00173 | 0.00178 | 0.00197 |
| 400.0 | 0.875 | 0.00160 | 0.00163 | 0.00166 | 0.00169 | 0.00172 | 0.00145 | 0.00150 | 0.00159 | 0.00166 | 0.00179 | 0.00189 | 0.00198 | 0.00206 | 0.00212 | 0.00219 | 0.00225 | 0.00249 |
| 450.0 | 0.985 | 0.00201 | 0.00205 | 0.00208 | 0.00212 | 0.00215 | 0.00218 | 0.00185 | 0.00195 | 0.00204 | 0.00220 | 0.00232 | 0.00243 | 0.00253 | 0.00261 | 0.00269 | 0.00276 | 0.00306 |
| 500.0 | 1.094 | 0.00248 | 0.00252 | 0.00256 | 0.00259 | 0.00263 | 0.00266 | 0.00222 | 0.00235 | 0.00246 | 0.00264 | 0.00279 | 0.00292 | 0.00304 | 0.00314 | 0.00323 | 0.00332 | 0.00367 |

续表

黏度（mm²/s）

| Q (m³/h) | V (m/s) | 0.50 | 0.75 | 1.00 | 1.25 | 1.50 | 1.75 | 2.00 | 2.50 | 3.00 | 4.00 | 5.00 | 6.00 | 7.00 | 8.00 | 9.00 | 10.00 | 15.00 |
|---|---|---|---|---|---|---|---|---|---|---|---|---|---|---|---|---|---|---|
| 550.0 | 1.204 | 0.00299 | 0.00303 | 0.00308 | 0.00312 | 0.00316 | 0.00320 | 0.00323 | 0.00277 | 0.00290 | 0.00312 | 0.00330 | 0.00345 | 0.00359 | 0.00371 | 0.00382 | 0.00392 | 0.00434 |
| 600.0 | 1.313 | 0.00354 | 0.00360 | 0.00364 | 0.00369 | 0.00374 | 0.00378 | 0.00382 | 0.00323 | 0.00338 | 0.00363 | 0.00384 | 0.00402 | 0.00418 | 0.00432 | 0.00445 | 0.00457 | 0.00506 |
| 650.0 | 1.423 | 0.00415 | 0.00421 | 0.00426 | 0.00431 | 0.00436 | 0.00441 | 0.00445 | 0.00454 | 0.00389 | 0.00418 | 0.00442 | 0.00462 | 0.00481 | 0.00497 | 0.00512 | 0.00525 | 0.00582 |
| 700.0 | 1.532 | 0.00480 | 0.00486 | 0.00492 | 0.00498 | 0.00503 | 0.00508 | 0.00514 | 0.00523 | 0.00443 | 0.00476 | 0.00503 | 0.00527 | 0.00547 | 0.00566 | 0.00583 | 0.00598 | 0.00662 |
| 750.0 | 1.641 | 0.00550 | 0.00557 | 0.00563 | 0.00569 | 0.00575 | 0.00581 | 0.00586 | 0.00597 | 0.00500 | 0.00537 | 0.00568 | 0.00594 | 0.00617 | 0.00638 | 0.00657 | 0.00675 | 0.00747 |
| 800.0 | 1.751 | 0.00625 | 0.00632 | 0.00639 | 0.00646 | 0.00652 | 0.00658 | 0.00664 | 0.00676 | 0.00686 | 0.00601 | 0.00636 | 0.00665 | 0.00691 | 0.00715 | 0.00736 | 0.00756 | 0.00836 |
| 850.0 | 1.860 | 0.00705 | 0.00712 | 0.00720 | 0.00727 | 0.00734 | 0.00740 | 0.00747 | 0.00759 | 0.00771 | 0.00668 | 0.00707 | 0.00740 | 0.00769 | 0.00795 | 0.00818 | 0.00840 | 0.00930 |
| 900.0 | 1.970 | 0.00789 | 0.00797 | 0.00805 | 0.00813 | 0.00820 | 0.00827 | 0.00834 | 0.00847 | 0.00860 | 0.00739 | 0.00781 | 0.00817 | 0.00850 | 0.00878 | 0.00905 | 0.00929 | 0.01028 |
| 950.0 | 2.079 | 0.00879 | 0.00887 | 0.00895 | 0.00903 | 0.00911 | 0.00919 | 0.00926 | 0.00940 | 0.00953 | 0.00812 | 0.00858 | 0.00899 | 0.00934 | 0.00966 | 0.00994 | 0.01021 | 0.01130 |
| 1000.0 | 2.189 | 0.00972 | 0.00981 | 0.00990 | 0.00999 | 0.01007 | 0.01015 | 0.01023 | 0.01038 | 0.01052 | 0.00888 | 0.00939 | 0.00983 | 0.01022 | 0.01056 | 0.01088 | 0.01117 | 0.01236 |
| 1050.0 | 2.298 | 0.01071 | 0.01081 | 0.01090 | 0.01099 | 0.01108 | 0.01116 | 0.01124 | 0.01140 | 0.01155 | 0.01184 | 0.01023 | 0.01071 | 0.01113 | 0.01150 | 0.01185 | 0.01216 | 0.01346 |
| 1100.0 | 2.407 | 0.01175 | 0.01185 | 0.01194 | 0.01204 | 0.01213 | 0.01222 | 0.01231 | 0.01248 | 0.01264 | 0.01294 | 0.01110 | 0.01161 | 0.01207 | 0.01248 | 0.01285 | 0.01319 | 0.01460 |
| 1150.0 | 2.517 | 0.01283 | 0.01293 | 0.01304 | 0.01314 | 0.01323 | 0.01333 | 0.01342 | 0.01360 | 0.01377 | 0.01409 | 0.01199 | 0.01255 | 0.01305 | 0.01349 | 0.01389 | 0.01426 | 0.01578 |
| 1200.0 | 2.626 | 0.01396 | 0.01407 | 0.01418 | 0.01428 | 0.01438 | 0.01448 | 0.01458 | 0.01476 | 0.01494 | 0.01528 | 0.01292 | 0.01352 | 0.01405 | 0.01453 | 0.01497 | 0.01537 | 0.01700 |
| 1250.0 | 2.736 | 0.01514 | 0.01525 | 0.01536 | 0.01547 | 0.01558 | 0.01568 | 0.01578 | 0.01598 | 0.01617 | 0.01652 | 0.01388 | 0.01452 | 0.01510 | 0.01561 | 0.01607 | 0.01650 | 0.01826 |
| 1300.0 | 2.845 | 0.01636 | 0.01648 | 0.01660 | 0.01671 | 0.01682 | 0.01693 | 0.01704 | 0.01724 | 0.01744 | 0.01782 | 0.01816 | 0.01556 | 0.01617 | 0.01672 | 0.01722 | 0.01768 | 0.01956 |
| 1350.0 | 2.955 | 0.01764 | 0.01776 | 0.01788 | 0.01800 | 0.01812 | 0.01823 | 0.01834 | 0.01856 | 0.01876 | 0.01915 | 0.01952 | 0.01662 | 0.01727 | 0.01786 | 0.01839 | 0.01888 | 0.02090 |

黏度（mm²/s）

| Q (m³/h) | V (m/s) | 20.00 | 25.00 | 30.00 | 40.00 | 50.00 | 60.00 | 70.00 | 80.00 | 90.00 | 100.0 | 125.0 | 150.0 | 200.0 | 300.0 | 400.0 | 500.0 | 1000.0 |
|---|---|---|---|---|---|---|---|---|---|---|---|---|---|---|---|---|---|---|
| 150.0 | 0.328 | 0.00048 | 0.00051 | 0.00053 | 0.00057 | 0.00031 | 0.00031 | 0.00032 | 0.00053 | 0.00060 | 0.00066 | 0.00083 | 0.00099 | 0.00133 | 0.00199 | 0.00265 | 0.00332 | 0.00663 |
| 200.0 | 0.438 | 0.00079 | 0.00084 | 0.00088 | 0.00094 | 0.00100 | 0.00053 | 0.00055 | 0.00057 | 0.00080 | 0.00088 | 0.00111 | 0.00133 | 0.00177 | 0.00265 | 0.00354 | 0.00442 | 0.00884 |
| 250.0 | 0.547 | 0.00117 | 0.00124 | 0.00130 | 0.00140 | 0.00148 | 0.00154 | 0.00161 | 0.00084 | 0.00086 | 0.00089 | 0.00138 | 0.00166 | 0.00221 | 0.00332 | 0.00442 | 0.00553 | 0.01106 |

续表

| Q (m³/h) | V (m/s) | 黏度（mm²/s） | | | | | | | | | | | | | | | | |
| --- | --- | --- | --- | --- | --- | --- | --- | --- | --- | --- | --- | --- | --- | --- | --- | --- | --- | --- |
| | | 20.00 | 25.00 | 30.00 | 40.00 | 50.00 | 60.00 | 70.00 | 80.00 | 90.00 | 100.0 | 125.0 | 150.0 | 200.0 | 300.0 | 400.0 | 500.0 | 1000.0 |
| 300.0 | 0.657 | 0.00162 | 0.00171 | 0.00179 | 0.00192 | 0.00203 | 0.00213 | 0.00221 | 0.00228 | 0.00119 | 0.00122 | 0.00129 | 0.00199 | 0.00265 | 0.00398 | 0.00531 | 0.00663 | 0.01327 |
| 350.0 | 0.766 | 0.00212 | 0.00224 | 0.00234 | 0.00252 | 0.00266 | 0.00278 | 0.00289 | 0.00299 | 0.00308 | 0.00316 | 0.00169 | 0.00177 | 0.00310 | 0.00464 | 0.00619 | 0.00774 | 0.01548 |
| 400.0 | 0.875 | 0.00267 | 0.00283 | 0.00296 | 0.00318 | 0.00336 | 0.00352 | 0.00365 | 0.00378 | 0.00389 | 0.00400 | 0.00214 | 0.00224 | 0.00354 | 0.00531 | 0.00708 | 0.00884 | 0.01769 |
| 450.0 | 0.985 | 0.00328 | 0.00347 | 0.00363 | 0.00390 | 0.00413 | 0.00432 | 0.00449 | 0.00464 | 0.00478 | 0.00491 | 0.00519 | 0.00275 | 0.00398 | 0.00597 | 0.00796 | 0.00995 | 0.01990 |
| 500.0 | 1.094 | 0.00395 | 0.00417 | 0.00437 | 0.00470 | 0.00496 | 0.00520 | 0.00540 | 0.00558 | 0.00575 | 0.00590 | 0.00624 | 0.00330 | 0.00355 | 0.00663 | 0.00884 | 0.01106 | 0.02211 |
| 550.0 | 1.204 | 0.00467 | 0.00493 | 0.00516 | 0.00555 | 0.00587 | 0.00614 | 0.00638 | 0.00660 | 0.00679 | 0.00698 | 0.00738 | 0.00772 | 0.00420 | 0.00730 | 0.00973 | 0.01216 | 0.02432 |
| 600.0 | 1.313 | 0.00543 | 0.00574 | 0.00601 | 0.00646 | 0.00683 | 0.00715 | 0.00743 | 0.00768 | 0.00791 | 0.00812 | 0.00859 | 0.00899 | 0.00489 | 0.00796 | 0.01061 | 0.01327 | 0.02653 |
| 650.0 | 1.423 | 0.00625 | 0.00661 | 0.00692 | 0.00743 | 0.00786 | 0.00822 | 0.00855 | 0.00884 | 0.00910 | 0.00934 | 0.00988 | 0.01034 | 0.00562 | 0.00862 | 0.01150 | 0.01437 | 0.02874 |
| 700.0 | 1.532 | 0.00711 | 0.00752 | 0.00787 | 0.00846 | 0.00895 | 0.00936 | 0.00973 | 0.01006 | 0.01036 | 0.01064 | 0.01125 | 0.01177 | 0.01265 | 0.00708 | 0.01238 | 0.01548 | 0.03095 |
| 750.0 | 1.641 | 0.00803 | 0.00849 | 0.00888 | 0.00955 | 0.01009 | 0.01056 | 0.01098 | 0.01135 | 0.01169 | 0.01200 | 0.01269 | 0.01328 | 0.01428 | 0.00799 | 0.01327 | 0.01658 | 0.03317 |
| 800.0 | 1.751 | 0.00899 | 0.00950 | 0.00995 | 0.01069 | 0.01130 | 0.01183 | 0.01229 | 0.01271 | 0.01309 | 0.01344 | 0.01421 | 0.01487 | 0.01598 | 0.00894 | 0.01415 | 0.01769 | 0.03538 |
| 850.0 | 1.860 | 0.00999 | 0.01057 | 0.01106 | 0.01188 | 0.01257 | 0.01315 | 0.01367 | 0.01413 | 0.01455 | 0.01494 | 0.01580 | 0.01654 | 0.01777 | 0.00995 | 0.01504 | 0.01879 | 0.03759 |
| 900.0 | 1.970 | 0.01104 | 0.01168 | 0.01222 | 0.01313 | 0.01389 | 0.01454 | 0.01511 | 0.01562 | 0.01609 | 0.01652 | 0.01746 | 0.01828 | 0.01964 | 0.01099 | 0.01592 | 0.01990 | 0.03980 |
| 950.0 | 2.079 | 0.01214 | 0.01284 | 0.01344 | 0.01444 | 0.01527 | 0.01598 | 0.01661 | 0.01717 | 0.01768 | 0.01815 | 0.01920 | 0.02009 | 0.02159 | 0.01208 | 0.01298 | 0.02100 | 0.04201 |
| 1000.0 | 2.189 | 0.01328 | 0.01404 | 0.01470 | 0.01579 | 0.01670 | 0.01748 | 0.01817 | 0.01878 | 0.01934 | 0.01986 | 0.02100 | 0.02198 | 0.02362 | 0.01322 | 0.01420 | 0.02211 | 0.04422 |
| 1050.0 | 2.298 | 0.01446 | 0.01529 | 0.01601 | 0.01720 | 0.01819 | 0.01904 | 0.01978 | 0.02046 | 0.02107 | 0.02163 | 0.02287 | 0.02394 | 0.02572 | 0.02847 | 0.01547 | 0.02322 | 0.04643 |
| 1100.0 | 2.407 | 0.01569 | 0.01659 | 0.01737 | 0.01866 | 0.01973 | 0.02065 | 0.02146 | 0.02219 | 0.02285 | 0.02346 | 0.02481 | 0.02597 | 0.02790 | 0.03088 | 0.01678 | 0.02432 | 0.04864 |
| 1150.0 | 2.517 | 0.01696 | 0.01793 | 0.01877 | 0.02017 | 0.02133 | 0.02232 | 0.02320 | 0.02399 | 0.02470 | 0.02536 | 0.02682 | 0.02807 | 0.03016 | 0.03338 | 0.01814 | 0.01918 | 0.05085 |
| 1200.0 | 2.626 | 0.01827 | 0.01932 | 0.02022 | 0.02173 | 0.02298 | 0.02405 | 0.02499 | 0.02584 | 0.02661 | 0.02732 | 0.02889 | 0.03024 | 0.03249 | 0.03596 | 0.01954 | 0.02066 | 0.05306 |
| 1250.0 | 2.736 | 0.01963 | 0.02075 | 0.02172 | 0.02334 | 0.02468 | 0.02583 | 0.02684 | 0.02775 | 0.02858 | 0.02935 | 0.03103 | 0.03248 | 0.03490 | 0.03862 | 0.02099 | 0.02219 | 0.05528 |
| 1300.0 | 2.845 | 0.02102 | 0.02223 | 0.02326 | 0.02500 | 0.02643 | 0.02766 | 0.02875 | 0.02973 | 0.03061 | 0.03143 | 0.03324 | 0.03478 | 0.03738 | 0.04137 | 0.02248 | 0.02377 | 0.05749 |

### 表6-8　管路配件的当量长度 $L_当$ 及局部水力阻力系数表

| 管件名称 | | 图式 | 管路配件的当量长度 $L_当$（m） | | | | | | $\xi$ |
|---|---|---|---|---|---|---|---|---|---|
| | | | DN50 | DN65 | DN80 | DN100 | DN150 | DN200 | |
| 无保险阀的 油罐进出口 | 进油管 | | 1.15 | 1.44 | 1.73 | 2.30 | 3.45 | 4.60 | 0.50 |
| | 出油管 | | 2.30 | 2.88 | 3.46 | 4.60 | 6.90 | 9.20 | 1.00 |
| 有保险阀的 油罐进出口 | 进油管 | | 2.00 | 2.50 | 3.00 | 4.00 | 6.00 | 8.00 | 0.90 |
| | 出油管 | | 3.15 | 3.94 | 4.73 | 6.30 | 9.45 | 12.60 | 1.30 |
| 有升降管的 油罐进出口 | 进油管 | | 5.00 | 6.25 | 7.50 | 10.00 | 15.00 | 20.00 | 2.20 |
| | 出油管 | | 6.15 | 7.69 | 9.23 | 12.30 | 18.45 | 24.60 | 2.70 |
| 圆弯头 | $R=3d$ | | 1.15 | 1.44 | 1.73 | 2.30 | 3.45 | 4.60 | 0.50 |
| | $R=4d$ | | 0.80 | 1.00 | 1.20 | 1.60 | 2.40 | 3.20 | 0.35 |
| 90°焊接 弯头 | 单焊缝 | | 3.00 | 3.75 | 4.50 | 6.00 | 9.00 | 12.00 | 1.30 |
| | 双焊缝 | | 1.50 | 1.88 | 2.25 | 3.00 | 4.50 | 6.00 | 0.65 |
| 45°焊接弯头 | | | 0.70 | 0.88 | 1.05 | 1.40 | 2.10 | 2.80 | 0.30 |
| 通过三通 | I | | 0.10 | 0.13 | 0.15 | 0.20 | 0.30 | 0.40 | 0.04 |
| | II | | 0.23 | 0.28 | 0.34 | 0.45 | 0.68 | 0.90 | 0.10 |
| | III | | 0.90 | 1.15 | 1.35 | 1.80 | 2.70 | 3.60 | 0.40 |
| 闸阀 | | | 0.50 | 1.13 | 1.35 | 1.80 | 2.70 | 3.60 | 0.40 |
| 截止阀 | | | 16.00 | 20.00 | 24.00 | 32.00 | 48.00 | 64.00 | 7.00 |
| 转心阀 | | | 1.15 | 1.44 | 1.73 | 2.30 | 3.45 | 4.60 | 0.50 |
| 带滤网底阀 | | | 8.00 | 10.00 | 12.00 | 16.00 | 24.00 | 32.00 | 3.50 |
| 单向阀 | 升降式 | | 18.00 | 22.50 | 27.00 | 36.00 | 54.00 | 72.00 | 8.00 |
| | 旋启式 | | 4.10 | 5.12 | 6.15 | 8.20 | 12.30 | 16.40 | 1.80 |
| 过滤器 | 轻油 | | 3.84 | 4.82 | 5.77 | 7.70 | 11.55 | 15.40 | 1.70 |
| | 黏油 | | 5.00 | 6.25 | 7.50 | 10.00 | 15.00 | 20.00 | 2.20 |
| 流量表 | 活塞或 齿轮式 | | 23.00 | 28.80 | 34.50 | 46.00 | 69.00 | 92.00 | 10.00 |
| | 盘式 | | 34.50 | 43.20 | 51.70 | 69.00 | 103.5 | 138.0 | 15.00 |
| 转弯三通 | I | | 3.00 | 3.75 | 4.50 | 6.00 | 9.00 | 12.00 | 1.30 |
| | II | | 2.00 | 2.50 | 3.00 | 4.00 | 6.00 | 8.00 | 0.90 |
| | III | | 2.25 | 2.82 | 3.38 | 4.50 | 6.76 | 9.00 | 1.00 |
| | IV | | 1.15 | 1.44 | 1.73 | 2.30 | 3.45 | 4.60 | 0.50 |
| | V | | 6.80 | 8.50 | 10.20 | 13.60 | 20.40 | 27.20 | 3.00 |

续表

| 管件名称 | | 图式 | 管路配件的当量长度 $L_当$（m） | | | | | | $\xi$ |
| --- | --- | --- | --- | --- | --- | --- | --- | --- | --- |
| | | | DN50 | DN65 | DN80 | DN100 | DN150 | DN200 | |
| 伸缩器 | 填料筒式 | | 0.70 | 0.88 | 1.05 | 1.40 | 2.16 | 2.80 | 0.30 |
| | 波纹式 | | 0.70 | 0.88 | 1.05 | 1.40 | 2.16 | 2.80 | 0.30 |
| | 曲管式 | | 4.50 | 5.62 | 6.75 | 9.00 | 13.05 | 18.00 | 2.00 |

### 表6-9　突然扩大（缩小）式大小头的当量长度　（单位：m）

| 扩大或缩小前的管径（mm） | 扩大或缩小后的管径（mm） | | | | | |
| --- | --- | --- | --- | --- | --- | --- |
| | DN50 | DN65 | DN80 | DN100 | DN150 | DN200 |
| DN50 | | 0.38 | 1.05 | 2.55 | 5.37 | 7.85 |
| DN65 | 0.52 | | 0.32 | 1.68 | 4.63 | 7.40 |
| DN80 | 0.73 | 0.58 | | 0.88 | 3.83 | 6.68 |
| DN100 | 0.94 | 0.98 | 0.91 | | 2.11 | 5.10 |
| DN150 | 1.06 | 1.29 | 1.41 | 1.46 | | 1.76 |
| DN200 | 1.09 | 1.33 | 1.57 | 1.88 | 1.83 | |

### 表6-10　变径管式大小头的 $\xi$ 及当量长度 $L_当$　（单位：m）

| 扩大或缩小前管径（mm） | 参数 | 扩大或缩小后的管径（mm） | | | | | |
| --- | --- | --- | --- | --- | --- | --- | --- |
| | | DN50 | DN65 | DN80 | DN100 | DN150 | DN200 |
| DN50 | $\xi$ | | 0.14 | 0.23 | 0.31 | 0.37 | 0.39 |
| | $L_当$ | | 0.41 | 0.78 | 1.41 | 2.52 | 3.55 |
| DN65 | $\xi$ | 0.995 | | 0.13 | 0.25 | 0.34 | 0.35 |
| | $L_当$ | 0.022 | | 0.44 | 1.14 | 2.32 | 3.18 |
| DN80 | $\xi$ | 0.0128 | 0.0083 | | 0.17 | 0.31 | 0.35 |
| | $L_当$ | 0.029 | 0.024 | | 0.77 | 2.11 | 3.15 |
| DN100 | $\xi$ | 0.0149 | 0.0133 | 0.011 | | 0.23 | 0.39 |
| | $L_当$ | 0.034 | 0.039 | 0.038 | | 1.57 | 3.55 |
| DN150 | $\xi$ | 0.0157 | 0.0155 | 0.0149 | 0.0128 | | 0.17 |
| | $L_当$ | 0.036 | 0.046 | 0.051 | 0.058 | | 1.55 |
| DN200 | $\xi$ | 0.0160 | 0.0159 | 0.0157 | 0.0149 | 0.0109 | |
| | $L_当$ | 0.037 | 0.047 | 0.054 | 0.068 | 0.075 | |

注：（1）变径管大小头，在流动是缩小时，局部阻力是很小的，在计算时可以忽略不计。

（2）表中除进入油罐的当量长度规定计入进罐前的管路外，其余均计入进入配件后的管路。

（3）查表求得的 $\xi$ 及 $L_当$ 只适用于紊流情况，层流时它的数值应随 $Re$ 的减少而增大。

$$L_{当层} = \phi L_当 , \quad \xi_层 = \phi \xi$$

$\phi$ 值见表6-11。

表6-11 $\phi$值表

| Re | 200 | 400 | 600 | 800 | 1000 | 1200 | 1400 | 1600 | 1800 | 2000 | 2200 | 2400 | 2600 | 2800 |
|---|---|---|---|---|---|---|---|---|---|---|---|---|---|---|
| $\phi$ | 4.20 | 3.81 | 3.53 | 3.37 | 3.22 | 3.12 | 3.01 | 2.95 | 2.90 | 2.84 | 2.48 | 2.26 | 2.12 | 1.98 |

# 第五节 管路布置与敷设

## 一、管道布置的原则

管道布置的原则，见表6-12。

表6-12 管道布置的原则

| 项目 | 布置原则 | |
|---|---|---|
| 1. 工程管道布置中的一般避让原则 | (1) 临时性的让永久性的管道 | |
| | (2) 管径小的让管径大的管道 | |
| | (3) 有压的让自流的管道 | |
| | (4) 新设计的让已有的管道 | |
| | (5) 软的让硬的管道 | |
| 2. 平行架空管道 | (1) 应尽可能集中 | |
| | (2) 尽可能不利用工业建筑墙壁及构筑物等作为支架的支撑 | |
| | (3) 支撑点位置和支架净空高度不妨碍运输、行人与门窗 | |
| 3. 低支架敷设管道 | 低支架敷设管道与人流、货流集中的道路平交时应采取措施，保证道路畅通 | |
| 4. 山区低支架敷设管道 | (1) 要尽可能沿地形等高线布置 | |
| | (2) 但要保证管线不受山洪冲刷的影响 | |
| 5. 地下管道交叉时的一般处理原则 | (1) 煤气管、易燃、可燃液体管线在其他管道上面 | |
| | (2) 给水管在污水管上面 | |
| | (3) 电力电缆在热力管和电信电缆下面，但是应在其他管道上面 | |
| | (4) 氧气管低于乙炔管、高于其他管道 | |
| | (5) 热力管在电缆、煤气、给水管上面 | |
| | (6) 右列管道不应敷设在同一地沟或地槽内 | ① 热力管与易燃液体管 |
| | | ② 电缆、氧气管与易燃、可燃液体管 |
| | | ③ 乙炔管与氧气管 |
| | | ④ 煤气管与石油管 |
| | | ⑤ 乙炔管、氧气管、煤气管与电缆 |

## 二、地上管道的敷设

地上管道的敷设，见表6-13。

表6-13　地上管道的敷设

| 项目 | 规定内容 | | |
|---|---|---|---|
| **1. 一般规定** | （1）管道布置应满足工艺及管道和仪表流程图的要求 | | |
| | （2）管道布置应满足便于生产操作安装及维修的要求。宜采用架空敷设，规划布局应整齐有序。在车间内或装置内不便维修的区域，不宜将输送强腐蚀性及同类流体的管道敷设在地下 | | |
| | （3）具有热胀和冷缩的管道布置中配合进行柔性计算的范围不应小于本规范和工程设计的规定 | | |
| | （4）管道布置中应按规范的要求控制管道的振动 | | |
| **2. 管道的净空高度及净距（架空管道穿过道路、铁路及人行道等的净空高度系指管道隔热层或支承构件最低点的高度）** | （1）净空高度应符合右列规定 | ① 电力机车的铁路轨顶以上， | ≥6.6m |
| | | ② 铁路轨顶以上， | ≥5.5m |
| | | ③ 道路，推荐值 ≥5.50m，最小值 | ≥2.0m |
| | | ④ 装置内管廊横梁的底面， | ≥4.0m |
| | | ⑤ 装置内管廊下面的管道，在通道上方， | ≥3.2m |
| | | ⑥ 人行过道在道路旁， | ≥2.2m |
| | | ⑦ 人行过道在装置小区内， | ≥2.0m |
| | | ⑧ 管道与高压电力线路间交叉净距应符合架空电力线路现行国家标准的规定 | |
| | （2）管架边缘与以下设施的水平距离 | ① 在外管架廊上敷设管道时管架边缘至建筑物或其他设施的水平距离除按以下要求外，尚应符合现行国家标准 GB 50160—2008《石油化工企业设计防火规范》、GB 50187—2012《工业企业总平面设计规范》及 GB 50016—2014《建筑设计防火规范》的规定 | |
| | | ② 至铁路轨外侧， | ≥3.0m |
| | | ③ 至道路边缘， | ≥1.0m |
| | | ④ 至人行道边缘， | ≥0.5m |
| | | ⑤ 至厂区围墙中心， | ≥1.0m |
| | | ⑥ 至有门窗的建筑物外墙， | ≥3.0m |
| | | ⑦ 至无门窗的建筑物外墙， | ≥1.5m |
| | （3）布置管道时应合理规划操作人行通道及维修通道。操作人行通道的宽度不宜小于0.8m | | |
| | （4）两根平行布置的管道，任何突出部位至另一管子或突出部或隔热层外壁的净距，不宜小于25mm。裸管的管壁与管壁间净距不宜小于50mm，在热冷位移后隔热层外壁不应相碰 | | |

| 项目 | 规定内容 | | |
|---|---|---|---|
| 3. 一般布置要求 | （1）多层管廊的层间距离应满足管道安装要求。腐蚀性的液体管道应布置在管廊下层。高温管道不应布置在对电缆有热影响的下方位置 | | |
| | （2）沿地面敷设的管道，不可避免穿越人行通道时应备有跨越桥 | | |
| | （3）在道路铁路上方的管道不应安装阀门、法兰、螺纹接头及带有填料的补偿器等可能泄漏的组成件 | | |
| | （4）沿墙布置的管道不应影响门窗的开闭 | | |
| | （5）腐蚀性液体的管道不宜布置在转动设备的上方 | | |
| | （6）泵的管道应符合右列要求 | ① 泵的入口管布置应满足净正吸入压头气蚀余量的要求 | |
| | | ② 双吸离心泵的入口管应避免配管不当造成偏流 | |
| | | ③ 离心泵入口处水平的偏心异径管一般采用顶平布置，但在异径管与向上弯的弯头直接连接的情况下，可采用底平布置。异径管应靠近泵入口 | |
| | （7）与容器连接的管道布置应符合右列规定 | ① 对非定型设备的管口方位，应结合设备内部结构及工艺要求进行布置 | |
| | | ② 对大型储罐至泵的管道，确定罐的管口标高及第一个支架位置时，该管道应能适应储罐基础的沉降 | |
| | | ③ 卧式容器及换热器的固定侧支座及活动侧支座，应按管道布置要求明确规定，固定支座位置应有利于主要管道的柔性计算 | |
| | （8）布置管道应留有转动设备维修操作和设备内填充物装卸及消防车道等所需空间 | | |
| | （9）吊装孔范围内不应布置管道。在设备内件抽出区域及设备法兰拆卸区内不应布置管道 | | |
| | （10）仪表接口的设置应符合右列规定 | ① 就地指示仪表接口的位置应设在操作人员看得清的高度 | |
| | | ② 管道上的仪表接口应按仪表专业的要求设置，并应满足元件装卸所需的空间 | |
| | | ③ 设计压力不大于6.3MPa或设计温度不大于425℃的蒸汽管道，仪表接口公称直径不应小于15mm。大于上述条件及有振动的管道，仪表接口公称直径不应小于20mm，当主管公称直径小于20mm时，仪表接口不应小于主管径 | |
| | （11）管道的结构应符合右列规定 | ① 两条对接焊缝间的距离不应小于3倍焊件的厚度，需焊后热处理时，不宜小于6倍焊件的厚度。且应符合右列要求 | a. 公称直径小于50mm的管道，焊缝间距不宜小于50mm |
| | | | b. 公称直径大于或等于50mm的管道，焊缝间距不宜小于100mm |
| | | ② 管道的环焊缝不宜在管托的范围内。需热处理的焊缝从外侧距支架边缘的净距宜大于焊缝宽度的5倍，且不应小100mm | |

| 项目 | 规定内容 | |
|------|---------|---|
| 3. 一般布置要求 | （11）管道的结构应符合右列规定 | ③ 不宜在管道焊缝及边缘上开孔与接管。当不可避免时，应经强度校核 |
| | | ④ 管道在现场弯管的弯曲半径不宜小于 3.5 倍外径；焊缝距弯管的起弯点不宜小于 100mm，且不应小于管外径 |
| | | ⑤ 螺纹连接的管道每个分支应在阀门等维修件附近设置一个活接头。但阀门采用法兰连接时可不设活接头 |
| | | ⑥ 除端部带直管的对焊管件外，不应将标准的对焊管件与滑套法兰直连 |
| | （12）蒸汽管道或可凝性气体管道的支管宜从主管的上方相接。蒸汽冷凝液支管应从回收总管的上方接入 | |
| | （13）管道布置时应留出试生产、施工、吹扫等所需的临时接口 | |
| | （14）管道穿过安全隔离墙时应加套管。在套管内的管段不应有焊缝，管子与套管间的间隙应用不燃烧的软质材料填满 | |
| 4. B 类流体管道布置要求 | （1）B 类流体的管道，不得安装在通风不良的厂房内室内、室内的吊顶内及建构筑物封闭的夹层内 | |
| | （2）密度比环境空气大的室外 B 类气体管道，当有法兰、螺纹连接或有填料结构的管道组成件时，不应紧靠有门窗的建筑物敷设，可按本规范处理 | |
| | （3）B 类流体的管道不得穿过与其无关的建筑物 | |
| | （4）B 类流体的管道不应在高温管道两侧相邻布置，也不应布置在高温管道上方有热影响的位置 | |
| | （5）B 类流体管道与仪表及电气的电缆相邻敷设时，平行净距不宜小于 1m。电缆在下方敷设时，交叉净距不应小于 0.5m。当管道采用焊接连接结构并无阀门时，其平行净距可取上述净距的 50% | |
| | （6）B 类液体排放应符合本规范有关章节的规定。含油的水应先排入油水分离装置 | |
| | （7）B 类流体管道与氧气管道的平行净距不应小于 500mm。交叉净距不应小于 250mm。当管道采用焊接连接结构并无阀门时，其平行净距可取上述净距的 50% | |
| 5. 管道上阀门的布置 | （1）应按照阀门的结构、工作原理、正确流向及制造厂的要求采用水平或直立或阀杆向上方倾斜等安装方式 | |
| | （2）所有安全阀、减压阀及控制阀的位置，应便于调整及维修，并留有抽出阀芯的空间，当位置过高时，应设置平台。所有手动阀门应布置在便于操作的高度范围内 | |
| | （3）阀门宜布置在热位移小的位置 | |
| | （4）换热器等设备的可拆端盖上，设有管口并需接阀门时，应备有可拆管段，并将切断阀布置在端盖拆卸区的外侧 | |
| | （5）除管道和仪表流程图上指定的要求外，对于紧急处理及防火需要开或关的阀门，应位于安全和方便操作的地方 | |
| | （6）安全阀的管道布置应考虑开启时反力及其方向，其位置应便于出口管的支架设计。阀的接管承受弯矩时应有足够的强度 | |

| 项目 | 规定内容 |
|---|---|
| 6. 管道上高点排气及低点排液的设置 | (1) 管道的高点与低点均应分别备有排气口与排液口，并位于容易接近的地方。如该处(相同高度)有其他接口可利用时，可不另设排气口或排液口。除管廊上的管道外，对于公称直径小于或等于25mm的管道可省去排气口。对于蒸汽伴热管迁回时出现的低点处，可不设排液口 |
| | (2) 高点排气管的公称直径最小15mm；因为低点排液管的公称直径最小应为20mm。当主管公称直径为15mm时，可采用等径的排液口 |
| | (3) 气体管道的高点排气口可不设阀门，接管口应采用法兰盖或管帽等加以封闭 |
| | (4) 所有排液口最低点与地面或平台的距离不宜小于150mm |
| | (5) 饱和蒸汽管道的低点应设集液包及蒸汽疏水阀组 |
| 7. 管道放空口的位置 | (1) B类气体的放空管管口及安全阀排放口与平台或建筑物的相对距离应符合现行国家标准 GB 50160《石油化工企业设计防火规范》的规定 |
| | (2) 放空口位置除上述要求外，还应符合现行国家标准 GB/T 3840《制定地方大气污染物排放标准的技术方法》的规定 |

## 三、管沟和埋地管道的敷设

管沟和埋地管道的敷设，见表6-14。

表6-14　管沟和埋地管道的敷设

| 项目 | | 规定内容 |
|---|---|---|
| 管沟管道的敷设 | 1. 沟内管道布置应符合右列规定 | (1) 管道的布置应方便检修及更换管道组成件。为保证安全运行，沟内应有排水措施。对于地下水位高且沟内易积水的地区，地沟及管道又无可靠的防水措施时，不宜将管道布置在管沟内 |
| | | (2) 沟与铁路、道路、建筑物的距离应根据建筑物基础的结构、路基、管道敷设的深度、管径、流体压力及管道井的结构等条件来决定 |
| | | (3) 避免将管沟平行布置在主通道的下面 |
| | | (4) 规范中有关管道排列结构排气排液等条款也适用于沟内管道 |
| | 2. 可通行管沟的管道布置应符合右列规定 | (1) 在无可靠的通风条件及无安全措施时，不得在通行管沟内布置窒息性及B类流体的管道 |
| | | (2) 沟内过道净宽不宜小于0.7m，净高不宜小于1.8m |
| | | (3) 对于长的管沟应设安全出入口，每隔100m应设有人孔及直梯，必要时设安装孔 |

续表

| 项目 | 规定内容 | |
|---|---|---|
| 管沟管道的敷设 | 3. 不可通行管沟的管道布置应符合右列规定 | (1) 当沟内布置经常操作的阀门时，阀门应布置在不影响通行的地方，必要时可增设阀门伸长杆，将手轮伸长至靠近活动沟盖背面的高度处 |
| | | (2) B 类流体的管道不宜设在密闭的沟内。在明沟中不宜敷设密度比环境空气大的 B 类气体管道。当不可避免时，应在沟内填满细砂，并应定期检查管道使用情况 |
| 埋地管道的敷设 | 1. 埋地管道与铁路、道路及建筑物的最小水平距离应符合规范规定 | |
| | 2. 管道与管道及电缆间的最小水平间距应符合现行国家标准 GB 50187《工业企业总平面设计规范》的规定 | |
| | 3. 大直径薄壁管道深埋时，应满足在土壤压力下的稳定性及刚度要求 | |
| | 4. 从道路下面穿越的管道，其顶部至路面不宜小于 0.7m | |
| | 5. 从铁路下面穿越的管道应设套管，套管顶至铁轨底的距离不应小于 1.2m | |
| | 6. 管道与电缆间交叉净距不应小于 0.5m。电缆宜敷设在热管道下面，腐蚀性流体管道上面 | |
| | 7. B 类流体、氧气和热力管道与其他管道的交叉净距不应小于 0.25m，C 类及 D 类流体管道间的交叉净距不宜小于 0.15m | |
| | 8. 管道埋深应在冰冻线以下。当无法实现时，应有可靠的防冻保护措施 | |
| | 9. 设有补偿器、阀门及其他需维修的管道组成件时，应将其布置在符合安全要求的井室中，井内应有宽度大于或等于 0.5m 的维修空间 | |
| | 10. 有加热保护的(如伴热)管道不应直接埋地，可设在管沟内 | |
| | 11. 挖土共沟敷设管道的要求应符合现行国家标准 GB 50187《工业企业总平面设计规范》的规定 | |
| | 12. 带有隔热层及外护套的埋地管道，布置时应有足够柔性，并在外套内有内管热胀的余地。无补偿直埋方法，可用于温度小于或等于 120℃ 的 D 类流体的管道，并应按国家现行直埋供热管道标准的规定进行设计与施工 | |

## 四、输油管路的埋深要求

输油管路的埋深要求，见表 6-15。

**表 6-15 输油管路的埋设深度**

| GB 50253—2014《输油管道工程设计规范》规定 | 埋地管道的埋设深度，应根据管道所经地段的农田耕作深度、冻土深度、地形和地质条件、地下水深度、地面车辆所施加的载荷及管道稳定性的要求等因素，经综合分析后确定。管顶的覆土层厚度不宜小于 0.8m | |
|---|---|---|
| 输油管路埋设深度参考值 | 管路所处环境 | 埋设深度参考值 |
| | 库内管道埋深 | 轻油≥0.5m |
| | | 黏油≥0.7m |
| | 库外管道埋深 | 水田下≥0.8m |
| | | 旱田下≥0.7m |
| | 穿越溪沟下 | 穿越溪沟下≥1.0m |

## 五、输油管路敷设的坡度及坡向

输油管路敷设的坡度及坡向，见表 6-16。

**表 6-16 输油管路的坡度及坡向**

| | 常用坡度 | 0.005 | |
|---|---|---|---|
| 坡度 | 最小坡度 | 轻油管 | 0.002 |
| | | 黏油管 | 0.003 |
| | 集油管宜自两端(或一端)向下坡向卸油管接口 | | |
| | 卸油管宜向下坡向泵房 | | |
| 坡向 | 输油管宜向下坡向泵房 | | |
| | 分甲乙区的油库，甲区及区间输油管应尽量采用一个坡向，并向下坡向乙区卸油泵房(或甲区输转泵房) | | |

## 六、GB 50074—2014《石油库设计规范》对管路布置与敷设的规定

根据 GB 50074—2014《石油库设计规范》，库内管道敷设见表 6-17、库外管道敷设见表 6-18、库外管道与相邻建(构)筑物或设施的间距见表 6-19。

**表 6-17 GB 50074 对库内管道敷设有关规定**

| 项目 | 有关规定 |
|---|---|
| 1. 敷设方式 | (1) 工艺及热力管道宜地上敷设或采用敞口管沟敷设；根据需要局部地段可埋地敷设或采用充沙封闭管沟敷设 |
| | (2) 当管道采用管沟方式敷设时，管沟与泵房、灌桶间、罐组防火堤、覆土油罐室的结合处，应设置密闭隔离墙 |

续表

| 项目 | | 有关规定 |
|---|---|---|
| 1. 敷设方式 | （3）当管道采用充沙封闭管沟或非充沙封闭管沟敷设的规定 | ① 热力管道、加温输送的工艺管道，不得与输送甲、乙类液体的工艺管道敷设在同一条管沟内 |
| | | ② 管沟内的管道布置应方便检修及更换管道组成件 |
| | | ③ 非充沙封闭管沟的净空高度不宜小于 0.8m。沟内检修通道净宽不宜小于 0.7m |
| | | ④ 非充沙封闭管沟应设安全出入口，每隔 100m 宜设满足人员进出的人孔或通风口 |
| | （4）埋地管道 | ① 管道埋设深度宜在最大冻土深度以下，否则应有防冻胀措施 |
| | | ② 管顶距地面不应小于 0.5m，并应低于混凝土层不小于 0.3m |
| | | ③ 埋地管道不宜穿越电缆沟，如不可避免时应设防护套管 |
| | | ④ 埋地管道不得平行重叠敷设 |
| | | ⑤ 埋地管道不应布置在邻近建（筑）物的基础压力影响范围内，并应避免其施工和检修开挖影响邻近设备及建（筑）物基础的稳固性 |
| | （5）热力管道 | ① 热力管道不得与甲、乙、丙 A 类液体管道在同一条管沟内敷设 |
| | | ② 埋地敷设的热力管道与埋地敷设的甲、乙类工艺管道平行敷设时，两者之间的净距不应小于 1m；交叉敷设时，两者之间的净距不应小于 0.25m，且工艺管道宜在其他管道和沟渠的下方 |
| 2. 穿越铁路和道路 | （1）穿越铁路和道路的交角不宜小于 60° | |
| | （2）穿越管段应敷设在涵洞或套管内，或采取其他防护措施 | |
| | （3）穿越套管端部应超出坡脚或路基至少 0.6m；超出排水沟边缘至少 0.9m | |
| 3. 跨越道路和铁路 | （1）跨越电气化铁路时，轨面以上的净空高度不应小于 6.6m | |
| | （2）跨越非电气化铁路时，轨面以上的净空高度不应小于 5.5m | |
| | （3）跨越消防车道时，路面以上的净空高度不应小于 5m | |
| | （4）跨越其他车行道路时，路面以上的净空高度不应小于 4.5m | |
| | （5）管架立柱边缘距铁路不应小于 3.5m，距道路不应小于 1m | |
| | （6）跨越铁路、道路上方的管段上不得装设阀门、法兰、螺纹接头、波纹管及带有填料的补偿器等可能出现渗漏的组成件 | |
| 4. 管道与铁路、道路平行的距离 | （1）地上管道与铁路的距离不应小于 3.8m（卸栈桥下的管道除外） | |
| | （2）地上管道与道路的距离不应小于 1m | |
| | （3）埋地管道沿道路平行布置时，不得敷设在路面之下 | |
| 5. 工艺金属管道的连接 | （1）管道之间及与管件之间应采用焊接连接（与设备、阀门等需用法兰或螺纹连接的部位除外） | |
| | （2）管道与储罐等设备连接的管道，应使其管系具有足够的柔性，并应满足设备管口的允许受力要求 | |

| 项目 | 有关规定 |
|---|---|
| 6. 工艺管道上的阀门 | (1) 应选用钢制阀门 |
| | (2) 电动阀门或气动阀门应具有手动操作功能 |
| | (3) 手动关闭阀门的时间：公称直径小于等于 600mm 的阀门，不宜超过 15min；公称直径大于 600mm 的阀门，不宜超过 20min |
| 7. 管道防护 | (1) 钢管及其附件的外表面，应采取防腐等防护措施 |
| | (2) 工艺管道内液体压力可能有超过设计压力的，应设置泄压装置 |
| 8. 其他要求 | (1) 罐组周围管道不应妨碍消防车、消防人员通行和作业 |
| | (2) 地上工艺管道与非易燃、可燃建筑物之间的距离小于 15m 时，建筑物朝向工艺管道一侧的外墙，应采用无门窗的不燃烧体实体墙 |
| | (3) 输送有特殊要求的液体，应设专用管道 |
| | (4) 工艺管道不得穿越或跨越与其无关的易燃和可燃液体的储罐组、装卸设施及泵站等建(构)筑物 |

表 6-18　GB 50074 对库外管道敷设有关规定

| 项目 | 有关规定 | |
|---|---|---|
| 1. 选线的规定 | (1) 库外工艺管道不应穿过村庄、居民区、公共福利设施，并宜远离人员集中的建筑物和明火设施 | |
| | (2) 库外管道应避开滑坡、崩塌、沉陷、泥石流等不良的工程地质区。当受条件限制必须通过时，应选择合适的位置，缩小通过距离，并加强防护措施 | |
| 2. 埋地敷设的规定 | (1) 库外埋地管道的设计，应符合 GB 50253《输油管道工程设计规范》的有关规定，在地面上应设置明显的永久标志 | |
| | (2) 埋地敷设的库外工艺管道不宜与市政管道和暗沟(渠)交叉或相邻布置，如确需交叉或相邻布置，则应符合右列规定 | ① 与市政管道和暗沟(渠)交叉时，库外工艺管道应位于市政管道和暗沟(渠)的下方，库外工艺管道的管顶与市政管道的管底、暗沟(渠)的沟底的垂直净距不应小于 0.5m |
| | | ② 沿道路布置时，不宜与市政管道和暗沟(渠)相邻布置在道路的相同侧 |
| | | ③ 工艺管道与市政管道和暗沟(渠)平行敷设时，两者之间的净距不应小于 1m，且工艺管道应位于市政热力管道热力影响范围外 |
| | | ④ 应进行安全风险分析，根据具体情况，采取有效可行措施，防止泄漏的易燃和可燃液体、气体进入市政管道和暗沟(渠) |
| | (3) 库外埋地管道与电气化铁路平行敷设时，应采取防止交流电干扰的措施 | |

续表

| 项目 | 有关规定 |
|---|---|
| 3. 架空管道规定 | (1) 架空敷设的库外管道经过人员密集区域时，宜设防止人员侵入的防护栏 |
| | (2) 沿公路架空敷设的管道，距公路路边的距离小于10m时，宜沿库外公路边设防撞设施 |
| 4. 其他规定 | (1) 易燃、可燃液体管道沿江、河、湖、海敷设时，应有预防管道泄漏污染水域的措施 |
| | (2) 库外管道应在进出储罐区和库外装卸区的便于操作处设置截断阀门 |
| | (3) 当重要物品仓库(或堆场)、军事设施、飞机场等，对与库外管道的安全距离有特殊要求时，应按有关规定执行或协商解决 |

**表 6-19　GB 50074 对库外管道与相邻建(构)筑物或设施之间距离的规定**

(单位：m)

| 序号 | 相邻建(构)筑物 | | 其他易燃和可燃液体管道 | |
|---|---|---|---|---|
| | | | 埋地敷设 | 地上架空 |
| 1 | 城镇居民点或独立的人群密集的房屋、工矿企业人员集中场所 | | 15 | 25 |
| 2 | 工矿企业厂内生产设施 | | 10 | 15 |
| 3 | 库外铁路线 | 国家铁路线 | 10 | 15 |
| | | 企业铁路线 | 10 | 10 |
| 4 | 库外公路 | 高速公路、一级公路 | 5 | 7.5 |
| | | 其他公路 | 5 | 7.5 |
| 5 | 工业园区内道路 | 主要道路 | 5 | 5 |
| | | 一般道路 | 3 | 3 |
| 6 | 架空电力、通信线路 | | 5 | 1倍杆高，且不小于5m |

注：(1) 对于城镇居民点或独立的人群密集的房屋、工矿企业人员集中场所，由边缘建筑物的外墙算起；对于学校、医院、工矿企业厂内生产设施等，由区域边界线算起。

(2) 表中库外管道与库外铁路线、库外公路、工业园区道路之间的距离是指两者平行敷设时的间距。

(3) 当情况特殊或受地形及其他条件限制时，在采取加强安全保护措施后，序号1和2的距离可减少50%。对处于地形特殊困难地段与公路平行的局部管段，在采取加强安全保护措施后，可埋设在公路路肩边线以外的公路用地范围以内。

(4) 库外管道尚应位于铁路用地范围边线和公路用地范围边线外。

(5) 库外管道尚不应穿越与其无关的工矿企业，确有困难需要穿越时，应进行安全评估。

# 第六节　管路安装间距

## 一、管道平行排列的中心间距

管道平行排列的中心间距，见表6-20～表6-22。

表6-20　法兰并列时不保温管路中心距表　　（单位：mm）

| DN | ≤25 | 40 | 50 | 80 | 100 | 150 | 200 | 250 |
|---|---|---|---|---|---|---|---|---|
| ≤25 | 250 | | | | | | | |
| 40 | 270 | 280 | | | | | | |
| 50 | 280 | 290 | 300 | | | | | |
| 80 | 300 | 320 | 330 | 350 | | | | |
| 100 | 320 | 330 | 340 | 360 | 375 | | | |
| 150 | 350 | 370 | 380 | 400 | 410 | 450 | | |
| 200 | 400 | 420 | 430 | 450 | 460 | 500 | 550 | |
| 250 | 430 | 440 | 450 | 480 | 490 | 530 | 580 | 600 |

表6-21　无法兰平行排列不保温管路中心距表　　（单位：mm）

| DN | 管中心距墙或沟壁的距离 | 没有法兰的管线（焊接及丝口连接） | | | | | | | | | | | | | | | ←DN | |
|---|---|---|---|---|---|---|---|---|---|---|---|---|---|---|---|---|---|---|
| | | 500 | 450 | 400 | 350 | 300 | 250 | 200 | 150 | 100 | 80 | 50 | 40 | 25 | 20 | | | |
| 20 | 110 | 360 | 330 | 310 | 280 | 260 | 230 | 200 | 180 | 150 | 140 | 120 | 120 | 110 | 110 | 680 | 470 | 500 |
| 25 | 120 | 360 | 340 | 310 | 290 | 260 | 230 | 210 | 180 | 150 | 140 | 130 | 120 | 110 | 630 | 660 | 440 | 450 |
| 40 | 120 | 370 | 340 | 320 | 290 | 270 | 240 | 210 | 190 | 160 | 150 | 130 | 130 | 590 | 600 | 630 | 430 | 400 |
| 50 | 130 | 380 | 350 | 320 | 300 | 270 | 250 | 220 | 190 | 170 | 160 | 140 | 520 | 570 | 580 | 600 | 390 | 350 |
| 80 | 150 | 390 | 370 | 340 | 310 | 290 | 260 | 230 | 210 | 180 | 170 | 470 | 500 | 540 | 550 | 580 | 360 | 300 |
| 100 | 160 | 400 | 380 | 350 | 330 | 300 | 270 | 250 | 220 | 190 | 410 | 440 | 470 | 520 | 530 | 550 | 320 | 250 |
| 150 | 180 | 430 | 400 | 380 | 350 | 330 | 300 | 270 | 250 | 350 | 380 | 420 | 450 | 490 | 500 | 530 | 290 | 200 |
| 200 | 210 | 460 | 430 | 400 | 380 | 350 | 330 | 300 | 280 | 320 | 360 | 390 | 420 | 460 | 470 | 500 | 250 | 150 |
| 250 | 240 | 480 | 460 | 430 | 410 | 380 | 350 | 220 | 260 | 300 | 330 | 360 | 390 | 440 | 450 | 470 | 220 | 100 |
| 300 | 260 | 510 | 480 | 460 | 430 | 410 | 190 | 210 | 250 | 280 | 320 | 350 | 380 | 420 | 440 | 460 | 200 | 80 |

| DN | 管中心距墙或沟壁的距离 | 没有法兰的管线(焊接及丝口连接) | | | | | | | | | | | | | | ←DN | | |
|---|---|---|---|---|---|---|---|---|---|---|---|---|---|---|---|---|---|---|
| | | 500 | 450 | 400 | 350 | 300 | 250 | 200 | 150 | 100 | 80 | 50 | 40 | 25 | 20 | | | |
| 350 | 290 | 530 | 510 | 480 | 460 | 160 | 180 | 200 | 230 | 270 | 300 | 340 | 370 | 410 | 420 | 450 | 180 | 50 |
| 400 | 310 | 560 | 530 | 510 | 150 | 150 | 170 | 190 | 220 | 260 | 300 | 330 | 360 | 400 | 410 | 440 | 170 | 40 |
| 450 | 340 | 590 | 560 | 130 | 140 | 150 | 170 | 180 | 220 | 260 | 290 | 320 | 350 | 400 | 410 | 430 | 160 | 25 |
| 500 | 370 | 610 | 120 | 120 | 140 | 140 | 160 | 180 | 210 | 250 | 290 | 320 | 350 | 390 | 400 | 430 | 150 | 20 |
| DN→ | | 20 | 25 | 40 | 50 | 80 | 100 | 150 | 200 | 250 | 300 | 350 | 400 | 450 | 500 | 管中心距墙或沟壁的距离 | | ↑DN |
| 法兰参差排列的管线 | | | | | | | | | | | | | | | | | | |

### 表 6-22　无法兰平行排列保温管路（介质温度≤250℃）中心距表　　　　（单位：mm）

| DN | 管中心距墙或沟壁的距离 | 20 | 25 | 40 | 50 | 80 | 100 | 150 | 200 | 250 | 300 | 350 | 400 | 450 | 500 |
|---|---|---|---|---|---|---|---|---|---|---|---|---|---|---|---|
| 20 | 160 | 190 | — | — | — | — | — | — | — | — | — | — | — | — | — |
| 25 | 170 | 190 | 190 | — | — | — | — | — | — | — | — | — | — | — | — |
| 40 | 170 | 200 | 200 | 210 | — | — | — | — | — | — | — | — | — | — | — |
| 50 | 180 | 200 | 210 | 210 | 220 | — | — | — | — | — | — | — | — | — | — |
| 80 | 200 | 220 | 220 | 230 | 240 | 250 | — | — | — | — | — | — | — | — | — |
| 100 | 210 | 230 | 230 | 240 | 250 | 260 | 270 | — | — | — | — | — | — | — | — |
| 150 | 230 | 260 | 260 | 270 | 270 | 290 | 300 | 330 | — | — | — | — | — | — | — |
| 200 | 260 | 280 | 290 | 290 | 300 | 320 | 330 | 350 | 380 | — | — | — | — | — | — |
| 250 | 300 | 320 | 320 | 330 | 340 | 350 | 360 | 390 | 420 | 450 | — | — | — | — | — |
| 300 | 320 | 350 | 350 | 360 | 360 | 380 | 390 | 420 | 440 | 480 | 510 | — | — | — | — |
| 350 | 350 | 370 | 380 | 380 | 390 | 400 | 420 | 440 | 470 | 510 | 530 | 560 | — | — | — |
| 400 | 370 | 400 | 400 | 410 | 410 | 430 | 440 | 470 | 490 | 530 | 560 | 580 | 610 | — | — |
| 450 | 400 | 420 | 430 | 430 | 440 | 460 | 470 | 490 | 520 | 560 | 580 | 610 | 630 | 660 | — |
| 500 | 430 | 450 | 450 | 460 | 470 | 480 | 490 | 520 | 550 | 580 | 610 | 630 | 660 | 690 | 710 |

## 二、多种管道、线路(沟)及其他建(构)筑物之间距离

多种管道、线路(沟)及其他建(构)筑物之间距离，见表6-23和表6-24。

### 表6-23　多种管道、线路(沟)
### 及其他建(构)筑物之间水平净距表　　（单位：m）

| 管线(沟)名称 | 建筑物基础外缘 | 通信电缆 | 电力电缆 | 仪表管缆沟 | 热力管沟 | 压缩空气管 | 给水管 | 排水管(雨水、污水管) | 石油管 |
|---|---|---|---|---|---|---|---|---|---|
| 通信电缆 | 0.60 | — | 0.5 | 1.00 | 1.00 | 0.50 | 1.00 | 1.00 | 1.00 |
| 电力电缆 | 0.60 | 0.50 | — | 1.00 | 2.00 | 0.50 | 1.00 | 1.00 | 1.00 |
| 仪表管缆沟 | 1.20 | 0.75 | 0.75 | — | 1.50 | 1.00 | 1.00 | 1.00 | 1.50 |
| 热力管沟 | 3.00 | 1.00 | 2.00 | 1.00 | — | 1.50 | 1.00 | 1.00 | 1.00 |
| 压缩空气管 | 3.00 | 0.50 | 0.50 | 1.00 | 1.50 | — | 1.00 | 1.00 | 1.50 |
| 给水管 | 3.00 | 1.00 | 1.00 | 1.00 | 1.00 | 1.00 | — | 1.50 | 1.50 |
| 排水管(雨水、污水) | 3.00 | 1.00 | 1.00 | 1.50 | 1.50 | 1.50 | 1.50 | — | 1.50 |
| 石油管 | 3.00 | 1.00 | 1.00 | 1.50 | 1.00 | 1.50 | 1.50 | 1.50 | — |
| 地上管架基础外缘 | 2.00 | 0.50 | 0.50 | 1.50 | 1.50 | 1.50 | 1.50 | 2.00 | 1.50 |
| 照明弱电电杆 | 1.50 | 0.50 | 0.50 | 1.00 | 1.50 | 1.50 | 1.50 | 1.50 | 1.50 |
| 道路的边沟或边缘 | — | 1.50 | 1.50 | 1.50 | 1.50 | 1.50 | 1.50 | 1.50 | 1.50 |
| 铁路中心 | — | 3.75 | 3.75 | 3.75 | 3.75 | 3.75 | 3.75 | — | 3.75 |
| 灌木 | 1.00 | 0.75 | 0.75 | 1.00 | 2.00 | 2.00 | 不限 | 不限 | 2.00 |
| 乔木 | 2.00 | 2.00 | 2.00 | 2.00 | 2.00 | 2.00 | 1.50 | 1.50 | 2.00 |

注：(1) 本表间距只适用于非湿陷性黄土地区一般情况下的管线、管沟间距。

(2) 湿陷性黄土地区，各种管道之间或不漏水的雨水明沟与管道之间的防护距离，不应小于3.5m，未铺砌的雨水明沟与管路之间的防护距离，不应小于5m。

(3) 湿陷性黄土层内有砂类土层时，各种防护距离应参照勘察资料，适当加大。

(4) 水管道与管道间的距离，如不能符合上述各项规定时，则应采取相应的防水措施。

### 表6-24　多种管道、线路(沟)及
### 其他建(构)筑物之间立交时最小净距　　（单位：m）

| 上部设施<br>下部设施 | 道路路基底 | 铁路轨底 | 明沟沟底 | 通信电缆 | 石油管 | 电力电缆 | 压缩空气管 | 热力管沟 | 给水管 | 排水管 | 仪表管缆沟 |
|---|---|---|---|---|---|---|---|---|---|---|---|
| 给水管 | 0.50 | 1.00 | 0.50 | 0.50 | 0.25 | 0.50 | 0.15 | 0.15 | 0.10 | — | 0.15 |
| 排水管 | 0.50 | 1.00 | 0.50 | 0.50 | 0.25 | 0.50 | 0.15 | 0.15 | 0.40 | — | 0.15 |

| 上部设施／下部设施 | 道路路基底 | 铁路轨底 | 明沟沟底 | 通信电缆 | 石油管 | 电力电缆 | 压缩空气管 | 热力管沟 | 给水管 | 排水管 | 仪表管缆沟 |
|---|---|---|---|---|---|---|---|---|---|---|---|
| 热力管沟 | 0.50 | 1.00 | 0.50 | 0.50 | — | 0.50 | 0.15 | — | 0.15 | — | 0.10 |
| 压缩空气管 | 0.50 | 1.00 | 0.50 | 0.50 | 0.50 | 0.50 | | 0.15 | 0.10 | 0.15 | 0.15 |
| 电力电缆 | 0.50 | 1.00 | 0.50 | 0.50 | 0.50 | — | — | — | 0.50 | 0.50 | 0.30 |
| 通信电缆 | 0.50 | 1.00 | 0.50 | 0.50 | | — | — | — | 0.50 | 0.50 | 0.30 |
| 石油管 | 0.50 | 1.00 | 0.50 | 0.50 | — | 0.30 | 0.30 | 0.30 | 0.25 | 0.25 | 0.50 |

注：本表只适用于油库范围以内的铁路、道路及管道等以及库外的铁、公路专用线，管道跨越国家铁路或公路时，应按国家的有关规定处理。

# 第七节　管路穿跨越

## 一、管道跨越道路的距离

管道跨越道路的距离，见表6-25。

表6-25　管道跨越道路时管线至路面距离的规定表

| | 规范名称 | 管底至路面的距离 |
|---|---|---|
| 1 | GB 50160—2008《石油化工企业设计防火规范》 | 4.5m |
| 2 | SH/T 3108—2000《炼油厂全厂性工艺及热力管道设计规定》 | 主要道路5.5m　一般道路4.5m |
| 3 | JTS 165—2013《海港总体设计规范》 | 主要道路4.5m　一般道路4.0m |
| 4 | GB 50028—2006《城镇燃气设计规范》 | 4.5m |
| 5 | GB 50074—2014《石油库设计规范》 | 4.5m |
| 6 | GB 50016—2014《建筑设计防火规范》 | 主要道路5.5m　一般道路4.5m |

## 二、管道穿越铁路和公路的套管直径及壁厚

管道穿越铁路和公路的套管直径及壁厚，可参照表6-26选择。

表6-26　管道穿越铁路和公路的套管选择

| 管路公称直径（mm） | 套管直径（mm） | 套管壁厚（mm） | |
|---|---|---|---|
| | | 钢套管 | 混凝土套管 |
| 50 | 150 | 8 | 25 |

续表

| 管路公称直径<br>（mm） | 套管直径<br>（mm） | 套管壁厚（mm） | |
|---|---|---|---|
| | | 钢套管 | 混凝土套管 |
| 65 | 150 | 8 | 25 |
| 80 | 200 | 10 | 27 |
| 100 | 200 | 10 | 27 |
| 125 | 250 | 7 | 28 |
| 150 | 300 | 7 | 30 |
| 200 | 350 | 7 | 33 |
| 250 | 400 | 8 | 35 |

# 第八节  管 路 支 座

## 一、管路滑动支座允许跨度

管路滑动支座允许跨度，见表6-27~表6-32。

### 表6-27  不保温管路支座最大允许跨度表

| 公称通径<br>（mm） | 外径×壁厚<br>（mm×mm） | 气体管最大允许跨距（m） | | | | 液体管最大允许跨距（m） | | | |
|---|---|---|---|---|---|---|---|---|---|
| | | 管道计算<br>荷载<br>（N/m） | 强度条件<br>计算 | 刚度条件<br>计算 | 推荐值 | 管道计算<br>荷载<br>（N/m） | 强度条件<br>计算 | 刚度条件<br>计算 | 推荐值 |
| 25 | 32×3 | 22.16 | 5.66 | 3.29 | 3.3 | 26.28 | 5.20 | 3.11 | 3.1 |
| 32 | 38×3 | 26.97 | 6.22 | 3.71 | 3.7 | 33.25 | 5.61 | 3.46 | 3.4 |
| 40 | 45×3 | 32.85 | 6.80 | 4.17 | 4.2 | 42.47 | 5.98 | 3.83 | 3.8 |
| 50 | 57×3.5 | 49.13 | 7.66 | 4.89 | 4.9 | 64.53 | 6.69 | 4.46 | 4.4 |
| 65 | 73×4 | 73.25 | 8.69 | 5.77 | 5.8 | 99.34 | 7.47 | 5.21 | 5.2 |
| 80 | 89×4 | 92.28 | 9.57 | 6.58 | 6.6 | 132.68 | 6.46 | 5.83 | 5.8 |
| 100 | 108×4 | 112.19 | 10.68 | 7.54 | 7.5 | 177.60 | 8.49 | 6.47 | 6.4 |
| 125 | 133×4 | 142.88 | 11.77 | 8.62 | 8.6 | 245.16 | 8.99 | 7.20 | 7.2 |
| 150 | 159×4.5 | 194.17 | 12.83 | 9.70 | 9.7 | 341.46 | 9.68 | 8.03 | 8.0 |
| 200 | 219×6 | 358.63 | 15.04 | 12.00 | 12.0 | 639.09 | 11.26 | 9.89 | 9.9 |
| 250 | 273×7 | 527.79 | 16.74 | 13.86 | 13.8 | 967.02 | 12.37 | 11.33 | 11.3 |

| 公称通径<br>（mm） | 外径×壁厚<br>（mm×mm） | 气体管最大允许跨距（m） | | | | 液体管最大允许跨距（m） | | | |
|---|---|---|---|---|---|---|---|---|---|
| | | 管道计算<br>荷载<br>（N/m） | 强度条件<br>计算 | 刚度条件<br>计算 | 推荐值 | 管道计算<br>荷载<br>（N/m） | 强度条件<br>计算 | 刚度条件<br>计算 | 推荐值 |
| 300 | 325×8 | 723.63 | 18.22 | 15.55 | 15.5 | 1348.69 | 13.35 | 12.64 | 12.6 |
| 350 | 377×9 | 949.57 | 19.59 | 17.15 | 17.1 | 1791.46 | 14.26 | 13.88 | 13.9 |
| 400 | 426×9 | 1099.9 | 20.66 | 18.5 | 18.5 | 2189.31 | 14.64 | 14.71 | 14.6 |
| 450 | 478×9 | 1266.03 | 21.66 | 19.84 | 19.8 | 2653.65 | 14.96 | 15.50 | 15.0 |
| 500 | 529×9 | 1433.52 | 22.61 | 21.12 | 21.1 | 3143.20 | 15.27 | 16.26 | 15.3 |
| 600 | 630×11 | 2073.40 | 24.71 | 23.75 | 23.7 | 4490.52 | 16.79 | 18.36 | 16.8 |

注：（1）管子横向焊缝系数 $\phi = 0.7$。

（2）管材许用应力，$[\sigma]^t = 111\text{MPa}$（10 号钢）。

（3）钢材弹性模数，$E_t = 1.98 \times 10^5 \text{MPa}$（10 号钢）。

（4）放水坡度，$i = 0.002$。

### 表 6-28　保温液体管路支座最大允许跨度表（$t = 100℃$）

| 公称<br>通径<br>（mm） | 外径×<br>壁厚<br>（mm×<br>mm） | 管道单位长度计算荷载<br>（N/m） | | | 强度条件计算最大<br>跨距（m） | | | 刚度条件计算最大<br>跨距（m） | | | 允许最大跨距推荐值<br>（m） | | |
|---|---|---|---|---|---|---|---|---|---|---|---|---|---|
| | | 密度<br>150 | 密度<br>250 | 密度<br>350 | 密度<br>150 | 密度<br>250 | 密度<br>350 | 密度<br>150 | 密度<br>250 | 密度<br>350 | 密度<br>150 | 密度<br>250 | 密度<br>350 |
| 25 | 32×3 | 35.98 | 42.46 | 48.93 | 4.44 | 4.09 | 3.81 | 2.81 | 2.66 | 2.53 | 2.8 | 2.6 | 2.5 |
| 32 | 38×3 | 44.14 | 50.41 | 71.4 | 4.87 | 4.55 | 3.83 | 3.16 | 3.03 | 2.69 | 3.1 | 3.0 | 2.7 |
| 40 | 45×3 | 54.04 | 61.88 | 83.16 | 5.30 | 4.96 | 4.28 | 3.54 | 3.39 | 3.07 | 3.5 | 3.4 | 3.0 |
| 50 | 57×3.5 | 77.96 | 86.89 | 110.52 | 6.08 | 5.76 | 5.11 | 4.20 | 4.05 | 3.74 | 4.2 | 4.0 | 3.7 |
| 65 | 73×4 | 114.92 | 137.38 | 152.58 | 6.94 | 6.35 | 6.02 | 4.98 | 4.69 | 4.53 | 5.0 | 4.7 | 4.5 |
| 80 | 89×4 | 150.63 | 175.63 | 213.00 | 7.49 | 6.94 | 6.30 | 5.60 | 5.32 | 4.99 | 5.6 | 5.3 | 5.0 |
| 100 | 108×4 | 198.19 | 226.43 | 268.21 | 8.03 | 7.51 | 6.90 | 6.26 | 5.99 | 5.66 | 6.2 | 6.0 | 5.7 |
| 125 | 133×4 | 269.88 | 301.56 | 349.22 | 8.57 | 8.10 | 7.53 | 7.0 | 6.74 | 6.42 | 7.0 | 6.7 | 6.4 |
| 150 | 159×4.5 | 380.20 | 405.99 | 489.74 | 9.17 | 8.87 | 8.08 | 7.78 | 7.61 | 7.15 | 7.8 | 7.6 | 7.1 |
| 200 | 219×6 | 689.01 | 746.77 | 826.20 | 10.85 | 10.42 | 9.91 | 9.68 | 9.43 | 9.11 | 9.7 | 9.4 | 9.1 |
| 250 | 273×7 | 1027.04 | 1095.29 | 1189.14 | 12.00 | 11.62 | 11.15 | 11.14 | 10.91 | 10.61 | 11.1 | 10.9 | 10.6 |
| 300 | 325×8 | 1418.03 | 1497.07 | 1654.56 | 13.02 | 12.67 | 12.05 | 12.47 | 12.24 | 11.84 | 12.5 | 12.2 | 11.8 |
| 350 | 377×9 | 1870.50 | 1954.74 | 2136.45 | 13.96 | 13.66 | 13.06 | 13.72 | 13.52 | 13.13 | 13.7 | 13.5 | 13.1 |

续表

| 公称通径（mm） | 外径×壁厚（mm×mm） | 管道单位长度计算荷载（N/m） | | | 强度条件计算最大跨距（m） | | | 刚度条件计算最大跨距（m） | | | 允许最大跨距推荐值（m） | | |
|---|---|---|---|---|---|---|---|---|---|---|---|---|---|
| | | 密度150 | 密度250 | 密度350 | 密度150 | 密度250 | 密度350 | 密度150 | 密度250 | 密度350 | 密度150 | 密度250 | 密度350 |
| 400 | 426×9 | 2276.98 | 2361.71 | 2571.38 | 14.36 | 14.10 | 13.51 | 14.57 | 14.39 | 13.99 | 14.3 | 14.1 | 13.5 |
| 450 | 478×9 | 2751.33 | 2860.86 | 3074.84 | 14.69 | 14.40 | 13.90 | 15.37 | 15.17 | 14.81 | 14.7 | 14.4 | 13.9 |
| 500 | 529×9 | 3250.28 | 3370.02 | 3620.83 | 15.02 | 14.75 | 14.23 | 16.13 | 15.94 | 15.56 | 15.0 | 14.8 | 14.2 |
| 600 | 630×11 | 4616.34 | 4756.3 | 5026.3 | 16.56 | 16.31 | 15.87 | 18.25 | 18.07 | 17.74 | 16.5 | 16.3 | 15.8 |

注：（1）管道保温材料密度单位：$kg/m^3$。

（2）管道横向焊缝系数 $\phi = 0.7$。

（3）管材许用应力 $[\sigma]^t = 111MPa$（Q235-A）。

（4）钢材弹性模数，$E_t = 2.0 \times 10^5 MPa$。

（5）放水坡度 $i_0 = 0.002$。

### 表6-29 保温液体管路支座最大允许跨度表（$t = 150℃$）

| 公称通径（mm） | 外径×壁厚（mm×mm） | 管道单位长度计算荷载（N/m） | | | 强度条件计算最大跨距（m） | | | 刚度条件计算最大跨距（m） | | | 允许最大跨距推荐值（m） | | |
|---|---|---|---|---|---|---|---|---|---|---|---|---|---|
| | | 密度150 | 密度250 | 密度350 | 密度150 | 密度250 | 密度350 | 密度150 | 密度250 | 密度350 | 密度150 | 密度250 | 密度350 |
| 25 | 32×3 | 36.28 | 51.58 | 61.68 | 4.42 | 3.71 | 3.39 | 2.78 | 2.47 | 2.33 | 2.8 | 2.5 | 2.3 |
| 32 | 38×3 | 44.14 | 60.51 | 86.11 | 4.87 | 4.16 | 3.48 | 3.14 | 2.83 | 2.51 | 3.1 | 2.8 | 2.5 |
| 40 | 45×3 | 54.04 | 71.49 | 98.95 | 5.30 | 4.61 | 3.92 | 3.52 | 3.21 | 2.88 | 3.5 | 3.2 | 2.9 |
| 50 | 57×3.5 | 84.24 | 97.38 | 127.68 | 5.85 | 5.44 | 4.75 | 4.07 | 3.88 | 3.54 | 4.1 | 3.9 | 3.5 |
| 65 | 73×4 | 122.18 | 150.62 | 192.00 | 6.73 | 6.06 | 5.37 | 4.85 | 4.52 | 4.17 | 4.9 | 4.5 | 4.2 |
| 80 | 89×4 | 158.47 | 190.05 | 235.65 | 7.31 | 6.67 | 5.99 | 5.47 | 5.15 | 4.79 | 5.5 | 5.1 | 4.8 |
| 100 | 108×4 | 206.92 | 242.32 | 292.93 | 7.86 | 7.26 | 6.61 | 6.13 | 5.81 | 5.46 | 6.1 | 5.8 | 5.4 |
| 125 | 133×4 | 279.00 | 319.5 | 405.8 | 8.43 | 7.87 | 6.99 | 6.87 | 6.57 | 6.07 | 6.9 | 6.6 | 6.1 |
| 150 | 159×4.5 | 392.06 | 425.8 | 522.0 | 9.03 | 8.66 | 7.83 | 7.65 | 7.44 | 6.95 | 7.6 | 7.4 | 7.0 |
| 200 | 219×6 | 703.51 | 772.75 | 905.83 | 10.74 | 10.24 | 9.46 | 9.55 | 9.26 | 8.78 | 9.5 | 9.2 | 8.8 |
| 250 | 273×7 | 1044.01 | 1125.7 | 1280.06 | 11.90 | 11.46 | 10.75 | 11.0 | 10.73 | 10.28 | 11.0 | 10.7 | 10.3 |
| 300 | 325×8 | 1437.73 | 1531.39 | 1705.65 | 12.93 | 12.53 | 11.87 | 12.33 | 12.07 | 11.64 | 12.3 | 12.1 | 11.6 |
| 350 | 377×9 | 1892.37 | 1998.5 | 2254.82 | 13.88 | 13.51 | 12.71 | 13.33 | 13.08 | 12.81 | 13.6 | 13.3 | 12.7 |
| 400 | 426×9 | 2301.60 | 2418.6 | 2700.73 | 14.28 | 13.93 | 13.18 | 14.42 | 14.18 | 13.67 | 14.3 | 13.9 | 13.2 |

续表

| 公称通径（mm） | 外径×壁厚（mm×mm） | 管道单位长度计算荷载（N/m） | | | 强度条件计算最大跨距（m） | | | 刚度条件计算最大跨距（m） | | | 允许最大跨距推荐值（m） | | |
|---|---|---|---|---|---|---|---|---|---|---|---|---|---|
| | | 密度150 | 密度250 | 密度350 | 密度150 | 密度250 | 密度350 | 密度150 | 密度250 | 密度350 | 密度150 | 密度250 | 密度350 |
| 450 | 478×9 | 2778.0 | 2955.2 | 3213.11 | 14.62 | 14.17 | 13.59 | 15.22 | 14.91 | 14.50 | 14.6 | 14.2 | 14.0 |
| 500 | 529×9 | 3279.30 | 3471.71 | 3754.14 | 14.95 | 14.53 | 13.97 | 15.98 | 15.67 | 15.27 | 15.0 | 14.5 | 14.0 |
| 600 | 630×11 | 4684.7 | 4873.0 | 5199.0 | 16.44 | 16.12 | 15.6 | 18.04 | 17.81 | 17.42 | 16.4 | 16.1 | 15.6 |

注：（1）管道保温材料密度单位：$kg/m^3$。

（2）管道横向焊缝系数 $\phi = 0.7$。

（3）管材许用应力 $[\sigma]^t = 111MPa$（Q235-A）。

（4）钢材弹性模数 $E_t = 1.96 \times 10^5 MPa$。

（5）放水坡度 $i_0 = 0.002$。

### 表6-30　保温蒸汽管路支座最大允许跨度表（$p = 1.3MPa$，$t = 200℃$）

| 公称通径（mm） | 外径×壁厚（mm×mm） | 管道单位长度计算荷载（N/m） | | | 强度条件计算最大跨距（m） | | | 刚度条件计算最大跨距（m） | | | 允许最大跨距推荐值（m） | | |
|---|---|---|---|---|---|---|---|---|---|---|---|---|---|
| | | 密度150 | 密度250 | 密度350 | 密度150 | 密度250 | 密度350 | 密度150 | 密度250 | 密度350 | 密度150 | 密度250 | 密度350 |
| 25 | 32×3 | 43.54 | 69.23 | 125.13 | 3.85 | 3.05 | 2.27 | 2.55 | 2.18 | 1.79 | 2.5 | 2.2 | 1.8 |
| 32 | 38×3 | 56.98 | 77.98 | 137.49 | 4.08 | 3.51 | 2.63 | 2.81 | 2.54 | 2.09 | 2.8 | 2.5 | 2.1 |
| 40 | 45×3 | 64.82 | 8.61 | 173.57 | 4.62 | 4.01 | 2.82 | 3.23 | 2.94 | 2.32 | 3.2 | 2.9 | 2.3 |
| 50 | 57×3.5 | 84.34 | 122.97 | 201.52 | 5.58 | 4.62 | 3.61 | 3.96 | 3.49 | 2.96 | 4.0 | 3.5 | 3.0 |
| 65 | 73×4 | 122.67 | 155.63 | 270.66 | 6.41 | 5.69 | 4.31 | 4.72 | 4.36 | 3.62 | 4.7 | 4.3 | 3.6 |
| 80 | 89×4 | 147.00 | 202.60 | 340.09 | 7.24 | 6.16 | 4.76 | 5.46 | 4.91 | 4.13 | 5.4 | 4.9 | 4.1 |
| 100 | 108×4 | 172.99 | 233.79 | 382.65 | 8.20 | 7.05 | 5.51 | 6.33 | 5.73 | 4.86 | 6.3 | 5.7 | 4.8 |
| 125 | 133×4 | 225.26 | 280.17 | 483.07 | 8.94 | 8.02 | 6.11 | 7.19 | 6.68 | 5.57 | 6.7 | 6.6 | 5.6 |
| 150 | 159×4.5 | 286.25 | 373.63 | 568.29 | 10.08 | 8.82 | 7.15 | 8.27 | 7.57 | 6.58 | 8.2 | 7.6 | 6.6 |
| 200 | 219×6 | 472.96 | 612.12 | 861.79 | 12.49 | 10.98 | 9.25 | 10.62 | 9.74 | 8.69 | 10.5 | 9.7 | 8.7 |
| 250 | 273×7 | 683.03 | 822.77 | 1166.2 | 14.04 | 12.79 | 10.74 | 12.35 | 11.61 | 10.33 | 12.3 | 11.6 | 10.3 |
| 300 | 325×8 | 900.43 | 1058.81 | 1478.72 | 15.58 | 14.37 | 12.16 | 14.03 | 13.29 | 11.89 | 14.0 | 13.3 | 11.9 |
| 350 | 377×9 | 1148.05 | 1370.76 | 1818.33 | 17.00 | 15.56 | 13.51 | 15.62 | 14.72 | 13.4 | 15.6 | 14.7 | 13.4 |
| 400 | 426×9 | 1318.69 | 1562.58 | 2047.61 | 18.0 | 16.53 | 14.44 | 16.90 | 15.97 | 14.60 | 16.9 | 16.6 | 14.4 |

续表

| 公称通径（mm） | 外径×壁厚（mm×mm） | 管道单位长度计算荷载（N/m） | | | 强度条件计算最大跨距（m） | | | 刚度条件计算最大跨距（m） | | | 允许最大跨距推荐值（m） | | |
|---|---|---|---|---|---|---|---|---|---|---|---|---|---|
| | | 密度150 | 密度250 | 密度350 | 密度150 | 密度250 | 密度350 | 密度150 | 密度250 | 密度350 | 密度150 | 密度250 | 密度350 |
| 450 | 478×9 | 1537.76 | 1772.82 | 2383.97 | 18.74 | 17.46 | 15.05 | 18.05 | 17.21 | 15.59 | 18.0 | 17.2 | 15.0 |
| 500 | 529×9 | 1728.80 | 1983.47 | 2639.73 | 20.48 | 18.34 | 15.89 | 19.26 | 18.40 | 16.72 | 19.2 | 18.4 | 15.9 |
| 600 | 630×11 | 2415.65 | 2775.8 | 3558.2 | 21.84 | 20.37 | 17.99 | 21.91 | 20.92 | 19.25 | 21.8 | 20.3 | 19.2 |

注：（1）管道保温材料密度单位：$kg/m^3$。

（2）管道横向焊缝系数 $\phi=0.7$。

（3）管材许用应力 $[\sigma]^t=101MPa(10^\# 钢)$。

（4）钢材弹性模数 $E_t=1.81\times10^5 MPa$。

（5）放水坡度 $i_0=0.002$。

**表6-31 保温蒸汽管路支座最大允许跨度表（$p=1.3MPa$，$t=250℃$）**

| 公称通径（mm） | 外径×壁厚（mm×mm） | 管道单位长度计算荷载（N/m） | | | 强度条件计算最大跨距（m） | | | 刚度条件计算最大跨距（m） | | | 允许最大跨距推荐值（m） | | |
|---|---|---|---|---|---|---|---|---|---|---|---|---|---|
| | | 密度150 | 密度250 | 密度350 | 密度150 | 密度250 | 密度350 | 密度150 | 密度250 | 密度350 | 密度150 | 密度250 | 密度350 |
| 25 | 32×3 | 50.4 | 82.47 | 150.23 | 3.74 | 2.92 | 2.16 | 2.38 | 2.02 | 1.65 | 2.4 | 2.0 | 16 |
| 32 | 38×3 | 56.98 | 105.91 | 186.62 | 4.26 | 3.13 | 2.36 | 2.76 | 2.24 | 1.86 | 2.7 | 2.2 | 1.8 |
| 40 | 45×3 | 73.35 | 116.01 | 200.05 | 4.53 | 3.60 | 2.74 | 3.04 | 2.61 | 2.17 | 3.0 | 2.6 | 2.2 |
| 50 | 57×3.5 | 93.46 | 139.64 | 259.19 | 5.53 | 4.52 | 3.32 | 3.76 | 3.29 | 2.67 | 3.7 | 3.3 | 2.6 |
| 65 | 73×4 | 133.56 | 193.18 | 301.25 | 6.41 | 5.33 | 4.27 | 4.50 | 3.98 | 3.43 | 4.4 | 4.0 | 3.4 |
| 80 | 89×4 | 158.47 | 223.2 | 375.79 | 7.27 | 6.13 | 4.72 | 5.23 | 4.67 | 3.92 | 5.2 | 4.6 | 3.9 |
| 100 | 108×4 | 185.44 | 281.35 | 458.85 | 8.27 | 6.71 | 5.26 | 6.07 | 5.28 | 4.49 | 6.0 | 5.3 | 4.5 |
| 125 | 133×4 | 239.87 | 330.00 | 523.86 | 9.05 | 7.71 | 6.12 | 6.91 | 6.21 | 5.32 | 6.9 | 6.2 | 5.3 |
| 150 | 159×4.5 | 301.85 | 430.51 | 660.96 | 10.24 | 8.58 | 6.92 | 7.97 | 7.08 | 6.14 | 8.0 | 7.1 | 6.1 |
| 200 | 219×6 | 510.13 | 645.46 | 973.00 | 12.55 | 11.16 | 9.09 | 10.16 | 9.39 | 8.19 | 10.1 | 9.3 | 8.2 |
| 250 | 273×7 | 704.31 | 900.43 | 1293.19 | 14.43 | 12.76 | 10.65 | 11.99 | 11.05 | 9.79 | 12.0 | 11.0 | 9.8 |
| 300 | 325×8 | 925.14 | 1145.3 | 1650.34 | 16.04 | 14.42 | 12.01 | 13.64 | 12.71 | 11.25 | 13.6 | 12.7 | 11.2 |
| 350 | 377×9 | 1202.58 | 1466.87 | 1968.96 | 17.33 | 15.69 | 13.55 | 15.09 | 14.12 | 12.8 | 15.1 | 14.1 | 12.8 |
| 400 | 426×9 | 1377.93 | 1666.24 | 2294.35 | 18.37 | 16.71 | 14.24 | 16.34 | 15.34 | 13.79 | 16.3 | 15.3 | 13.8 |

续表

| 公称通径（mm） | 外径×壁厚（mm×mm） | 管道单位长度计算荷载（N/m） | | | 强度条件计算最大跨距（m） | | | 刚度条件计算最大跨距（m） | | | 允许最大跨距推荐值（m） | | |
|---|---|---|---|---|---|---|---|---|---|---|---|---|---|
| | | 密度150 | 密度250 | 密度350 | 密度150 | 密度250 | 密度350 | 密度150 | 密度250 | 密度350 | 密度150 | 密度250 | 密度350 |
| 450 | 478×9 | 1570.51 | 1883.83 | 2563.43 | 19.36 | 17.67 | 15.15 | 17.58 | 16.55 | 14.94 | 17.6 | 16.5 | 15.0 |
| 500 | 529×9 | 1763.02 | 2102.82 | 2830.46 | 20.3 | 18.59 | 16.02 | 18.77 | 17.70 | 16.03 | 18.7 | 17.7 | 16.0 |
| 600 | 630×11 | 2495.1 | 2914.6 | 3773.76 | 22.42 | 20.75 | 18.23 | 21.27 | 20.19 | 18.53 | 21.2 | 20.2 | 18.2 |

注：（1）管道保温材料密度单位：$kg/m^3$。

（2）管道横向焊缝系数 $\phi = 0.7$。

（3）管材许用应力 $[\sigma]^t = 110MPa$（20#钢）。

（4）钢材弹性模数 $E_t = 1.71×10^5 MPa$。

（5）放水坡度 $i_0 = 0.002$。

### 表6-32　常用管路支座允许跨度范围表

| 管径（mm） | | 15 | 20 | 25 | 32 | 40 | 50 | 75 | 80 | 100 | 125 | 150 | 200 | 250 |
|---|---|---|---|---|---|---|---|---|---|---|---|---|---|---|
| 支座间距（m） | 无保温层管路 | 2.5 | 3 | 4 | 4 | 5 | 3.5~6 | 4~7 | 6 | 4.5~9 | 5.5~10 | 6~12 | 7.5~13 | 17.2 |
| | 有保温层管路 | 1.5 | 2 | 2 | 2.5 | 3 | 3~4 | 3.5~5 | 4 | 4~7 | 5~8 | 5.5~9 | 6.5~10 | 16.1 |

## 二、管路固定支座间最大距离

管路固定支座间最大距离，见表6-33。

### 表6-33　管路固定支座间的最大距离 L　　　　（单位：m）

| 补偿器类型 | 敷设方式　　管径（mm） | 40 | 50 | 70 | 80 | 100 | 125 | 150 | 200 | 150 | 300 |
|---|---|---|---|---|---|---|---|---|---|---|---|
| Π形 | 管沟、地上 | 45 | 50 | 55 | 60 | 65 | 70 | 80 | 90 | 100 | 115 |
| Ω形 | 管沟、地上 | 45 | 50 | 55 | 60 | 65 | 70 | 80 | 90 | 100 | 115 |
| 套筒型 | 管沟、地上 | | | | | | | 50 | 55 | 60 | 70 | 80 |
| 波纹管式 | 管沟、地上 | 15 | 15 | 15 | 15 | 20 | | | | | |
| 波纹管式和套筒型伸缩器伸缩量的核算 | ① 表中波纹管伸缩器是按4个波圈考虑的，通常每个波圈的补偿量为10mm左右，安装时应根据实际波圈数伸缩量计算 ② 安装套筒式补偿器时，在所有情况下应根据其补偿能力来检查 L 的距离。被补偿管段的长度可用下式求出 | | | | | | | | | | |

续表

| | | 符号 | 符号含义 | 单位 |
|---|---|---|---|---|
| 波纹管式和套筒型伸缩器伸缩量的核算 | $L = \dfrac{L_{max}}{\Delta + L_{min}}$, m | $L_{max}$ | 套筒补偿器本身最大的补偿能力 | cm |
| | | $\Delta$ | 单位管长的膨胀量,$\Delta = 0.0012(t_{用} - t_{安})$ | cm/m |
| | | $L_{min}$ | 考虑管路可能因冷却缩短的安装裕度,$L_{min} = 0.0012$ $(t_{用} - t_{min})$ | cm/m |
| | | $t_{用}$ | 使用中的温度 | ℃ |
| | | $t_{安}$ | 补偿器安装时的温度 | ℃ |
| | | $t_{min}$ | 使用中可能达到的最低温度,一般可采用当地最低温度 | ℃ |

# 第九节　管路伸缩补偿

## 一、管路的热伸长(冷缩短)计算及每米管长伸缩量

(一)管路热伸长(冷缩短)计算

管路热伸长(冷缩短)计算,见表6-34。

表6-34　管路热伸长(冷缩短)计算

| 计算公式 | 符号 | 符号含义 | 单位 |
|---|---|---|---|
| $\Delta L = \alpha \cdot L \cdot (t_y - t_p)$ | $\Delta L$ | 地上自由放置的管线的伸缩量 | m |
| | $\alpha$ | 管材的线膨胀系数,见下表 | |
| | $L$ | 管路长度 | m |
| | $t_y$ | 管路安装时的温度(取安装时的气温,常取-5℃) | ℃ |
| | $t_p$ | 管路使用时的温度(取管路运行的最高油温) | ℃ |

各种管材的膨胀系数"α值"表

| 管道材料 | $\alpha(1/℃)$ | 管道材料 | $\alpha(1/℃)$ |
|---|---|---|---|
| 不锈钢 | $1.03 \times 10^{-5}$ | 铸铁 | $1.1 \times 10^{-5}$ |
| 碳素钢 | $1.17 \times 10^{-5}$ | 聚氯乙烯 | $7.0 \times 10^{-5}$ |
| 铜 | $1.596 \times 10^{-5}$ | 聚乙烯 | $10.0 \times 10^{-5}$ |
| 青铜 | $1.8 \times 10^{-5}$ | 玻璃 | $0.5 \times 10^{-5}$ |

(二)每米管长伸缩量

每米管长伸缩量,见表6-35。

表 6-35 每米管长伸缩量表　　　　　　　　　　（单位：mm）

| 温度差(℃) | 钢管 | 铁管 | 生铁管 | 铜管 |
|---|---|---|---|---|
| 10 | 0.13 | 0.12 | 0.11 | 0.16 |
| 30 | 0.38 | 0.37 | 0.33 | 0.47 |
| 50 | 0.63 | 0.62 | 0.56 | 0.80 |
| 70 | 0.97 | 0.97 | 0.78 | 1.12 |
| 100 | 1.26 | 1.24 | 1.11 | 1.60 |
| 120 | 1.41 | 1.40 | 1.33 | 1.91 |
| 150 | 1.88 | 1.85 | 1.66 | 2.40 |
| 170 | 2.26 | 2.10 | 1.88 | 2.71 |
| 200 | 2.52 | 2.47 | 2.22 | 3.20 |
| 220 | 2.74 | 2.72 | 2.42 | 3.51 |
| 250 | 3.15 | 3.10 | 2.77 | 3.70 |
| 270 | 3.50 | 3.33 | 3.00 | 3.91 |
| 300 | 3.77 | 3.71 | 3.33 | 4.69 |
| 320 | 4.03 | 3.95 | 3.53 | 5.00 |
| 350 | 4.40 | 4.32 | 3.88 | 5.49 |
| 370 | 4.97 | 4.57 | 4.17 | 5.80 |
| 400 | 5.03 | 4.94 | 4.44 | 6.38 |

## 二、管路补偿器比较及使用范围

管路补偿器比较及使用范围，见表 6-36。

表 6-36 管路补偿器比较及使用范围表

| 形式 | 优点 | 缺点 | 使用范围 |
|---|---|---|---|
| 波纹管式 | 结构简单、紧凑、体积小、严密性好，不需检修 | 补偿能力小，使用压力低，一般为 $1.96 \times 10^5 \sim 4.9 \times 10^5 Pa$；易积锈渣 | 现在油库较少应用，不宜用于小口径管上 |
| 填料筒式 | 结构简单、紧凑，补偿能力大，可到 200~250mm 以上 | 严密性较差，必须定期更换填料，有时有卡住的危险 | 一般用于 $9.8 \times 10^5 Pa$ 以下，管径在 DN150 以上 |
| 曲管式 | 制造安装容易，使用方便，补偿能力大，通常可达 400mm，推力很小 | 尺寸大，安装受地形、管沟条件的限制 | 用于温度和压力较高的管路上 |

## 三、管路补偿器的选择

### (一)波纹补偿器的选择与安装

波纹补偿器的选择与安装,见表6-37和表6-38。

表6-37 波纹补偿器的选择与安装

| 波纹管补偿器的安装要求 | 波纹管补偿器尺寸图 |
|---|---|
| 1. 在直管段上任意两固定支架之间只能安装一只波纹补偿器 | 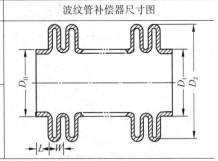 |
| 2. 波纹补偿器应靠近固定支架安装,如下图所示,其中 $L_1$ 为4倍公称通径,$L_2$ 为14倍公称通径,$L_3$ 按滑动支架间距布置 | |

波纹补偿器安装示意图

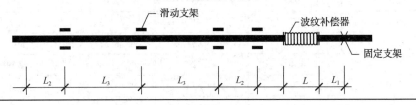

表6-38 波纹管规格及参考技术数据表

| 波纹管公称直径 DN(mm) | 80 | 125 | 150 | 200 | 250 | 300 | 209/237 | 400 |
|---|---|---|---|---|---|---|---|---|
| 管道外径 $D_H$(mm) | 89 | 133 | 159 | 219 | 270 | 325 | 273 | 426 |
| 波纹管内径 $D_1$(mm) | 73 | 113 | 149 | 195 | 246 | 292 | 237 | 402 |
| 波纹管外径 $D_2$(mm) | 109 | 158 | 197 | 250 | 310 | 360 | 309 | 470 |
| 壁厚 $\delta$(mm) | 1、1.2 | 1、1.2 | 1.2、1.5 | 1.2 | 1.2、1.5 | 1.5 | 1、1.2、1.5、2 | 1、1.2、1.5、2 |
| 波高 $h$(mm) | 18 | 22 | 24 | 27.6 | 32 | 34 | 36 | 35 |
| 波数 $n$(个) | 14 | 11、14 | 10、13 | 8、12 | 7 | 7 | 9、10 | 7 |
| 波距 $W$(mm) | 20 | 32 | 36 | 40 | 44 | 37 | 52 | |
| 每波补偿量(mm) | 3~4 | 3~4 | 4.8~6.4 | 5.4~7.2 | 6~8 | 6.6~8.3 | 5.5~7.4 | 8.4~11.28 |
| 端长 $L$(mm) | 20 | 20 | 20 | 20 | 20 | 20 | 20 | 20 |

| 波峰半径 $R$(mm) | 5 | 5 | 8 | 9 | 10 | 11 | 9 | 13 |
|---|---|---|---|---|---|---|---|---|
| 波谷半径 $r$(mm) | 5 | 5 | 8 | 9 | 10 | 11 | 9 | 13 |
| 加强环外径 $D_A$(mm) | 258 | 284 | 364 | 416 | 502 | 366 | | 610 |

注：（1）波纹管采用薄壁不锈钢或碳钢，直缝氩弧焊接，用液压方法制造成型。

（2）可用于管道中作位移补偿及温度补偿和吸收震动。

（3）使用条件：温度为300℃以下的各种管道；工作压力为 $1.6×10^5$ Pa。

### （二）Ⅱ形补偿器的选择

Ⅱ形补偿器的选择，见表6-39。

**表6-39 Ⅱ形补偿器选择表**

| | 简介 | Ⅱ形补偿器 |
|---|---|---|
| 1. 类型 | Ⅱ形补偿器是动力管道设计中最常用的一种补偿器，它是由4个90°弯头组成，常用的如右图所示的4种类型 | |
| 2. 自由臂 | Ⅱ形补偿器的自由臂（导向支架至补偿器外伸臂的距离），一般为40倍公称通径的长度 | 矩（方）形补偿器<br>1型($b=2a$) 2型($b=a$)<br>3型($b=0.5a$) 4型($b=0$) |
| 3. 安装 | （1）Ⅱ形补偿器安装时一般必须预拉伸 | |
| | （2）预拉伸值：当介质温度250℃以下时，为计算热伸长量的50%；当介质温度250~400℃时，为计算热伸长量的70% | |

| 补偿能力 $\Delta L$(mm) | 型号 | 公称通径 $D_N$(mm) | | | | | | | | | | | |
|---|---|---|---|---|---|---|---|---|---|---|---|---|---|
| | | 20 | 25 | 32 | 40 | 50 | 65 | 80 | 100 | 125 | 150 | 200 | 250 |
| | | 外伸臂长 $H=a+2R$(mm) | | | | | | | | | | | |
| 30 | 1 | 450 | 520 | 570 | — | — | — | — | — | — | — | — | — |
| | 2 | 530 | 580 | 630 | 670 | — | — | — | — | — | — | — | — |
| | 3 | 600 | 760 | 820 | 850 | — | — | — | — | — | — | — | — |
| | 4 | — | 760 | 820 | 850 | — | — | — | — | — | — | — | — |
| 50 | 1 | 570 | 650 | 720 | 760 | 790 | 860 | 930 | 1000 | — | — | — | — |
| | 2 | 690 | 750 | 830 | 870 | 880 | 910 | 930 | 1000 | — | — | — | — |
| | 3 | 790 | 850 | 930 | 970 | 970 | 980 | 980 | — | — | — | — | — |
| | 4 | — | 1060 | 1120 | 1140 | 1050 | 1240 | 1240 | — | — | — | — | — |

| 补偿能力 ΔL(mm) | 型号 | 公称通径 $D_N$(mm) | | | | | | | | | | | |
|---|---|---|---|---|---|---|---|---|---|---|---|---|---|
| | | 20 | 25 | 32 | 40 | 50 | 65 | 80 | 100 | 125 | 150 | 200 | 250 |
| | | 外伸臂长 $H=a+2R$ (mm) | | | | | | | | | | | |
| 75 | 1 | 680 | 790 | 860 | 920 | 950 | 1050 | 1100 | 1220 | 1380 | 1530 | 1800 | — |
| | 2 | 830 | 930 | 1020 | 1070 | 1080 | 1150 | 1200 | 1300 | 1380 | 1530 | 1800 | — |
| | 3 | 980 | 1060 | 1150 | 1220 | 1180 | 1220 | 1250 | 1350 | 1450 | 1600 | — | — |
| | 4 | — | 1350 | 1410 | 1430 | 1450 | 1450 | 1350 | 1450 | 1530 | 1650 | — | — |
| 100 | 1 | 780 | 910 | 980 | 1050 | 1100 | 1200 | 1270 | 1400 | 1590 | 1730 | 2050 | — |
| | 2 | 970 | 1070 | 1170 | 1240 | 1250 | 1330 | 1400 | 1530 | 1670 | 1830 | 2100 | 2300 |
| | 3 | 1140 | 1250 | 1360 | 1430 | 1450 | 1470 | 1500 | 1600 | 1750 | 1830 | 2100 | — |
| | 4 | — | 1600 | 1700 | 1780 | 1700 | 1710 | 1720 | 1730 | 1840 | 1980 | 2190 | — |
| 150 | 1 | — | 1100 | 1260 | 1270 | 1310 | 1400 | 1570 | 1730 | 1920 | 2120 | 2500 | — |
| | 2 | — | 1330 | 1450 | 1540 | 1550 | 1660 | 1760 | 1920 | 2100 | 2280 | 2630 | 2800 |
| | 3 | — | 1560 | 1700 | 1800 | 1830 | 1870 | 1900 | 2050 | 2230 | 2400 | 2700 | 2900 |
| | 4 | — | — | — | 2070 | 2170 | 2200 | 2200 | 2260 | 2400 | 2570 | 2800 | 3100 |
| 200 | 1 | — | 1240 | 1370 | 1450 | 1510 | 1700 | 1830 | 2000 | 2240 | 2470 | 2840 | — |
| | 2 | — | 1540 | 1700 | 1800 | 1810 | 2000 | 2070 | 2250 | 2500 | 2700 | 3080 | 3200 |
| | 3 | — | — | 2000 | 2100 | 2100 | 2220 | 2300 | 2450 | 2670 | 2850 | 3200 | 3400 |
| | 4 | — | — | — | — | 2720 | 2750 | 2770 | 2780 | 2950 | 3130 | 3400 | 3700 |
| 250 | 1 | — | — | 1530 | 1620 | 1700 | 1950 | 2050 | 2230 | 2520 | 2780 | 3160 | — |
| | 2 | — | — | 1900 | 2010 | 2040 | 2260 | 2340 | 2560 | 2800 | 3050 | 3500 | 3800 |
| | 3 | — | — | — | — | 2370 | 2500 | 2600 | 2800 | 3050 | 3300 | 3700 | 3800 |
| | 4 | — | — | — | — | — | 3000 | 3100 | 3230 | 3450 | 3640 | 4000 | 4200 |

注:(1)表中 ΔL 是按安装时冷拉 ΔL/2 计算的。

  (2)如采用折皱弯头,补偿能力可增加 1/3~1 倍。

# 第七章　油罐和管路加热保温设计与数据

## 第一节　油品加热热源与油罐的加热方式

油品加热热源与油罐的加热方式，见表7-1。

表7-1　油品加热热源与油罐的加热方式

| | | |
|---|---|---|
| （一）油品加热的热源 | 1. 水蒸气 | （1）水蒸气是目前最常用的热源，它具有热焓高、易于制备和输送、使用比较安全等优点 |
| | | （2）油库加热作业一般采用表压 $3×10^5 \sim 8×10^5$ Pa 的水蒸气 |
| | 2. 热水和热空气 | （1）热水和热空气的热焓较低，因此用量必然很大，制备和输送都相应要求比较庞大的设备，使用不方便 |
| | | （2）在有工业废热水或废热气可供利用的特殊情况下才考虑采用 |
| | 3. 电能 | （1）利用电能作为热源具有设备简单、操作方便、有利于环境保护等突出优点 |
| | | （2）近年来在国外已逐步得到推广使用，在国内也有使用，但还不太多 |
| （二）油罐等储油容器的加热方法 | 1. 蒸汽直接加热法 | （1）这种方法是将饱和水蒸气直接通入待加热的油品中，此方法操作方便，热效率高 |
| | | （2）由于冷凝水留存于油品中而影响油品质量，因此一般不允许采用 |
| | | （3）只有燃料油和农用柴油等含水量要求不严格的油品，在缺乏其他加热方法时才偶尔采用 |
| | 2. 蒸汽间接加热法 | （1）这种方法是将水蒸气通过油罐中的管式加热器或罐车的加热套，用加热器或加热套来加热油品，蒸汽与油品不直接接触 |
| | | （2）这种方法适用于一切油品的加热，目前得到广泛的应用。本章将着重讨论这种方法的设计和计算 |
| | 3. 热水垫层加热法 | （1）这种方法是依靠油品下面的热水垫层向油品传热。热水垫层的热量可以靠通入蒸汽来补充 |
| | | （2）如有工业废热水或其他热水来源时，也可对水垫层不断补充热水并排走降温后的"冷水"来保持水垫层的温度 |
| | | （3）这种方法使用较少，常在有方便的热水来源时才采用，而且不能应用于不容许存在水迹的油品的加热 |

| | | |
|---|---|---|
| （二）油罐等储油容器的加热方法 | 4. 热油循环法 | （1）这种方法是从储油容器中不断抽出一部分油品，在容器外加热到低于闪点温度15~20℃，再用泵打回容器中去和冷油混合 |
| | | （2）由于热油循环过程中存在着机械搅拌作用，因此返回容器的热油很快地把热量传给冷油，使容器中的油温逐步提高 |
| | | （3）这种方法虽然要增设循环油泵、换热器（或加热炉）等设备，但罐内不再需要装设加热器，因此就避免了加热器的锈蚀和随之而来的检修工作，而且完全杜绝了因加热器漏水而影响油品质量的问题。由于这种方法有这些优点，近年来受到国内外的普遍重视，并逐步在生产实践中推广使用 |
| | 5. 电加热法 | （1）电加热法有电阻加热、感应加热和红外线加热3种方法 |
| | | （2）其中红外线加热法设备简单、热效率高、使用方便，适用于小容量和油罐车的加热 |

# 第二节　输油管道加热方法

输油管道的加热方法，见表7-2。

**表7-2　输油管道的加热方法**

| | | |
|---|---|---|
| 蒸汽伴随加热法 | 1. 内伴随方法 | （1）内伴随是把蒸汽管安装在油管内部 |
| | | （2）这种方法的优点是热能利用率高、加热所需的时间短 |
| | | （3）缺点是蒸汽管的温度较高，应力补偿不易处理；蒸汽管发生漏损时不易发现和维修；蒸汽管安装在油管内部增大了油流的水力摩阻等。因此，内伴随很少采用 |
| | 2. 外伴随方法 | （1）外伴随是用保温材料把一根或数根蒸汽管和油管包扎在一起，或把蒸汽管和油管敷设在同一管沟中 |
| | | （2）外伴随加热虽然热效率低一些，但施工与维修都比较方便，因此，使用比较广泛 |
| | 3. 油库通常采用的方法 | （1）库内管道一般都不长，热油在管路中输送不会有很大的温降，油品不至于在管路中凝固，所以一般情况下不需要进行伴随加热 |
| | | （2）只是对于间歇作业的不放空的黏油和凝固点低于周围介质最低温度的油品管路才采用伴随加热 |

| | | |
|---|---|---|
| 管路电热法 | 1. 直接加热法 | （1）直接加热法是对管路直接通电，是管路自体发热而加热管内油品 |
| | | （2）此法比较简单，但管路应包以良好的电绝缘材料，以减少电流损失和保证安全 |
| | 2. 间接加热法 | 间接加热法是把有良好电绝缘的电热导线和油管用保温材料包扎在一起，电热导线通电后发热，将热量传给油管以加热管内油品 |
| | 3. 感应加热法 | 感应加热法是把线圈和油管用保温材料包扎在一起，线圈通交流电后产生交变磁场，输油管在交变磁场中诱发产生感应电流而升温，使管内油品被加热 |

# 第三节　蒸汽管路的管径选择

蒸汽管路的管径选择，见表7-3。

表 7-3　蒸汽管路的管径选择

| 1. 决定因素 | 蒸汽管的直径根据蒸汽的需要量来确定。初算时可根据管路中蒸汽的允许流速来决定 | | | |
|---|---|---|---|---|
| 2. 计算公式 | $d=\sqrt{\dfrac{4G}{3600\pi V\gamma}}$ | 符号 | 符号含义 | 单位 |
| | | $d$ | 蒸汽管内径 | m |
| | | $G$ | 蒸汽的质量流量 | kg/h |
| | | $\gamma$ | 蒸汽的密度 | kg/m³ |
| | | $V$ | 蒸汽的允许流速 | m/s |
| 3. 蒸汽在管路中的允许流速 | 介质 | 管径 DN(mm) | | 允许流速(m/s) |
| | 过热蒸汽 | >200 | | 40~60 |
| | | 100~200 | | 30~50 |
| | | <100 | | 20~40 |
| | 饱和蒸汽 | >200 | | 30~40 |
| | | 100~200 | | 25~35 |
| | | <100 | | 15~30 |
| | 冷凝水 | | | 0.5~1.5 |

# 第四节　加热每吨石油需要蒸汽量

加热每吨石油产品需要蒸汽量，见表7-4。

表7-4 加热每吨石油产品需要蒸汽量参考表

| 加热温度（℃） | 蒸汽量（kg/t） | 加热温度（℃） | 蒸汽量（kg/t） |
|---|---|---|---|
| 10 | 7.7 | 30 | 23.0 |
| 15 | 11.5 | 35 | 26.8 |
| 20 | 15.4 | 40 | 30.6 |
| 25 | 19.2 | | |

# 第五节　油罐保温结构

由于保温结构是组合结构，很难划分其种类，一般可按保温层、保护层分别划分，而在使用中根据不同情况加以选择和组合。油罐保温结构的种类及选择，见表7-5。

表7-5 油罐保温结构的种类及选择

| | | | |
|---|---|---|---|
| 保温层的种类 | 胶泥结构 | 适用 | 这是一种较原始的方法，20世纪60年代以后很少应用，现在只偶而用在临时性保温工程或其他保温结构中的连接部位及接缝处 |
| | | 做法 | 一般将保温材料用水拌成胶泥状，用手团成泥团，然后紧密地黏在罐壁上，一次可达30~50mm厚，达到设计厚度后再在上面敷设镀锌钢丝网，并抹面或设置其他保护层 |
| | | 材料 | 此法所用保温材料多为石棉、石棉硅藻土或碳酸钙石棉粉等 |
| | 填充结构 | 做法 | 用钢筋或扁钢作支撑环，套在油罐上，在支撑环外面包上镀锌铁丝网，在中间填充散状保温材料，使之达到要求的厚度 |
| | | 材料 | 填充的保温材料主要有岩棉、矿渣棉、玻璃棉、膨胀珍珠岩、蛭石散料等，外面的保护层需用薄钢板制作 |
| | 捆扎结构 | 做法 | 利用在生产厂将保温材料制成厚度均匀的毡或毯状半成品，在工地上加压并裁剪成所需尺寸，并在罐壁上焊接支撑钉固定附件，然后将其包覆在油罐上，外面用镀锌铁丝、镀锌钢带或聚丙烯打包带，缠绕扎紧。捆扎时要求接缝严密 |
| | | 材料 | 捆扎结构所用的保温材料主要有矿渣棉毡或毯、玻璃棉毡、岩棉毡和泡沫石棉毡等 |
| | 预制结构 | 做法 | 把生产厂制成的保温制品硬质或半硬质弧状板或平板等捆扎在油罐壁上 |
| | | 材料 | 预制品用的保温材料主要有矿渣棉、岩棉、泡沫石棉、微孔硅酸钙、硅酸铝纤维等制成的预制品 |

| | | | |
|---|---|---|---|
| 保温层的种类 | 缠绕结构 | 做法 | 把生产厂提供的带状或绳状保温制品，直接缠绕在直径较小的油罐上 |
| | | 材料 | 作为缠绕结构的保温材料有石棉、岩棉、玻璃棉等材料制成的绳或带 |
| | 装配结构 | | 保温层材料及外保护层均由厂家供给定型制品，现场施工只需按规格就位，并加以固定即可 |
| | 涂抹结构 | | 保温材料是复合硅酸盐涂料，直接抹在罐壁上，每次涂抹厚度在 10~20mm，达到保温层厚度要求后，在外表面涂防水剂 |
| | 喷涂结构 | 做法 | 把保温材料用专门设备直接喷涂在油罐罐壁上，材料内混有发泡剂，因而形成泡沫状黏附在罐壁上 |
| | | 材料 | 喷涂结构使用的材料主要是聚氨酯塑料 |
| | 可拆卸式结构 | 形式 | 可拆卸式保温结构又称为活动式保温结构 |
| | | 适用 | 主要用于需要经常进行监视、检查焊缝的球形罐 |
| 保护层的种类 | 涂抹保护层 | 做法 | 有沥青胶泥、石棉水泥砂浆等。用镀锌铁丝网做骨架，把材料调成胶泥状，直接涂抹在保温层外 |
| | | 厚度 | 为了使其圆整、光洁，一般沥青胶泥需涂抹 3~5mm，石棉水泥砂浆需涂抹 10~20mm |
| | 金属保护层 | | 一般采用镀锌或不镀锌薄钢板、薄铝板或合金铝板，其中镀锌薄钢板和合金铝板是常用的两种 |
| | 布毡类保护层 | 材料 | 这类保护层主要是用玻璃布，缠绕在保温层外 |
| | | 保护膜 | 为了防止雨水入侵延长使用寿命，在外面涂抹各种适合的涂料作为保护膜 |
| | 新型材料保护层 | 材料 | 近年来新型保护层材料很多，如玻璃钢、各种铝箔、PU 型阻燃防水敷面材料等 |
| | | 做法 | 可黏结、扎带、涂抹，施工方便，外形美观 |
| | | 要求 | 但用于石油化工企业，必须是阻燃型，氧指数不得小于 30 |
| 防潮层的种类 | 作用 | | 油罐保温，其外表必须设置防潮层，以防止大气中水蒸气凝结于保温层外表面上，并渗入保温层内部而产生凝结水或结冰现象，致使保温材料的导热系数增大，保温结构开裂，并加剧金属壁面的腐蚀 |
| | 材料 | | 在保温工程中，常采用石油沥青或改性沥青玻璃布、石油沥青玛蹄脂玻璃布、聚乙烯薄膜及复合铝箔等作防潮层 |
| 保温结构的选择原则 | | | 保温结构的确定，一般应根据保温材料、保护层材料以及不同条件和要求，选择不同的保温结构。但应注意以下几点 |
| | | | 保温结构必须牢固的固定在罐体上，外表整齐美观 |
| | | | 保温结构应有严密的防水措施，应能防止雨水渗入 |
| | | | 保温结构应有必要的机械强度和刚度，应能经受消防水冲刷及防止风力等外力作用可能造成破坏 |
| | | | 经济的保温结构，即由经济的保温材料、厚度、外保护层构成经济的保温结构 |

# 第六节 管路保温结构

## 一、管道保温层结构的要求

管道保温层结构的要求，见表7-6。

表 7-6 管道保温层结构的要求

| 1. 保温结构组成 | 管道的保温结构由防腐层、保温层、保护壳组成 | | |
|---|---|---|---|
| 2. 决定结构的因素 | 其结构形式取决于保温材料及其制品和管道敷设方法 | | |
| 3. 保温结构的要求 | (1) 铁锈防腐 | 管道在敷设保温层以前，必须对其外表面的铁锈、污垢等清除干净，并刷上两道防锈漆作为防腐层 | |
| | (2) 保温层外的保护壳 | ① 目的 | 为了增强保温结构的机械强度及防湿能力和保护保温层，在保温层外都设有保护壳 |
| | | ② 成分 | 保护壳的成分按质量比为：硅藻土:石棉:水泥 = 1:3:6，密度为 $\gamma = 1700 kg/m^3$ |
| | | ③ 其厚度 | 当管径≤100时，为10mm |
| | | | 当管径>100时，为15mm |
| | | ④ 其他保护 | 用油纸、油毡等作为防水层(保护壳)包扎在保温层外，并涂抹沥青防水 |
| | (3) 保温结构 | 防腐层干后即可包扎保温材料，按保温材料不同，管道常用的保温结构有下列4种：涂抹式、预制块式、填充式、捆扎式 | |

## 二、管路保温层结构形式

管道的保温结构由防腐层、保温层、保护壳组成。管路保温层结构形式取决于保温材料及其制品和管道敷设方法。防腐层干后即可包扎保温材料，按保温材料不同，管道常用的保温结构有涂抹式、预制块式、填充式和捆扎式，见表7-7。

表 7-7　管路保温层结构形式

| | | | |
|---|---|---|---|
| **1. 保温结构组成** | (1) 防腐层 | | 管道在敷设保温层以前，必须对其外表面的铁锈、污垢等清除干净，并刷上两道防锈漆作为防腐层 |
| | (2) 保护壳 | ① 作用 | 为了增强保温结构的机械强度及防湿能力和保护保温层，在保温层外都设有保护壳 |
| | | ② 成分 | a. 保护壳的成分按质量比为：硅藻土:石棉:水泥=1:3:6，$\gamma=1700\text{kg/m}^3$ |
| | | | b. 或用油纸、油毡等作为防水层(保护壳)包扎在保温层外，并涂抹沥青防水 |
| | | ③ 厚度 | a. 当管径≤100 时为 10mm |
| | | | b. 当管径>100 时为 15mm |
| **2. 保温结构形式** | (1) 涂抹式 | | ① 将保温材料用水调和成泥状后，直接涂抹于管道上 |
| | | | ② 为了增加金属表面与材料的黏合力，常先涂抹较稀的石棉硅藻土或Ⅵ级石棉灰浆作底层(2~3mm) |
| | | | ③ 然后涂抹主要的保温层。每层厚度约为 10~15mm，必须在第一层干后才能涂抹第二层至达到要求之厚度。保温材料一般为石棉硅藻土、碳酸镁石棉粉和石棉粉等 |
| | | | ④ 当保温层外径大于 300mm 时，在保温层外要用 $d=0.8\sim2\text{mm}$，网孔 50mm×50mm~100mm×100mm 的镀锌铁丝网覆盖 |
| | | | ⑤ 最后在保温层外涂抹或包扎保护壳 |
| | (2) 预制块式 | | ① 按照管道外径大小，将保温材料在专门场地或工厂预制成半圆形瓦块，长度一般为 400~700mm。保温材料一般为泡沫混凝土、硅藻土、硅石等 |
| | | | ② 敷设时，先用石棉硅藻土作底层(5~10mm)，其底层的成分按重量为硅藻土 70%和石棉 30% |
| | | | ③ 后将预制块装在管路上。各段瓦块的拼缝应错开，间隙不应大于 5mm，瓦块间的结合处要用石棉纤维等干燥的保温材料填实 |
| | | ④ 捆扎 | a. 当保温层外径≥200mm 时，用 $d=1\sim2\text{mm}$，网孔 30mm×30mm~50mm×50mm 的镀锌铁丝网捆扎，每两块预制块至少捆扎两道以上 |
| | | | b. 当保温层外径<200mm 时，用 $d=1.2\sim2\text{mm}$ 的镀锌铁丝捆扎，其间距为 150~250mm，每两块预制块至少捆扎两道以上 |
| | (3) 填充式 | | ① 把浆糊状的、松散的或纤维状的保温材料填充于管子四周的特殊套子(铁丝网或铁皮壳)中 |
| | | | ② 铁丝网支撑在支撑圈上，支撑圈由预制块或钢筋焊成。铁丝网网孔为 5mm×5mm~20mm×20mm，用 $\phi0.8\sim1.2\text{mm}$ 的镀锌铁丝编成 |
| | | | ③ 保温材料常为矿渣棉、玻璃丝、泡沫混凝土等 |
| | (4) 捆扎式 | | ① 利用弹性的织物、席状物、绳子、纽带等成件保温制品捆扎在管路上 |
| | | | ② 保温材料一般为矿渣棉毡、玻璃棉毡、石棉绳等 |

### 三、管路保温层厚度

（1）管路保温层厚度，见表7-8。

**表7-8 管路保温层厚度 δ 表**

| 管路外径 D（mm） | 热导率 λ [×1.16W/(m·K)] | 不同输送介质温度要求的保温层厚度 δ(mm) | | | |
|---|---|---|---|---|---|
| | | 50~100℃ | 100~150℃ | 150~200℃ | 200~250℃ |
| 32 | 0.04 | 15 | 25 | 30 | 30 |
| | 0.06 | 20 | 30 | 35 | 45 |
| | 0.08 | 20 | 30 | 40 | 50 |
| | 0.10 | 20 | 35 | 40 | 55 |
| | 0.14 | 25 | 35 | 45 | 60 |
| 57 | 0.04 | 25 | 30 | 40 | 45 |
| | 0.06 | 25 | 40 | 45 | 55 |
| | 0.08 | 30 | 40 | 50 | 60 |
| | 0.10 | 30 | 45 | 55 | × |
| | 0.14 | 35 | 50 | 60 | × |
| 76 | 0.04 | 25 | 35 | 45 | 50 |
| | 0.06 | 30 | 40 | 50 | 60 |
| | 0.08 | 35 | 45 | 60 | 65 |
| | 0.10 | 35 | 50 | 65 | 75 |
| | 0.14 | 40 | 55 | 75 | 85 |
| 89 | 0.04 | 25 | 40 | 45 | 55 |
| | 0.06 | × | 45 | × | × |
| | 0.08 | 35 | × | × | × |
| | 0.10 | × | × | × | 80 |
| | 0.14 | × | × | 80 | 90 |
| 108 | 0.04 | 30 | × | × | 60 |
| | 0.06 | 35 | × | 60 | 70 |
| | 0.08 | 35 | 55 | 65 | 75 |
| | 0.10 | 40 | 60 | 70 | 80 |
| | 0.14 | 45 | 65 | 80 | 90 |

续表

| 管路外径 D（mm） | 热导率 λ [×1.16W/(m·K)] | 不同输送介质温度要求的保温层厚度 δ(mm) | | | |
|---|---|---|---|---|---|
| | | 50~100℃ | 100~150℃ | 150~200℃ | 200~250℃ |
| 133 | 0.04 | 30 | 45 | 55 | 60 |
| | 0.06 | 35 | 50 | 60 | 70 |
| | 0.08 | 40 | 55 | 70 | 80 |
| | 0.10 | 45 | 60 | 75 | 90 |
| | 0.14 | 50 | 70 | 85 | 100 |
| 159 | 0.04 | 35 | 45 | 55 | 65 |
| | 0.06 | 40 | 55 | 65 | 75 |
| | 0.08 | 45 | 60 | 75 | 85 |
| | 0.10 | 45 | 65 | 80 | 95 |
| | 0.14 | 50 | 75 | 85 | 105 |
| 219 | 0.04 | 35 | 50 | 65 | 70 |
| | 0.06 | 40 | 60 | 75 | 85 |
| | 0.08 | 45 | 65 | 80 | 95 |
| | 0.10 | 50 | 75 | 90 | 105 |
| | 0.14 | 55 | 80 | 95 | 115 |
| 273 | 0.04 | 40 | 55 | 65 | 75 |
| | 0.06 | 45 | 60 | 75 | 90 |
| | 0.08 | 50 | 70 | 85 | 95 |
| | 0.10 | 55 | 75 | 95 | 110 |
| | 0.14 | 60 | 80 | 110 | 130 |

注：表中有"×"者表示保温层厚度已达临界值，应采用 λ 值小的保温材料。

（2）管路保温层厚度的最大允许值，见表7-9。

表7-9　保温层厚度的最大允许值表　　　　（单位：mm）

| 管子直径 D | 57 | 108 | 159 | 219 | 273 | 325 |
|---|---|---|---|---|---|---|
| 最大允许保温层厚度 δ | 100 | 150 | 160 | 180 | 180 | 190 |

# 第七节　保温材料的种类及选择

## 一、保温材料的种类

保温材料的分类方法很多，一般可按材质、使用温度、密度、压缩性和结构等分类，保温材料的分类方法及种类，见表7-10。

表 7-10  保温材料的分类方法及种类

| 分类方法 | 保温材料的种类 |
|---|---|
| （1）按材质分类 | ① 有机保温材料 |
| | ② 无机保温材料 |
| | ③ 金属保温材料 |
| （2）按使用温度分类 | ① 高温保温材料（适用于 700℃ 以上） |
| | ② 中温保温材料（适用于 100～700℃） |
| | ③ 常温保温材料（适用于 100℃ 以下）。 |
| | 实际上许多材料既可在高温下使用也可在中、低温下使用，并无严格的使用温度界限 |
| （3）按密度分类 | ① 重质保温材料 |
| | ② 轻质保温材料 |
| | ③ 超轻质保温材料 |
| （4）按压缩性分类 | ① 分为软质保温材料（可压缩 30% 以上） |
| | ② 半硬质保温材料 |
| | ③ 硬质保温材料（可压缩性小于 6%） |
| （5）按导热性质分类 | ① 低导热性保温材料 |
| | ② 中导热性保温材料 |
| | ③ 高导热性保温材料 |
| （6）按结构分类（见表 7-11） | ① 多孔类保温材料（固体基本连续而气孔不连续，如泡沫塑料） |
| | ② 纤维类保温材料（固体基质，气孔连续） |
| | ③ 层状保温材料（如各种复合制品） |

表 7-11  保温材料按结构分类

| 按形态分类 | 材料名称 | 制品形状 | 按形态分类 | 材料名称 | 制品形状 |
|---|---|---|---|---|---|
| 多孔类 | 聚苯乙烯泡沫塑料 | 板、管 | 纤维类 | 超轻陶粒和陶砂 | 粉、粒 |
| | 硬质聚氨酯泡沫塑料 | 板、管 | | 岩棉、矿渣桥 | 毡、管、带、板 |
| | 酚醛树脂泡沫塑料 | 板、管 | | 玻璃棉及其制品 | 毡、管、带、板 |
| | 膨胀珍珠岩及其制品 | 板、管 | | 硅酸铝棉及其制品 | 板、毡、毯 |
| | 膨胀蛭石及其制品 | 板、管 | | 陶瓷纤维纺织品 | 布、带、绳 |
| | 硅酸钙绝热制品 | 板、管 | 层状 | 金属箔 | 夹层、蜂窝状 |
| | 泡沫石棉 | 板、管 | | 金属镀膜 | 多层状 |
| | 泡沫玻璃 | 板、管 | | 有机与无机材料复合制品 | 复合墙板、管 |
| | 泡沫橡塑绝热制品 | 板、管 | | 硬质与软质材料复合制品 | 复合墙板、管 |
| | 复合硅酸盐绝热涂料 | 板、管 | | 金属与非金属材料复合制品 | 复合墙板、管 |

## 二、保温材料的选择

（1）保温层材料的选择，见表7-12。

表7-12 保温层材料的选择

| 选择时比较项目 | 一般宜按下述项目进行比较选择：使用温度范围；导热系数；化学性能、机械强度；使用年限；单位体积的造价；对工程现状的适应性；不燃或阻燃性；透湿性；安全性；施工性 |
| --- | --- |
| 保温材料应具有的主要技术性能 | （1）导热系数小 |
| | （2）密度小 |
| | （3）抗压或抗折强度（机械强度）符合国家标准规定 |
| | （4）安全使用温度范围符合国家和行业标准规定，并略高于保温油罐的表面温度 |
| | （5）非燃烧性 |
| | （6）化学性能符合要求 |
| | （7）保温工程设计使用年数，一般以7~10年为宜 |
| | （8）单位体积的材料价格较低 |
| | （9）保温材料对工程现场状况的适应性好 |
| | （10）安全性能好 |
| | （11）施工性能好 |

（2）保护层材料的选择，见表7-13。

表7-13 保护层材料的选择

| （1）保护层材料应具有的主要技术性能 | ① 防止外力损坏保温层 |
| --- | --- |
| | ② 防止雨、雪、水的侵袭 |
| | ③ 对保温结构尚有防潮隔汽的作用 |
| | ④ 美化保温结构的外观 |
| （2）保护层材料的特性 | ① 具有严密的防水，防潮性能 |
| | ② 良好的化学稳定性和不燃性 |
| | ③ 无毒、无恶臭 |
| | ④ 强度高，不易开裂 |
| | ⑤ 防腐蚀不易老化等特性 |
| （3）油罐常用保护层材料的选择 | ① 油罐保护层材料，在符合保护保温层要求的同时，还应选择经济的保护层材料。根据综合经济比较和实践经验，推荐下述材料 |
| | ② 为保持保温油罐外形美观和易于施工，对软质、半硬质材料的保温层，保护层易选用0.5mm镀锌或不镀锌薄钢板；对硬质材料保温层宜选用0.5~0.8mm铝或铝合金板，也可选用0.5mm镀锌或不镀锌薄钢板 |
| | ③ 用于储存介质火灾危险性不属于甲、乙、丙类的油罐和不划为爆炸危险区域的非燃性介质油罐的保护层材料，可选用0.5~0.8mm阻燃型带铝箔玻璃钢板 |

（3）防潮层材料的选择，见表 7-14。

表 7-14　防潮层材料的选择

| | |
|---|---|
| （1）防潮层材料应具有的主要技术性能 | ① 抗透湿性能好，防潮防水性好，吸水率不大于 1% |
| | ② 应具有阻燃性、自熄性 |
| | ③ 化学稳定性好，挥发物不大于 30% |
| | ④ 应能耐大气腐蚀及生物侵袭，不得发生虫蛀、霉变等现象 |
| | ⑤ 安全使用温度范围大，有一定的耐温性，软化温度不低于 65℃。夏季不软化、不起泡、不流淌。有一定的抗冻性，冬季不脆化、不开裂、不脱落 |
| | ⑥ 黏结及密封性能好，20℃时黏结强度不低于 0.15MPa |
| | ⑦ 干燥时间短，在常温下能使用，施工方便 |
| （2）油罐常用防潮层材料的选择 | 防潮层材料应具有规定的技术性能，同时还应不腐蚀保温层和保护层，也不应与保温层产生化学反应。一般可选择下述材料： |
| | ① 石油沥青或改性沥青玻璃布 |
| | ② 石油沥青玛碲脂玻璃布 |
| | ③ 油毡玻璃布 |
| | ④ 聚乙烯薄膜 |
| | ⑤ 复合铝箔 |
| | ⑥ CPU 新型防水防腐敷面材料。CPU 是一种聚氨酯橡胶体，可用作油罐防潮层或保护层 |

# 第八章　油泵站设计与数据

## 第一节　油泵站建筑形式选择

油泵站建筑形式选择，见表8-1。

表8-1　油泵站建筑形式选择

| 项目 | 形式选择要求 | |
|---|---|---|
| （一）GB 50074—2014《石油库设计规范》中规定 | 1. 标高要求 | 油泵站宜采用地上式 |
| | 2. 建筑形式及考虑因素 | （1）建筑形式应根据输送介质特点、运行条件及当地气象条件等综合考虑确定 |
| | | （2）可采用房间式（泵房）、棚式（泵棚）或露天式 |
| | 3. 栈桥、站台下泵站 | 油品装卸区不设集中油泵站时，油泵可设置在铁路装卸栈桥或汽车油罐车装卸站台之下，但应满足自然通风条件（即油泵四周应是敞开的），且油泵基础顶面应高于周围地坪和可能出现的最大积水高度 |
| （二）SH/T 3014—2012《石油化工储运系统泵区设计规范》中规定 | 1. 建泵房的条件 | 在极端最低气温低于−30℃的地区（包括东北、内蒙古、西北大部地区），考虑到在这样严寒地区泵机组运行及管理的实际困难，要设置泵房 |
| | 2. 建泵房或泵棚的条件 | 极端最低气温在−30～−20℃的地区应根据输送介质的性质（黏度、凝固点）、运行情况（是长时间连续运行，还是非长时间连续运行）、泵体材料以及风沙对机泵运转及操作的影响因素，考虑设泵房或泵棚 |
| | 3. 建泵棚的条件 | （1）在极端最低气温高于−20℃、累计平均年降雨量在1000mm以上的地区，要设置泵棚 |
| | | （2）每年最热月的月平均气温高于32℃的地区，宜设泵棚 |
| | | （3）历年平均降雨量在1000mm以上的地区应设置泵棚 |
| | 4. 建露天泵站条件 | 上述以外的地区，可采用露天布置 |

续表

| 项目 | | 形式选择要求 | |
|---|---|---|---|
| （三）其他要求 | 1. 建筑要求 | （1）应单建 | 轻油、黏油泵站原则上应分开单独建造 |
| | | （2）合建的原因及要求 | ① 个别小型油库，输油品种少，油泵少 |
| | | | ② 或因地形、位置所限，分建泵站有困难时，可考虑轻、黏油泵站合建 |
| | | | ③ 但合建泵站防爆防火要求须按轻油泵站考虑 |
| | 2. 功能要求 | （1）油泵站的功能应根据设计任务书要求确定 | |
| | | （2）在可能情况下，尽量一泵多用，功能合并 | |
| | | （3）在地形、位置能满足工艺设计的前提下，尽量不按功能分设泵站 | |
| | 3. 位置及标高 | （1）油泵站宜优先选用地面式 | |
| | | （2）只有工艺计算需要或军用油库防护要求时，才考虑选用半地下或地下(含洞库)泵站 | |
| | 4. 泵站形式 | （1）固定泵站 | 陆上固定油库一般应选用固定泵站 |
| | | （2）浮动泵站 | 江河、海上码头卸油泵站，且水位变化大时，才选用浮动泵站 |
| | | （3）移动泵站 | 野战油库或开设临时补给点时，宜选用移动泵站 |

# 第二节　油泵房(棚)建筑要求

油泵房(棚)建筑要求，见表8-2。

表8-2　油泵房(棚)建筑要求

| 项目 | | 建筑要求 |
|---|---|---|
| （一）建造材料及建筑层数 | 1. 建造材料 | 油泵房(棚)必须用耐火材料建造 |
| | 2. 建筑层数 | 油泵站宜建成单层建筑 |
| （二）房间(棚)的长、宽、高确定 | 1. 长度 | 泵房的长度由设备布置确定 |
| | 2. 跨度 | （1）单排布置泵时不宜小于6m |
| | | （2）双排布置泵时宜为9m |
| | 3. 净空高度 | （1）油泵房(棚)的净空不应低于3.5m |
| | | （2）跨度≥9m时，净空不宜小于4m |
| | | （3）跨度≥12m时，净空不宜低于4.5m |

| 项目 | | 建筑要求 |
|---|---|---|
| （三）门的设置 | 1. 开向 | 油泵房应设外开门 |
| | 2. 个数 | （1）泵房建筑面积大于等于 $100m^2$ 至少应设两个外开门 |
| | | （2）建筑面积小于 $100m^2$ 时可设一个门 |
| | 3. 大小 | 两个门中一个应能满足泵房内最大设备进出需要。一般不宜小于 $1.2m×2m$（宽×高） |
| （四）地面要求 | 1. 地面须用不燃烧和受金属撞击时不产生火花的材料铺设 | |
| | 2. 油泵站的地面应防滑、耐油、易擦洗 | |
| | 3. 油泵房（含泵棚、露天泵站）地面应设 $1\%$ 的坡度，坡向排水沟及集油坑 | |
| （五）采光面积及通风 | 1. 地上油泵房门窗采光面积，不宜小于其建筑面积的 $15\%$，并应满足通风要求。窗台高度相对室外地坪不应小于 $0.9m$ | |
| | 2. 黏油泵房和地上轻油泵房不设机械通风时，应在离室外地面 $0.3m$ 高处设置活动铁百叶通风窗或花格墙等常开孔口 | |
| （六）基础要求 | 1. 泵及其他设备基础高出泵房（棚）周围地坪不应小于 $0.15m$ | |
| | 2. 不应与墙壁基础连为一体 | |
| （七）防水处理 | 1. 要求 | 泵房地坪低于地下水位时，须做防水处理 |
| | 2. 常采用两种方法 | （1）做室外排水沟 |
| | | （2）在泵房内做整体式防水层 |
| （八）10kV 及以下变配电间可与油泵房（棚）相毗邻设置要求 | 1. 隔墙应为不燃材料建造的实体墙 | |
| | 2. 变配电间的门窗应向外开，并应避开爆炸危险区域，如窗设在爆炸危险区以内，应设密闭固定窗和警示标志 | |
| | 3. 变配电间的地坪应高于油泵房室外地坪至少 $0.6m$ | |

# 第三节　油泵站工艺流程设计

## 一、油泵站工艺流程功能和设计原则

油泵站工艺流程功能和设计原则，见表8-3。

**表8-3　油泵站工艺流程功能和设计原则**

| 流程功能 | 油泵站工艺流程应根据油库业务，分别满足收油、发油（包括用泵发油和自流发油）、输转、倒罐、放空以及油罐车、船舱和放空罐的底油清扫等要求 |
|---|---|

续表

| 设计应遵循的原则 | 1. 总原则 | 满足主要业务要求，保质保量完成收、发油任务 |
|---|---|---|
| | 2. 操作方便、调度灵活 | （1）同时装卸几种油品，不互相干扰 |
| | | （2）根据油品的性质，管线互为备用，能把油品调度到备用管路中去，不致因某一条管路发生故障而影响操作 |
| | | （3）泵互为备用，不致因某一台发生故障而影响作业，必要时还可以数台泵同时工作 |
| | | （4）发生故障时，能迅速切断油路，并有充分的放空设施 |
| | 3. 经济节约 | 能以少量设备去完成多种任务，并能适应多种作业要求 |

## 二、油泵站常用工艺流程设计

油泵站常用工艺流程设计，见表8-4。

表8-4　油泵站常用工艺流程设计

| 名称 | 流程特点 | 流程示图 |
|---|---|---|
| 轻油泵站工艺流程 | 1. 专管专用，专泵专用<br>2. 可同时装卸4种油品，而互不干扰<br>3. 喷气燃料和航空汽油泵，车用汽油与柴油泵可双双互为备用泵，还可相互并联或串联<br>4. 可自流发油，又可用泵发油，但泵发油时需互用管线<br>5. 操作灵活，但设备多、阀门多、管路多、不够经济，不适用于储备油库 | <br>轻油泵站工艺流程 |
| 润滑油泵站工艺流程 | 1. 专管专用，专泵专用<br>2. 各泵互为备用，即可用任意一台泵装卸任一种油品<br>3. 可同时装、卸4种油品而互不干扰<br>4. 可自流发油或用泵发油<br>5. 操作灵活，但设备多、阀门多、管路多，不够经济，不适用于储备油库 | <br>润滑油泵站工艺流程 |

| 名称 | 流程特点 | 流程示图 |
|---|---|---|
| 油库泵站常采用的工艺流程 | 1. 它设计简单、排列整齐、操作方便，不管油品输向什么地方，都可与泵前的两条汇油管按同一方式连接<br><br>2. 泵间的汇油管可以用眼圈盲板或阀隔开<br><br>3. 正常输油时，各泵输送各自规定的油品，当泵机组发生故障，便可打开阀门或调换盲板，由另一台泵代输。这样相邻的泵都可互为备用 | <br>目前泵站常采用的工艺流程 |
| 管道泵不同出口方向工艺流程 | 1. 管道泵出口有同方向、90°方向、180°方向等3种<br><br><br><br><br><br>2. 根据出口方向的不同，管道泵的工艺流程可有4种 | <br>同方向图<br><br><br>90°方向图<br><br><br>180°方向图<br><br><br>180°方向带弯头图 |

### 三、油泵站真空系统工艺流程

真空系统工艺流程，见表8-5。

**表8-5 真空系统工艺流程**

| 作用 | 轻油泵站设置真空系统的作用：第一为离心泵及其吸入系统抽真空引油；第二为抽吸油罐车底油 |
| --- | --- |
| 组成 | 真空系统由真空泵、真空罐、气水分离器和管路及附件等组成 |
| SZB型真空泵流程 | |
| SZ型真空泵流程 | |

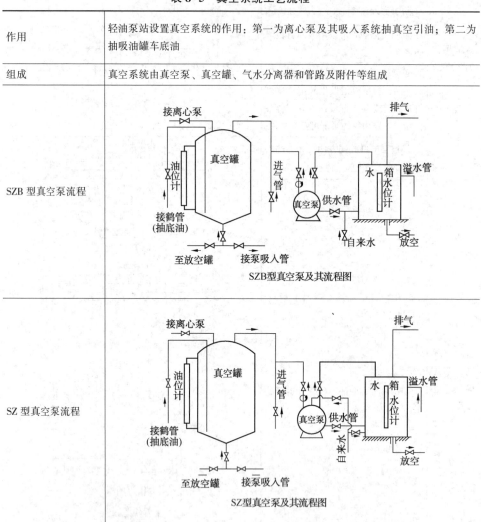

### 四、卸轻油泵站工艺流程

卸轻油泵站工艺流程，见表8-6。

表 8-6　卸轻油泵站工艺流程

| 工艺流程 | 简介 | 流程图 |
|---|---|---|
| 用滑片泵取代真空系统卸轻油的工艺流程 | （1）用滑片泵取代真空系统的工艺，是目前泵站工艺发展的方向<br><br>（2）流程的特点：比真空系统简单，占地面积小；滑片泵用作引油，抽槽车底油，放空输油管入高位放空罐，放空罐标高可提高，不必埋入地下。高位放空罐中的油，可在下次处理油时，先放进输油管再发往槽车 | |
| 在卸油栈桥下设泵，取代卸轻油泵站的工艺流程 | （1）将卸油泵设于栈桥下，是一种新工艺，在新建、改建油库已有使用，效果好<br><br>（2）流程的特点：比真空系统简单，占地面积小；滑片泵用作引油，抽槽车底油，放空输油管入高位放空罐，放空罐标高可提高，不必埋入地下。高位放空罐中的油，可在下次处理油时，先放进输油管再发往槽车 | |

### 五、油泵吸入和排出管路的配置要求

油泵吸入和排出管路的配置要求，见表8-7。

表8-7 油泵吸入和排出管路的配置要求

| 项目 | 管路配置要求 |
|---|---|
| 管路配置通常要求 | 1. 所有与泵连接的管路应具有独立、牢固的支承，以消减管路的振动和防止管路的重量压在泵上 |
| | 2. 吸入和排出管路的直径不应小于泵的入口和出口直径 |
| | 3. 当采用变径管时，变径管的长度不应小于大小管直径差的5~7倍 |
| | 4. 工艺流程和检修所需阀门按需要设置 |
| | 5. 两台及以上的泵并联时，每台泵的出口均应装设止回阀 |
| 吸入管路的要求 | 1. 吸入管路宜短且宜减少弯头 |
| | 2. 吸入管路内不应有积存气体的地方 <br>(a) 不正确　　　(b) 正确<br>吸入管路正确与不正确安装图<br>1—空气团；2—向水泵下降；3—同心变径管；<br>4—向水泵上升；5—偏心变径管 |
| | 3. 油泵前吸入管的直管段：（1）直管段应有倾斜度（泵的入口处高），并不宜小于5‰~20‰；（2）直管段长度不应小于入口直径 $D$ 的3倍 <br>(a) 不正确　　　　　(b) 正确<br>吸入管路安装图<br>1—弯管；2—直管段；3—泵 |

| 项目 | 管路配置要求 | | | |
|---|---|---|---|---|
| 吸入管路的要求 | 4. 泵安装位置高于吸入液面 | （1）吸入管路的任何部分都不应高于泵的入口 | | |
| | | （2）泵的入口直径<350mm，应设置底阀 | | |
| | | （3）泵的入口直径≥350mm，应设置真空引水装置 | | |
| | 5. 吸入管口浸入水面下的要求 | 符号 | 符号含义 | 符号值 |
| | | $a$ | 水面下深度 | 大于等于入口直径$D$的1.5~2倍，且大于等于500mm |
| | | $b$ | 管口距池底 | 大于等于入口直径$D$的1~1.5倍且大于等于500mm |
| | | $c$ | 管口中心距池壁距离 | 大于等于入口直径$D$的1.25~1.5倍 |
| | | $d$ | 相邻两泵吸入口间距 | 大于等于入口直径$D$的2.5~3倍 |
| | 6. 吸入管路装滤网时 | （1）滤网的总过流面积不应小于吸入管口面积的2~3倍 | | |
| | | （2）为防止滤网堵塞，可在吸水池进口或吸入管周围加设拦污网或拦污栅 | | |
| 排出管路的要求 | 1. 应装设闸阀，其内径不应小于管子内径 | | | |
| | 2. 当扬程大于20m时，应装设止回阀 | | | |
| | 3. 螺杆泵管路配置尚应有的要求 | （1）宜在每台泵的止回阀前设置旁路管 | | |
| | | （2）在旁路管上设回流阀或安全阀 | | |
| | | （3）吸入管口应装设过滤器 | ① 滤网的规格应根据工作情况和介质确定，可采用40~80目 | |
| | | | ② 滤网总过流面积不得小于进口面积的20倍 | |
| | 4. 水环式真空泵管路 | （1）其调节阀应设置在靠近泵入口的吸入管路上 | | |
| | | （2）当采用水环式压缩机时，其调节阀应设在分离器的排出管路上 | | |

吸入池尺寸图

# 第四节　油泵站内设备、管组布置

油泵站设备、管组布置要求，见表8-8。

**表 8-8  油泵站设备、管组布置要求**

| 项目 | | | 布置的要求 |
|---|---|---|---|
| 油泵房内设备、管组布置要求 | 1. 布置的总原则 | | (1) 油泵房内设备、管组的布置应符合工艺流程设计，合理利用泵房的地面和空间，并与门窗设置相协调 |
| | | | (2) 设备、管组布置应便于设备管组的施工安装、维修保养，满足设备的操作使用 |
| | | | (3) 油泵机组、阀门、管件及其他设备的布置尽量整齐、美观 |
| | 2. 油泵机组的布局 | (1) 布置 | ① 泵机组台数少时，可沿墙单排布置，在电机端至墙壁(柱)间应留有不小于 1.5m 宽的通道 |
| | | | ② 泵机组台数较多时，可顺两面墙排成两排，中间留出不小于 2m 宽的通道 |
| | | | ③ 泵机组台数多，且管组较复杂时，可将泵机组与管组用隔墙分开，建单独管组间，并设独立向外的出口 |
| | | (2) 间距 | ① 相邻泵机组机座间的净距不应小于较大泵机组机座宽度的 1.5 倍 |
| | | | ② 泵机组距墙的距离不得小于 1m |
| | | | ③ 泵和管组离泵房门不得小于 1m |
| | 3. 真空系统布置 | (1) 位置 | ① 真空泵、气水分离器及真空罐一般应集中布置在泵房的一侧 |
| | | | ② 真空罐一般靠墙布置，且尽量靠近放空罐 |
| | | (2) 标高 | 其地坪标高宜高于离心泵的地坪，有利于真空罐向放空罐放空 |
| | 4. 油气排放管的设置 | | (1) 管口应设在泵房(棚)外 |
| | | | (2) 管口应高出周围地坪 4m 及以上 |
| | | | (3) 设在泵房(棚)顶面上方的油气排放管，其管口应高出泵房(棚)顶面 1.5m 及以上 |
| | | | (4) 管口与泵房门、窗等孔洞的水平路径不应小于 3.5m；与配电间门、窗及非防爆电气设备的水平路径不应小于 5m |
| | | | (5) 管口应装设阻火器 |
| 油泵棚和露天泵站布置要求 | | | 1. 油泵棚和露天油泵站内设备、管组布置原则上与油泵房相同 |
| | | | 2. 只是泵棚和露天油泵站周围设矮墙或不设墙，也不设窗户，泵机组布置时受限制更小 |

# 第五节  油泵机组选择

## 一、选泵的原则

选泵的原则，见表 8-9。

表 8-9 选泵的原则

| 项目 | 原则 |
|---|---|
| 1. 一般原则 | 应选择国家和行业认定的正规厂家生产的有合格证的产品 |
| 2. 根据所输油品性质选择泵的类型 | (1) 输送轻质油品应选离心泵 |
|  | (2) 输送黏油宜选用容积泵 |
|  | (3) 为离心泵灌油或抽吸运油容器底油亦宜选用容积泵 |
| 3. 泵性能选择 | 应根据输油流量及管径、高差等工况，经过计算比较后确定 |

| 4. 按照 GB 50074—2014《石油库设计规范》的要求，输油泵和备用泵的设置尚应符合右列规定 | (1) 输送有特殊要求的油品时，应设专用输油泵和备用泵 | |
|---|---|---|
|  | (2) 连续输送同一种油品的油泵 | ① 当同时操作的油泵不多于 3 台时，宜设 1 台备用泵 |
|  |  | ② 当同时操作的油泵多于 3 台时，备用泵不宜多于 2 台 |
|  | (3) 经常操作但不连续运转的油泵，可与输送性质相近油品的油泵互为备用或共设 1 台备用泵 | |
|  | (4) 不经常操作的油泵，不宜设置备用油泵 | |

## 二、泵初选比较

油库常用泵初选比较，见表 8-10~表 8-12。

表 8-10 油库常用泵工作性能比较表

| 项目 | 离心泵 | 往复泵 | 滑片泵 | 齿轮泵 | 螺杆泵 |
|---|---|---|---|---|---|
| 转速 | 转速高，通常为 1500～3000r/min 或更高 | 往复次数低，通常在 140r/min 以下 | 一般在 1500~2000r/min | | 一般在 1500r/min 以下，某些较小的泵可达 3000r/min |
| 流量 | 流量均匀 | 流量不均匀 | 流量均匀 | 流量均匀，但比离心泵差些 | 流量均匀 |
|  | 流量随扬程而变化 | 流量只与往复次数有关，而与工作压力无关 | 流量只与转速有关，而与工作压力无关 | | |
|  | 流量范围大，通常在 10～350m³/h，最大可达 10000m³/h 以上 | 流量范围较小，通常为 10～50m³/h 以内 | 流量范围大，通常 3~200m³/h | 流量小，通常在 10～50 m³/h | 流量范围大，通常在 0.52~300m³/h 之间，最大可达 2000m³/h |

| 项目 | 离心泵 | 往复泵 | 滑片泵 | 齿轮泵 | 螺杆泵 |
|---|---|---|---|---|---|
| 扬程 | 扬程与流量有关，在一定流量下只能供给一定扬程 | 扬程由输送高度和管路阻力决定 | 扬程由输送高度和管路阻力决定，与流量无关 | | |
| | 单级泵扬程一般在10~80m，多级泵扬程可达300m以上 | 当泵和管路有足够的强度、原动机有足够的功率时，扬程可无限增高 | 工作压力一般（2~8）×$10^5$Pa | 当泵和管路有足够的强度、原动机有足够的功率时，扬程可无限增高 | |
| | 工作压力一般10×$10^5$Pa | 使用工作压力一般在10×$10^5$Pa以下 | | 工作压力较低，一般在4×$10^5$Pa以下 | 一般工作压力在（4~40）×$10^5$Pa，最大工作压力可达40×$10^6$Pa |
| 功率 | 功率范围大，一般可达500kW以内，最大可达1000kW以上 | 功率小，一般在20kW以内 | 功率范围2.2~55kW | 功率小，一般在10kW以内 | 功率范围很大，一般在500kW以内，最大可达2000kW以上 |
| 效率 | 效率较高，一般为0.50~0.90 | 效率一般为0.72~0.93 | 效率一般为0.45~0.85 | 效率一般为0.60~0.90 | 效率高，一般为0.80~0.90 |
| | 在额定流量下效率最高，随着流量变化，效率也降低 | 在不同压力下，效率仍保持较大值 | | 工作压力很高时，效率会降低 | |
| 允许吸入真空高度 | 一般为5~7m，最大可达8m以上 | 一般可达8m以上 | 一般可达5~9m | 一般在6.5m以上 | 一般为4.5~6m |

### 表8-11  油库常用泵操作使用比较表

| 操作使用 ＼ 泵类型 | 离心泵 | 往复泵、齿轮泵和螺杆泵 |
|---|---|---|
| 开泵 | 不能自吸，开泵前必须先灌泵；开泵前必须先关闭排出阀 | 能自吸，第一次使用前往泵内加入少量油料起润滑和密封作用即可；开泵前必须打开排出系统的所有阀门 |
| 运转 | 可短时间关闭排出阀运转；管路堵塞时泵不致损坏 | 不允许关闭排出阀运转；管路堵塞时泵可能损坏 |
| 流量调节 | 调节排出阀；调节转速（有可能时）；个别情况下也可采用回流调节 | 调节回流管的回流阀；调节泵转速（往复泵适当调节往复次数） |

| 操作使用　　泵类型 | 离心泵 | 往复泵、齿轮泵和螺杆泵 |
|---|---|---|
| 油料黏度对泵工作的影响 | 适合输送轻油；输送黏油时，效率迅速降低，甚至不能工作 | 往复泵和螺杆泵适合输送黏油，也可输送柴油，且效率变化不大；齿轮泵适合输送黏油，输送黏度小的油品时效率降低；不适宜输送汽油、煤油 |
| 吸入系统漏气对泵工作的影响 | 少量漏气即会使泵工作中断 | 少量漏气，泵仍能工作，但效率降低 |
| 停泵 | 若泵的排出端未装逆止阀，停泵前须先关闭排出阀 | 停泵后才能关闭排出管路阀门 |

**表 8-12　油库常用泵主要优缺点及适用范围**

| 油泵类型 | 离心泵 | 往复泵 | 齿轮泵 | 螺杆泵 |
|---|---|---|---|---|
| 优点 | 结构简单，体积小，价格便宜；故障少，使用维修方便；能与原动机直接连接；流量均匀，工作可靠；流量和扬程范围很大 | 能自吸；允许吸入真空高度大，一般可达 8m；效率高；能够输送黏油，效率变化不大 | 能自吸；结构简单，体积小；故障少，使用方便；能与原动机直接连接；流量较均匀；能够输送黏油 | 能自吸；结构简单，体积小；故障少，使用方便；能与原动机直接连接；工作平稳，流量均匀；流量和扬程范围很大，效率高；能够输黏油和轻油 |
| 缺点 | 不能自吸；不能输送黏油；小型泵效率较低 | 结构复杂，体积大，价格贵；工作时振动大，流量不均匀；往复次数低；不能与原动机直接连接；零件多，故障多，检修困难；不宜于输汽油、煤油 | 零件加工要求高，价格贵；流量和扬程范围较小；不宜于输汽油、煤油 | 零件加工要求高，价格高；对输送介质要求很严，不能含有固体颗粒；不宜于输汽油、煤油 |
| 适用范围 | 输送汽油、煤油、柴油和清水；流量和扬程范围很大 | 输送润滑油、锅炉燃料油和柴油；抽吸油罐车底油（小型泵）；适合高压下输送少量液体 | 能输送润滑油和锅炉燃料油；适合流量和扬程小的场合 | 输送润滑油、锅炉燃料油和轻油；流量和扬程范围很大，在高扬程、大流量下工作时效率高 |

## 三、容积泵选择要点

容积泵的选择要点，见表 8-13。

**表 8-13　容积泵的选择要点**

| 项目 | | 选择要点 |
|---|---|---|
| 1. 用途及种类 | | 油库中输送黏度较高的油品(如润滑油、锅炉燃料油等),主要采用容积泵,有往复泵、齿轮泵、螺杆泵等 |
| 2. 各类泵的特点 | (1) 往复泵 | ① 优点:具有效率高,并且黏度增高时对效率影响不大的特点。由于往复泵是以泵内容积变化来工作的,不仅能抽油,而且能抽气,所以它有较强的"干吸"能力。开泵之前,即使泵及吸入管有空气,它也能把油品吸上来 |
| | | ② 缺点:主要缺点是结构复杂,排量不均匀,不能与电动机、柴油机等直接连接,输送介质不能有任何杂质 |
| | (2) 齿轮泵 | 主要适用于小流量黏油的输送 |
| | (3) 螺杆泵 | 是用来输送黏油最好的一种泵,它具有结构简单,尺寸小,排量均匀,没有脉动现象,能与电动机直接连接,效率高($\eta = 0.85 \sim 0.90$)等优点 |
| 3. 目前常选用的泵 | | (1) 油库装卸油选用螺杆泵多 |
| | | (2) 流量小或灌装油桶时,选用齿轮泵 |
| | | (3) 现在油库输转或灌桶也有选用高黏滑片泵的 |

## 四、真空泵选择要点

真空泵的选择要点,见表 8-14。

**表 8-14　真空泵的选择要点**

| 项目 | | 选择要点 | | | |
|---|---|---|---|---|---|
| 1. 常用泵型及用途 | | 油库的水环式真空泵一般采用 SZ-2 型,个别油库也采用 SZ-3。SZ 型泵可作真空泵,也可作压缩机。它不仅能为离心泵灌泵和对油罐车扫舱,还能提供一定压力的压缩空气,供某些需要压缩空气的场合应用。例如用作压力卸油和射流元件的气源等 | | | |
| 2. 选型参数 | | (1) 真空泵的选择,应满足工艺要求的真空度和抽气速率 | | | |
| | | (2) 真空度由引油及扫舱的水力计算确定 | | | |
| | (3) 抽气速率 $Q_g$ 计算公式 | 抽气速率 $Q_g$ 根据真空系统容积(设备和管线)、抽气时间、系统的起始压力及经历某时间后的压力,按下式计算 $$Q_g = 2 \cdot 3 \frac{V}{t} \lg \frac{p_1}{p_2}$$ | 符号 | 符号含义 | 单位 |
| | | | $Q_g$ | 真空系统的抽气速率 | $\mathrm{m^3/min}$ |
| | | | $V$ | 真空系统容积 | m |
| | | | $t$ | 抽气时间 | min |
| | | | $p_1$ | 系统开始抽气时的绝对压力 | Pa |
| | | | $p_2$ | 系统经历 $t$ 时间后的绝对压力 | Pa |

| 项目 | | 选择要点 | | | |
|------|------|------|------|------|------|
| 2. 选型参数 | （4）换算公式 | 真空泵样本上给出的抽气速率数值是在标准状态下（即大气压力为760mmHg，温度为0℃），用装在真空泵出口的气体流量计测得的瞬时流量，所以要将业务需要的真空系统的抽气速率用公式换算成标准状态下的抽气速率 $$Q' = Q_g \cdot \frac{T_b}{T} \cdot \frac{p}{p_b} = Q_g \cdot \frac{T_b}{T} \cdot \frac{p_1 + p_2}{2p_b}$$ | 符号 | 符号含义 | 单位 |
| | | | $T_b$ | 标准状态下的温度 | ℃ |
| | | | $p_b$ | 标准状态下的压力 | Pa |
| | | | 备注 | 其他符号意义同前 | |

# 第六节　油泵房通风设计

油泵房通风设计，见表8-15。

### 表8-15　油泵房通风设计

| 项目 | | 说明 |
|------|------|------|
| （一）油泵房通风的一般规定 | 1. 规范规定 | GB 50074《石油库设计规范》中规定，易燃油品的泵房，除采用自然通风外，尚应设置机械排风进行定期排风，其换气次数不应小于10次/h |
| | 2. 计算 | 计算换气量时，房间高度高于4m时按4m计算 |
| | 3. 不设置机械排风的条件 | 但地上泵房的外墙下部设有百叶窗或花格墙等常开孔口时，易燃油泵房可不设置机械排风设施 |
| （二）油泵房自然通风设施 | 1. 自然通风的设置 | 泵房自然通风，主要靠泵房的门、窗来进行。所以合理设置门、窗的位置和大小不但是人员和设备进出、采光的需要，而且也是自然通风的需要 |
| | 2. 门的要求 | GB 50074《石油库设计规范》要求油泵房应设外开门，且不宜少于两个。建筑面积小于60m²的油泵房，可设一个外开门。门的宽度应考虑设备中最大尺寸的部件能出入 |
| | 3. 窗的要求 | 油泵房的窗台高一般为1.2m左右。窗户的布置一般为前后墙对称布置，这样不但美观、整齐，而且便于通风换气 |
| | 4. 百叶通风窗要求 | （1）为了满足泵房停用而门窗又关闭时的自然通风，应在离室外地面高0.3m处设置活动铁百叶通风窗 |
| | | （2）百叶窗的数量和位置与普通窗相对应 |

| 项目 | | | 说明 |
|---|---|---|---|
| （三）油泵房机械通风设计 | 1. 通风设计任务 | | 油泵房的机械通风设计，主要就是选择风管、风机及风机风管的布置安装 |
| | 2. 风管选择与安装 | （1）管径选择 | 为了使泵房内布局整齐美观、便于操作和通行，风管的管径一般不大于 $\phi$300mm，或用 200mm×400mm 的矩形风管 |
| | | （2）风管安装 | 风管拟靠墙布置，排风口离室内地坪面高为 0.4～0.5m，这样便于排除油气 |
| | 3. 通风机选择与安装 | （1）风量 | 通风机选择由风量和风压两个参数确定。风量由泵房内空间的体积乘以换气次数 10 次/h 求得 |
| | | （2）风压 | 风压由风管的摩擦阻力和局部阻力计算求得 |
| | | （3）安装形式 | 通风机的形式有两种，安装形式也有两种 |
| | | （4）轴流风机的安装 | 防爆轴流风机一般均安装在墙上，风机两边接风管，一边向下伸至地坪面上 0.4～0.5m 高处设置风口，另一边向上伸至屋顶1m 以上设风管防雨罩 |
| | | （5）离心风机的安装 | 离心风机一般安装在室外距油泵房有一定距离的风机房内，铺设一条风管到泵房内以负压吸风，其优点是吸出油气，减少油气扰动，通风效果好 |
| （四）安装形式 | | |

轴流风机的安装形式图　　　　　　　　　离心风机的安装形式图
1—进风口；2—排风口；3—风机；4—油泵；
5—风机室；6—油泵房 |

# 第九章　铁路油品装卸设计与数据

## 第一节　库外铁路专用线设计要点及参数

库外铁路专用线设计要点及参数，见表9-1。

表 9-1　库外铁路专用线设计要点及参数

| 项目 | 内容 | | | | | | |
|---|---|---|---|---|---|---|---|
| （一）库外铁路专用线选线原则 | 1. 要尽量少搬迁、少占耕地，并应避开大中型建筑，如厂矿、水库、桥梁、隧道等 | | | | | | |
| | 2. 要尽量减少土石方工程，避免穿越自然障碍，并尽量不建桥梁、隧道和涵洞 | | | | | | |
| | 3. 要尽量避开滑坡、断层等不良地质条件 | | | | | | |
| | 4. 尽量靠近附近铁路干线的车站，缩短专用线长度，其长度一般不宜超过 5km | | | | | | |
| | 5. 出岔接轨 | （1）不得在干线中途出岔，只能在车站出岔 | | | | | |
| | | （2）在专用线与车站线路接轨处，应设安全线，长度一般为 50m | | | | | |
| （二）库外铁路专用线主要设计参数 | 1. 铁路线等级 | 铁路等级 | | 重车方向货运量(10⁴t/a) | | | |
| | | I | | >2000 | | | |
| | | II | | 1000~2000 | | | |
| | | III | | 500~1000 | | | |
| | | IV | | <500 | | | |
| | 2. 铁路线最大坡度 | 铁路等级 | I | | | II | | |
| | | 地形类别 | 平原 | 丘陵 | 山区 | 平原 | 丘陵 | 山区 |
| | | 最大坡度(‰) 电力牵引 | 6.0 | 12.0 | 15.0 | 6.0 | 15.0 | 20.0 |
| | | 内燃牵引 | 6.0 | 9.0 | 12.0 | 6.0 | 9.0 | 15.0 |
| | 3. 铁路线最小曲率半径 | 路段旅客列车设计行车速度(km/h) | 160 | 140 | 120 | 100 | 80 | |
| | | 最小曲线半径(m) 一般地段 | 2000 | 1600 | 1200 | 800 | 600 | |
| | | 困难地段 | 1600 | 1200 | 800 | 600 | 500 | |

# 第二节  库内装卸线布置

## 一、库内装卸作业线布置形式及股道选择

库内装卸作业线布置形式及股道选择，见表9-2。

表9-2  库内装卸作业线布置形式及股道选择

| 股道数 | 三股 | 双股 | 单股 |
|---|---|---|---|
| 适用油库 | 有黏油散装收发的大、中型库宜设三股线 | 大、中型油库一般应设双股线 | 车位为12个以下的小型油库设单股线 |
| 轻油和黏油同时收发的单股线 | 应将黏油收发作业段放在装卸线的尾部，轻油放在前面 | | |
| 铁路装卸油车位和股道设置 | 月收油量(m³) | 装卸车位(个) | 股道 |
| | 2500~5000 | 24 | 双 |
| | 500~2500 | 12 | 双或单 |
| | <500 | 4~6 | 单 |
| 铁路油品装卸作业线图 | <br>(a)三股作业线<br><br>(b)两股作业线<br><br>(c)单股作业线<br><br>1—黏油作业线；2—轻油作业线；3—轻油与桶装油品共用作业线；<br>4—装卸站台；5—装卸油品栈桥 | | |

## 二、GB 50074—2014《石油库设计规范》对装卸线设置的规定

GB 50074—2014《石油库设计规范》对装卸线设置的规定，见表9-3。

表9-3　GB 50074—2014《石油库设计规范》对装卸线设置的规定

| 项目 | 内容 | |
|---|---|---|
| 1. 布置要求 | (1) 装卸线应为尽头式 | |
| | (2) 装卸线应为平直线，股道直线段的始端至装卸栈桥第一鹤管的距离，不应小于进库油罐车长度的二分之一。装卸线设在平直线上确有困难时，可设在半径不小于600m的曲线上 | |
| | (3) 装卸线上油罐车列的始端车位车钩中心线至前方铁路道岔警冲标的安全距离，不应小于31m；终端车位车钩中心线至装卸线车挡的安全距离为20m | |
| 2. 铁路装卸油作业线与库内建(构)筑物的距离 | 建(构)筑物 | 距离 |
| | (1) 油品装卸线中心线至石油库内非罐车铁路装卸线中心线 | ① 装甲B、乙类油品的不应小于20m |
| | | ② 卸甲B、乙类油品的不应小于15m |
| | | ③ 装卸丙类油品的不应小于10m |
| | (2) 铁路中心线至石油库铁路大门边缘 | ① 有附挂调车作业时，不应小于3.2m |
| | | ② 无附挂调车作业时，不应小于2.44m |
| | (3) 铁路中心线至油品装卸暖库大门边缘 | 不应小于2m |
| | (4) 暖库大门的净空高度(自轨面算起) | 不应小于5m |
| | (5) 油品装卸鹤管至石油库围墙铁路大门 | 不应小于20m |
| | (6) 油品装卸栈桥边缘与油品装卸线中心线的距离 | ① 自轨面算起3m及以下不应小于2m |
| | | ② 自轨面算起3m以上不应小于1.85m |
| | (7) 相邻两座油品装卸栈桥之间两条油品装卸线中心线的距离 | ① 当二者或其中之一用于装卸甲B、乙类油品时，不应小于10m |
| | | ② 当二者都用于装卸丙类油品时，不应小于6m |
| | (8) 甲B、乙、丙A类油品装卸线与丙B类油品装卸线，宜分开设置。若合用一条装卸线，两种鹤管之间的距离 | ① 同时作业时，不应小于24m |
| | | ② 不同时作业时，可不受限制 |
| | (9) 桶装油品装卸车与油罐车装卸车合用一条装卸线时，桶装油品车位至相邻油罐车车位的净距 | 不应小于10m。不同时作业时不限制 |
| | (10) 油品装卸线中心线与无装卸栈桥一侧其他建筑物或构筑物的距离 | ① 在露天场所不应小于3.5m |
| | | ② 在非露天场所不应小于2.44m(非露天场所系指在库房、敞棚或山洞内的场所) |

注：油品装卸线的中心线与其他建(筑)物的距离，尚应符合油库内建筑物、构筑物之间防火距离的规定。

### 三、装卸线长度的确定

装卸线长度是指某股装卸线停车车位长度与安全线长度的总和。装卸线长度的确定，见表9-4。

表9-4　装卸线长度的确定

| 项目 | 内容 | | | | |
|---|---|---|---|---|---|
| 1. 示意图 | | | | | |
| 2. 常见的双股装卸线且同时只收发轻油的作业线长度计算 | 计算公式 | 符号 | 符号含义 | | 单位 |
| | $L = L_1 + L_2 + L_3$ $L_3 = 1/2 n L_{车}$ | $L$ | 装卸线单股长度 | | m |
| | | $L_1$ | 装卸线警冲标至第一辆油罐车始端车位车钩中心线的距离，规范要求 $L_1 \geqslant 31\text{m}$ | | m |
| | | $L_2$ | 装卸线最后车位的末端车位车钩中心线至车挡的距离，规范要求 $L_2 = 20\text{m}$ | | m |
| | | $L_3$ | 装卸线单股停车车位的总长度 | | m |
| | | $n$ | 一次到库的最多油罐车总数 | | 辆 |
| | | $L_{车}$ | 一辆油罐车的计算长度，一般取 $L_{车} = 12.2\text{m}$ | | m |
| | （1）双股装卸线同时只收发轻油的作业线单股长的简化计算公式 | | | $L_{双单} \geqslant 51 + 6.1n$ | |
| | （2）在双股装卸线的某股装卸线上同时只收发轻油和黏油时，此股装卸线的简化计算公式 | | | $L_{双混} \geqslant 63 + 6.1n$ | |
| | （3）对于单股作业时，没有警冲标，$L_1 = 0$，对于只收发轻油的单股作业线长的简化计算公式 | | | $L_{单} = 20 + 6.1n$ | |
| | （4）对于同时收发轻油和黏油的单股作业线长的简化计算公式 | | | $L_{单混} = 32 + 6.1n$ | |
| 3. 一次到库最多油罐车总数 $n$ 的选择 | 非商业用油库 $n$ 数表 | | 地方油库 $n$ 数参考表 | | |
| | 油库等级 | $n$ 数 | 油库规模 | 轻油 | 黏油 |
| | 一级 | 40 | 大、中型油库 | 20~30 | 5~10 |
| | 二、三级 | 30 | 小型油库 | 10~15 | 3~5 |
| | 四级 | 20 | 备注：具备水上运油条件的，一次停靠的油罐车节数可根据情况适当减少 | | |
| | 五级 | 10 | | | |
| 4. 其他要求 | 非商业用油库装卸甲、乙类油品的铁路作业线，应距其停车位20m以外设置供移动油泵连接的应急装卸油接口，其公称直径不应小于150mm | | | | |

## 第三节　货物装卸站台布置

货物装卸站台布置，见表9-5。

表9-5　货物装卸站台布置

| 项目 | | 货物装卸站台布置要求 |
|---|---|---|
| 1. 货物装卸站台的布置要求 | (1) 功能 | 货物装卸站台主要是装卸桶装油料和油料器材等 |
| | (2) 位置 | ① 它的位置应选在装卸线一侧靠近桶装仓库和器材仓库的一边 |
| | | ② 若有可能与油罐车同时装卸时，则站台应布置在装卸线的尾端 |
| | (3) 高差 | 站台面高出铁轨顶面的高差不应小于1.1m |
| | (4) 斜坡道 | 站台与道路衔接处的端头应设坡度不大于1:10的斜坡道，便于车辆上下 |
| | (5) 距离 | ① 站台面高出轨面1.1m时，站台边缘与装卸线中心线的距离不应小于1.75m |
| | | ② 站台面高出轨面超过1.1m时，站台边缘与装卸线中心线的距离不应小于1.85m |
| 2. 货物装卸站台尺寸 | (1) 根据 | 装卸站台的尺寸应根据货物装卸量确定 |
| | (2) 推荐尺寸 | ① 长：一般站台为50~100m |
| | | ② 宽：一般站台为6~15m |

## 第四节　铁路装卸作业区布置

铁路装卸作业区布置，见表9-6。

表9-6　铁路装卸作业区布置

| 项目 | | 布置方案 |
|---|---|---|
| (一) 单股道作业线布置方案 | 1. 示意图 | 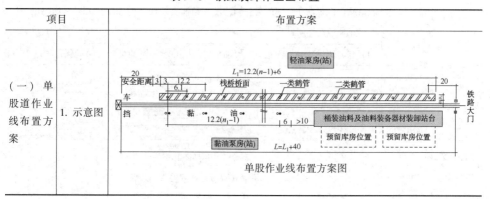<br>单股作业线布置方案图 |

| 项目 | | 布置方案 |
|---|---|---|
| （一）单股道作业线布置方案 | 2. 布置特点及要求 | （1）本方案设有轻、黏油装卸鹤位，鹤管可收发多种油品，其中一类鹤管专用于收发量大的油品，二类鹤管分别用于收发其他油品 |
| | | （2）装卸油品栈桥和站台最好分侧设置，当分侧设置确有困难时，可同侧设置，但不应因建站台而减鹤管 |
| | | （3）轻油泵房(站)最好与装卸油栈桥设在同侧。黏油下卸接头、黏油泵房(站)桶装油料装卸站台设置在作业线的另一侧。没有黏油收发任务的油库，去掉黏油鹤位，站台位置作适当调整即可 |
| | | （4）油品装卸鹤管至油库铁路大门距离不应小于 20m，距车挡的距离不应小于 26m |
| （二）尽头式双股道作业线布置方案 | 1. 示意图 | 尽头式双股作业线布置方案图 |
| | 2. 布置特点及要求 | （1）本方案设有轻、黏油装卸鹤位，鹤管可收发多种油品，其中一类鹤管专用于收发量大的油品，二类鹤管分别用于收发其他油品 |
| | | （2）两股装卸线，一般宜将装卸栈桥布置在两股装卸线的中间。两股装卸线中心线的距离，当采用小鹤管时，不宜大于 6m；当采用大鹤管时，不宜大于 7.5m |
| | | （3）轻油泵房(站)单独设置于作业线一侧，黏油下卸接头、黏油泵房(站)和装卸油料站台设置在作业线的另一侧，没有黏油收发任务的油库，去掉黏油鹤位，站台位置作适当调整即可 |
| | | （4）当分侧设置确有困难时，轻油泵房(站)也可与黏油泵房(站)同侧设置 |
| （三）贯通式双股道作业线布置方案 | 1. 示意图 | 贯通式双股作业线布置方案图 |

| 项目 | | 布置方案 |
|---|---|---|
| （三）贯通式双股道作业线布置方案 | 2. 布置特点及要求 | （1）本方案设有轻、黏油装卸鹤位，鹤管可收发多种油品，其中一类鹤管专用于收发量大的油品，二类鹤管分别用于收发其他油品 |
| | | （2）轻油泵房（站）单独设置于作业线一侧，黏油下卸接头、黏油泵房（站）和桶装油料装卸站台设置在作业线的另一侧。没有黏油收发任务的油库，去掉黏油鹤位，站台位置作适当调整即可 |
| | | （3）当分侧设置确有困难时，轻油泵房（站）也可与黏油泵房（站）同侧设置 |
| （四）尽头式三股道作业线布置方案 | 1. 示意图 | 尽头式三股作业线布置方案图 |
| | 2. 布置特点及点及要求 | （1）本方案设有轻、黏油装卸鹤位，三股作业线均可收发轻油，其中一股作业线可收发黏油 |
| | | （2）鹤管可收发多种油品，其中一类鹤管专用于收发量大的油品，二类鹤管分别用于收发其他油品 |
| | | （3）轻油泵房（站）单独设置于作业线一侧，黏油下卸接头、黏油泵房（站）和桶装油料装卸站台设置在作业线的另一侧。没有黏油收发任务的油库，去掉黏油鹤位，站台位置作适当调整即可 |
| | | （4）当分侧设置确有困难时，轻油泵房（站）也可与黏油泵房（站）同侧设置 |
| | | （5）两座装卸栈桥相邻时，相邻两座装卸栈桥之间的两条装卸线中心线的距离，当二者或其中之一用于甲、乙类油品装卸时，不应小于 10m；当二者都用于丙类油品装卸时，不应小于 6m |
| （五）贯通式三股作业线布置方案 | 1. 示意图 | 贯通式三股作业线布置方案图 |

续表

| 项目 | | 布置方案 |
|---|---|---|
| （五）贯通式三股作业线布置方案 | 2. 布置特点及要求 | （1）本方案设有轻、黏油装卸鹤位，三股作业线均可收发轻油，其中一股作业线可收发黏油 |
| | | （2）鹤管可收发多种油品，其中一类鹤管专用于收发量大的油品，二类鹤管分别用于收发其他油品 |
| | | （3）轻油泵房(站)单独设置于作业线一侧，黏油下卸接头，黏油泵房(站)和桶装油料装卸站台设置在作业线的另一侧。没有黏油收发任务的油库，去掉黏油鹤位，站台位置作适当调整即可 |
| | | （4）当分侧设置确有困难时，轻、黏油泵房(站)可同侧设置 |

# 第五节　铁路装卸油栈桥设计原则

## 一、栈桥设计概要

栈桥设计概要，见表9-7。

表9-7　栈桥设计概要

| 项目 | | 内容 | | |
|---|---|---|---|---|
| | 形式 | 钢筋混凝土结构 | 钢结构 | 活动栈桥 |
| 1. 栈桥形式及优劣 | 优劣比较 | 根据使用实践，钢筋混凝土结构比钢结构较好，减少了维修保养的工作量 | 易生锈，维护工作量大费用高。不推荐采用 | 活动栈桥的特点是采用了阻尼平衡器，过桥起落缓慢无冲击，轻松省力；工作角度大，可低于水平面25°，能适应不同类型的油罐车与栈桥间搭设过桥；平行活动的杆状扶手使行人有可靠保护；转动铰接点采用不锈钢销和尼龙套，不生锈，无需润滑；安装简单，只需用M16螺栓连接 |
| 2. 相关规范规定 | | （1）装卸甲、乙类油品的铁路作业线，应设装卸油栈桥。装卸丙类油品的铁路作业线，应设油品下卸接口 | | |
| | | （2）铁路作业线为单股道时，装卸油栈桥宜设在与装卸油泵站的相邻侧 | | |
| | | （3）装卸油栈桥应采用混凝土结构或钢结构。装卸油栈桥桥面宜高于轨顶3.5m，桥面宽度宜为1.8~2.2m | | |
| 3. 栈桥附属设备 | | （1）按规范要求栈桥两端及沿栈桥每隔60~80m处应设上下栈桥的梯子 | | |
| | | （2）桥面周边设高约80cm的栏杆，保护人员安全 | | |
| | | （3）在安装鹤管的位置留缺口并设吊梯，供上下油罐车使用，吊梯倾角不应大于60° | | |
| | | （4）在上栈桥的梯子处应设导静电手握体 | | |

续表

| 项目 | | 内容 |
|---|---|---|
| 4. 钢筋混凝土结构 | （1）桥面用钢筋混凝土预制板或现浇钢筋混凝土 | |
| | （2）立柱 | ① 形式：钢筋混凝土栈桥宜采用"T"形结构 |
| | | ② 间距：立柱的间距应尽量与鹤管一致，一般为6.1m或12.2m |

## 二、栈桥的尺寸确定

栈桥的尺寸确定，见表9-8。

表9-8　栈桥的尺寸确定

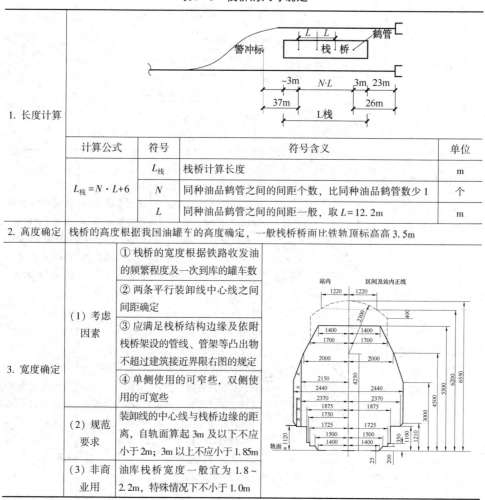

| 1. 长度计算 | 计算公式 | 符号 | 符号含义 | 单位 |
|---|---|---|---|---|
| | $L_栈 = N \cdot L + 6$ | $L_栈$ | 栈桥计算长度 | m |
| | | $N$ | 同种油品鹤管之间的间距个数，比同种油品鹤管数少1 | 个 |
| | | $L$ | 同种油品鹤管之间的间距一般，取$L=12.2m$ | m |
| 2. 高度确定 | 栈桥的高度根据我国油罐车的高度确定，一般栈桥桥面比铁轨顶标高高3.5m | | | |
| 3. 宽度确定 | （1）考虑因素 | ① 栈桥的宽度根据铁路收发油的频繁程度及一次到库的罐车数<br>② 两条平行装卸线中心线之间间距确定<br>③ 应满足栈桥结构边缘及依附栈桥架设的管线、管架等凸出物不超过建筑接近限界右图的规定<br>④ 单侧使用的可窄些，双侧使用的可宽些 | |
| | （2）规范要求 | 装卸线的中心线与栈桥边缘的距离，自轨面算起3m及以下不应小于2m；3m以上不应小于1.85m | |
| | （3）非商业用 | 油库栈桥宽度一般宜为1.8～2.2m，特殊情况下不小于1.0m | |

# 第六节 铁路装卸油工艺流程设计

装卸油工艺流程分类及各类特点，见表9-9。

表9-9 装卸油工艺流程分类及特点

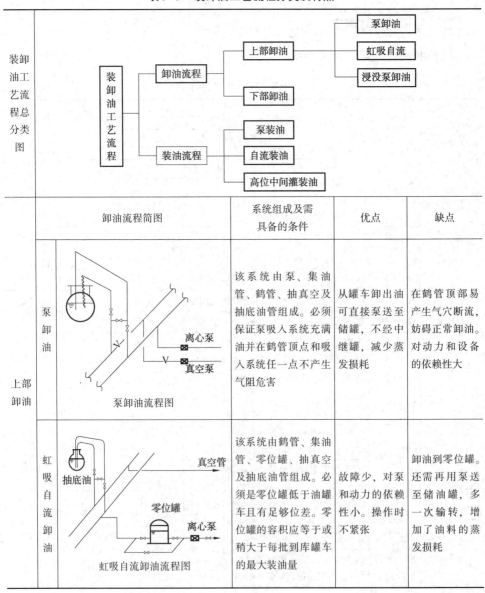

| | 卸油流程简图 | 系统组成及需具备的条件 | 优点 | 缺点 |
|---|---|---|---|---|
| 上部卸油 | **泵卸油** 泵卸油流程图 | 该系统由泵、集油管、鹤管、抽真空及抽底油管组成。必须保证泵吸入系统充满油并在鹤管顶点和吸入系统任一点不产生气阻危害 | 从罐车卸出油可直接泵送至储罐，不经中继罐，减少蒸发损耗 | 在鹤管顶部易产生气穴断流，妨碍正常卸油。对动力和设备的依赖性大 |
| | **虹吸自流卸油** 虹吸自流卸油流程图 | 该系统由鹤管、集油管、零位罐、抽真空及抽底油管组成。必须是零位罐低于油车且有足够位差。零位罐的容积应等于或稍大于每批到库罐车的最大装油量 | 故障少，对泵和动力的依赖性小。操作时不紧张 | 卸油到零位罐，还需再用泵送至储罐，多一次输转，增加了油料的蒸发损耗 |

| | | 卸油流程简图 | 系统组成及需具备的条件 | 优点 | 缺点 |
|---|---|---|---|---|---|
| 上部卸油 | 潜油泵卸油 | 潜油泵卸油流程图<br>1—卸油鹤管；2—集油管；<br>3—潜油泵；4—电缆 | 该系统由潜油泵、鹤管、集油管等组成 | 简化了流程，解决了轻油上卸气阻断流的问题 | 一次性投资较高 |

| | | 卸油流程简图 | 系统组成及需具备的条件 | 优点 | 缺点 |
|---|---|---|---|---|---|
| 下部卸油 | | 双侧下部卸油接头<br>集油管<br>零位罐<br>胶管<br>泵<br>下部卸油流程图 | 该系统由下卸器、卸油管、集油管、输油管和零位罐或输油泵组成 | 取消了鹤管和抽真空系统也不会产生气阻断流，亦不用抽底油管清罐车，设备隐蔽简单，操作方便 | 因下卸器经常开关及途中震动而难以保证严密不漏，运输中不安全 |

| | | 卸油流程简图 | 说明 |
|---|---|---|---|
| 装油的一般方法 | 自流装油 | 自流装油流程图<br>1—油罐车；2—储油罐 | 储油罐高于油罐车且有足够的位差时可采用自流装油。一般靠山建造的山洞油罐多数属这种情况 |
| | 用泵装油 | 装油流程图<br>1—油罐车；2—储油罐；3—油泵 | 当储油罐高于油罐车的位差很小，或低于油罐车时采用泵装油。一般地方油库多属这种情况 |

续表

| | 卸油流程简图 | 说明 |
|---|---|---|
| 装油的一般方法 | 通过中继罐装油 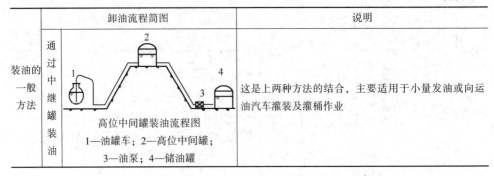 高位中间罐装油流程图 1—油罐车；2—高位中间罐； 3—油泵；4—储油罐 | 这是上两种方法的结合，主要适用于小量发油或向运油汽车灌装及灌桶作业 |

# 第七节　铁路装卸油能力确定

## 一、装卸车限制流速

GB 50074—2014《石油库设计规范》中要求鹤管内的油品流速，不应大于 4.5m/s。表 9-10 的数据可供参考。

表 9-10　铁路油罐车装车、卸车控制流速

| 鹤管直径(mm) | 控制流速 $V$(m/s) | 计算公式 |
|---|---|---|
| 80 | ≤3.1 | |
| 100 | ≤2.8 | $V^2D \leqslant 0.8$ |
| 150 | ≤2.3 | |

注：$D$ 为管内径。

## 二、同时装卸罐车数及装卸时间、流量

同时装卸罐车数及装卸时间、流量，见表 9-11。

表 9-11　同时装卸罐车数及装卸时间、流量表

| 油库容量 (m³) | 同时进行作业的罐车数 | | 铁路装卸流量(m³/h) | | 装卸车时间(h) | |
|---|---|---|---|---|---|---|
| | 轻油 | 黏油 | 轻油 | 黏油 | 一般情况 | 日到车数超过一列火车时 |
| <1500 | 1 | 1 | | | | |
| 1500~6000 | 2~4 | 1 | 120~280 | 30~50 | 4~8 （每日装卸 1 次） | 8~16 （每日装卸 1~2 次） |
| 6000~30000 | 5~8 | 2 | | | | |
| >30000 | 油罐车的冷却数或一半的罐车数 | | | | | |

# 第八节 集油管管径选择与布设

集油管的管径选择及布设，见表9-12。

**表9-12 集油管的管径选择及布设**

| 项目 | | 说明 | | |
|---|---|---|---|---|
| （一）集油管的管径选择 | 1. 原则 | 集油管的管径应根据装卸油品的流量、油品的性质、泵的吸入能力及泵轴中心至油罐车液面的标高差等通过工艺设计计算确定 | | |
| | 2. 方法 | 根据设计任务要求的卸油量初定集油管和输油管的管径，然后校核吸入管路的工作情况 | | |
| | 3. 集油管、输油管管径选择 | 卸车流量（m³/h） | 输油管直径（mm） | 集油管直径（mm） |
| | | 80~120 | 150 | 200~250 |
| | | 120~220 | 200 | 250~300 |
| | | 220~400 | 250 | 300~400 |
| （二）集油管的布设 | 1. 原则 | （1）集油管应随装卸栈桥与铁路装卸线平行布置 | | |
| | | （2）对单股装卸线，集油管应布置在靠泵站的一侧 | | |
| | | （3）对双股装卸线，集油管应布置在两股装卸线中间 | | |
| | 2. 敷设方式 | （1）有直接埋地敷设、管沟敷设、地面敷设、架空敷设等，其中黏油集油管不宜采用直接埋地敷设 | | |
| | | （2）根据国内使用实践，管沟敷设造价高、油气容易集聚，建议尽量少采用；直埋地敷设不易检查、维修；因此目前多采用地面或架空敷设 | | |
| | 3. 坡度设置 | （1）轻油一般设3‰~5‰的坡度 | | |
| | | （2）黏油一般设5‰~10‰的坡度 | | |
| | 4. 布设位置 | （1）集油管和真空总管的布设位置应根据栈桥立柱的结构形式、结构尺寸和装卸线中心线的间距及铁路建筑接近界限的要求综合考虑、合理布局 | | |
| | | （2）集油管及真空总管、管礅或管架等不得超过铁路建筑接近界限的要求 | | |
| | | （3）栈桥为钢筋混凝土单立柱时，集油管和真空总管应布置在立柱两边 | | |
| | | （4）栈桥为钢筋混凝土双立柱或钢架结构时，集油管和真空总管应充分利用双柱和钢架中间位置，位置不足时再考虑利用柱边和钢架边的位置 | | |

# 第九节 铁路油品装卸常用工艺设计

铁路油品装卸常用工艺设计，见表9-13。

**表9-13 铁路油品装卸常用工艺设计**

| 工艺设计 | 工艺图 |
|---|---|
| 铁路油品装卸常规工艺设计 | 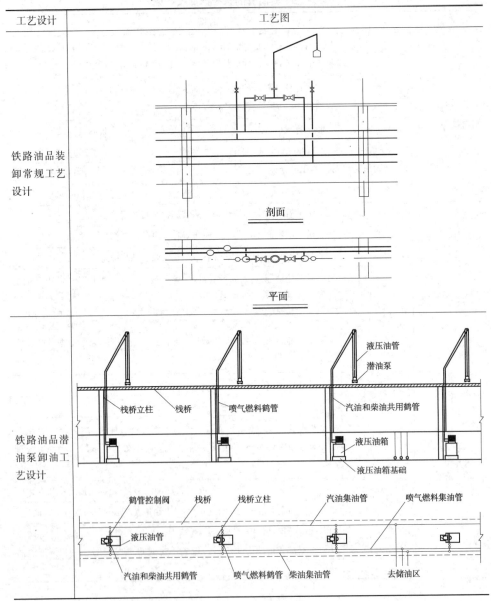 |
| 铁路油品潜油泵卸油工艺设计 | |

续表

| 工艺设计 | 工艺图 |
| --- | --- |
| 栈桥下安装油泵的工艺设计 | 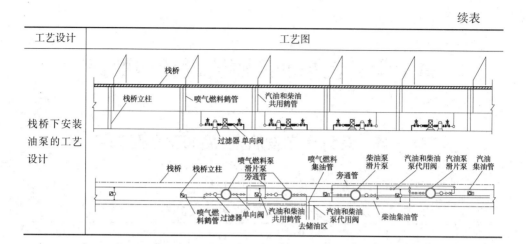 |

# 第十章 汽车油品灌装设计与数据

## 第一节 常见汽车发油亭(站)形式及选择

常见汽车发油亭(站)形式及选择,见表10-1。

表10-1 常见汽车发油亭(站)形式及选择

| 常见形式 | 优 缺 点 | 备 注 |
|---|---|---|
| 直通式 | 直通式有几条并列平行的车道,汽车可同时同向并列平行停在各车道上加油,车的进出干扰少,比较安全,加油效率高 | |
| 圆盘式 | 圆盘式车道为环形,在车道中心建圆形或多边形的加油亭,多台汽车停靠同时加油,车的头尾相接,车辆进出有所干扰 | |
| 倒车式 | 倒车式的发油亭与直通式相同,但受场地的限制不能直行通过。车辆加油时倒入发油亭,加满后开出发油亭 | 倒车式发油亭的设计可参考直通式 |
| 比较 | 三种形式比较起来,直通式较好,所以有条件者推荐选用直通式 | |

## 第二节 汽车发油亭建筑设计要点

汽车发油亭建筑设计要点,见表10-2。

表10-2 汽车发油亭建筑设计要点

| | 方案示图 | 建筑设计要点 |
|---|---|---|
| 1. 四立柱混凝土结构发油亭 | 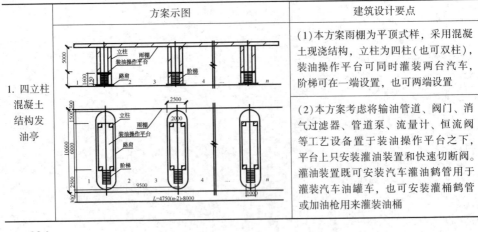 | (1)本方案雨棚为平顶式样,采用混凝土现浇结构,立柱为四柱(也可双柱),装油操作平台可同时灌装两台汽车,阶梯可在一端设置,也可两端设置<br>(2)本方案考虑将输油管道、阀门、消气过滤器、管道泵、流量计、恒流阀等工艺设备置于装油操作平台之下,平台上只安装灌油装置和快速切断阀。灌油装置既可安装汽车灌油鹤管用于灌装汽车油罐车,也可安装灌桶鹤管或加油枪用来灌装油桶 |

续表

| 方案示图 | 建筑设计要点 |
|---|---|
| 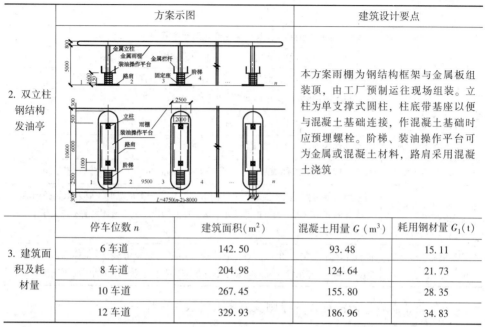 | 本方案雨棚为钢结构框架与金属板组装顶，由工厂预制运往现场组装。立柱为单支撑式圆柱，柱底带基座以便与混凝土基础连接，作混凝土基础时应预埋螺栓。阶梯、装油操作平台可为金属或混凝土材料，路肩采用混凝土浇筑 |

2. 双立柱钢结构发油亭

| 停车位数 $n$ | 建筑面积（$m^2$） | 混凝土用量 $G$（$m^3$） | 耗用钢材量 $G_1$(t) |
|---|---|---|---|
| 6 车道 | 142.50 | 93.48 | 15.11 |
| 8 车道 | 204.98 | 124.64 | 21.73 |
| 10 车道 | 267.45 | 155.80 | 28.35 |
| 12 车道 | 329.93 | 186.96 | 34.83 |

3. 建筑面积及耗材量

注：将雨棚、立柱、装油操作平台等折合后可利用上表确定汽车零发油设施的建筑面积及建筑混凝土用量 $G$ 和耗用钢材量 $G_1$。

# 第三节  汽车油品灌装设计

汽车油品灌装设计有关规定，见表 10-3。

### 表 10-3  汽车油品灌装设计有关规定

| 项　　目 | 主 要 内 容 |
|---|---|
| 1. 装车棚(亭)及建筑要求 | (1)向汽车油罐车灌装甲 B、乙、丙 A 类油品宜在装车棚(亭)内进行 |
| | (2)甲 B、乙、丙 A 类油品可共用一个装车棚(亭) |
| | (3)灌装棚应为单层建筑，并宜采用通过式 |
| | (4)灌装棚的耐火等级，应为三级 |
| | (5)灌装棚罩棚至地面的净空高度，应满足罐车灌装作业要求，且不得低于 5.0m; |
| | (6)灌装棚内的灌装通道宽度，应满足灌装作业要求，其地面应高于周同地面 |
| | (7)当灌装设备设置在灌装台下时，台下的空间不得封闭 |

续表

| 项　目 | 主　要　内　容 |
|---|---|
| 2. 灌装方式 | (1)汽车油罐车的油品灌装宜采用泵送装车方式 |
| | (2)有地形高差可供利用时，宜采用储油罐直接自流装车方式 |
| | (3)采用泵送灌装时，灌装泵可设在灌装台下，并宜按一泵供一鹤位设置 |
| | (4)灌装汽车罐车宜采用底部装车方式 |
| 3. 灌装计量 | 汽车油罐车的油品装卸应有计量措施，计量精度应符合国家有关规定 |
| 4. 灌装控制方式 | 汽车油罐车的油品灌装宜采用定量装车控制方式 |
| 5. 系统密闭要求 | 汽车油罐车向卧式储罐卸甲 B、乙、丙 A 类油品时，应采用密闭管道系统 |
| 6. 灌装鹤管及流速控制要求 | 当采用上装鹤管向汽车油罐车灌装甲 B、乙、丙 A 类油品时，应采用能插到油罐车底部的装车鹤管。鹤管内的液体流速，在鹤管口浸没于液体之前不应大于 1m/s，浸没于液体之后不应大于 4.5m/s |
| 7. 密闭装车油气回收 | 向汽车罐车灌装甲 B、乙 A 类液体应采用密闭装车方式，并应按 GB 50759—2012《油品装卸系统油气回收设施设计规范》的有关规定设置油气回收设施 |

汽车油品灌装工艺流程设计原则及方案，见表10-4。

### 表10-4　汽车油品灌装工艺流程设计原则及方案

| 工艺流程设计原则 | (1)灌装油工艺流程应根据油品种类、发油站和油罐高差等条件来设计 |
|---|---|
| | (2)发油站和油罐高差如果能满足自流，则尽量采用自流流程 |
| | (3)如发油站和油罐高差较小，不能满足自流发油，则应采用泵送流程 |
| | (4)如发油站和油罐高差很小，进泵的负压较大则应将过滤器置于泵后，以免进泵负压太大影响流量 |
| | (5)在条件许可时尽量将过滤器置于泵前以保护其后的设备 |

| | 工艺流程设计示意图 | 方案说明 |
|---|---|---|
| 常见发油工艺流程设计方案 | 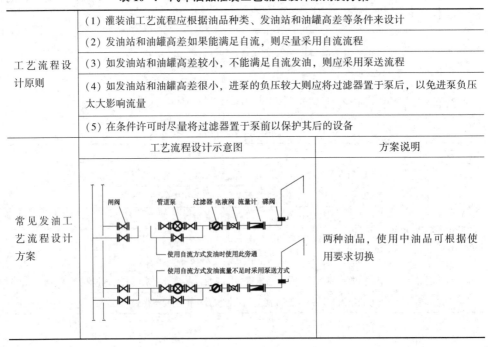 | 两种油品，使用中油品可根据使用要求切换 |

续表

| 常见发油工艺流程设计方案 | 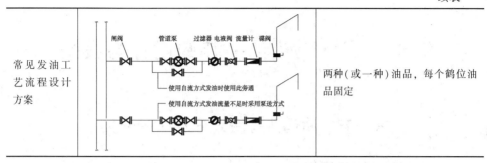 | 两种(或一种)油品，每个鹤位油品固定 |
| --- | --- | --- |

# 第十一章 码头油品装卸设计与数据

## 第一节 油码头等级划分及油船分类

油码头的等级划分，见表11-1。

表11-1 油码头的等级划分

| 等级 | 沿海(t) | 内河(t) | 等级 | 沿海(t) | 内河(t) |
|------|---------|---------|------|---------|---------|
| 一级 | 10000 及以上 | 5000 及以上 | 三级 | 1000~3000 以下 | 100~1000 以下 |
| 二级 | 3000~10000 以下 | 1000~5000 以下 | 四级 | 1000 以下 | 100 以下 |

根据油船有无自航能力和用途，可把油船分为油轮、油驳和储油船。油船的分类，见表11-2。

表11-2 油船的分类

| 油船种类 | 说　明 | |
|----------|--------|---|
| 油轮 | (1)特征：有动力设备，可以自航 | |
| | (2)设备：一般还有输油、扫舱、加热以及消防等设备 | |
| | (3)种类：国内海运和内河使用的油轮，可分为万吨以上，三千吨以上和三千吨以下几种 | |
| | (4)用途 | ①万吨以上油轮主要用于海上原油运输 |
| | | ②成品油的海运和内河运输，多以三千吨以下油轮为主 |
| 油驳 | (1)特征：油驳是指不带动力设备，不能自航的油船，它必须依靠拖船牵引航行 | |
| | (2)设备：利用油库的油泵和加热设备装卸、加热，也有的油驳上带有油泵和加热设备 | |
| | (3)种类：油驳按用途来分有海上和内河两类 | |
| 储油船 | (1)用途：近年来，在海上开采石油越来越多，离岸太远时，则利用储油船代替海上储油罐，用来储存和调拨石油 | |
| | (2)特征：储油船一般要比停靠的油船吨位大。它除了没有主机不能自航外，其余设备都与一般油船相似 | |

# 第二节　码头油品装卸工艺设计

## 一、码头装卸油速度及时间

沿海及内河油轮均装有蒸汽往复泵或透平泵，卸油可用船上泵。内河油驳有的带泵，有的不带泵。不带泵的油驳用设在趸船上（或岸上）的泵卸油。码头装卸油速度及时间，见表11-3。

**表11-3　码头装卸油速度及时间**

| 卸油速度 | 油轮吨位(t) | ≤1500 | | 1500~5000 | >5000 | ≥10000 |
|---|---|---|---|---|---|---|
| | 卸油速度(t/h) | 150 | | 300 | 300~400 | 400~600 |
| 装油港泊位净装时间 | 油轮泊位吨级 | 10000 | 20000 | 30000 | 50000 | 80000 | 100000 |
| | 净装油时间(h) | 10 | 10 | 10 | 10 | 13~15 | 13~15 |
| | 备注 | 装油方式有油泵装和自流装两种，装油速度因具体情况而异，目前最大可达1500t/h，装船时间不超过16h | | | | | |
| 卸油港泊位净卸时间 | 油轮泊位吨级 | 10000 | 20000 | 30000 | 50000 | 80000 | 100000 |
| | 净卸油时间(h) | 24~18 | 27~24 | 30~26 | 36~32 | 36~31 | 36~21 |

## 二、油船扫线方式

油轮装卸油完毕后，放空油管线，并清扫管内残油、存水，即为扫线，扫线方式如表11-4。

**表11-4　油船扫线方式表**

| 扫线方式 | 用蒸汽扫 | 用压缩空气扫 | 用蒸汽扫后，再用压缩空气吹 | 一般可不扫 |
|---|---|---|---|---|
| 适用油品 | 原油、柴油 | 燃料油等特种燃料油、一般润滑油 | 重质油、喷气燃料、 | 寒冷地区的油 | 煤油 |
| 备注 | 清扫蒸汽和压缩空气的压力为0.3~0.6MPa，最低为0.2MPa | | | |

## 三、油轮供水及耗汽量

油轮供水及耗汽量，见表11-5。

表 11-5　油轮供水量及耗汽量参考表

| 油轮吨位(t) | 生活用水及锅炉用水(t) | 卸重质油时岸上辅助供汽及扫线用汽量(t/h) |
|---|---|---|
| 5000 | 120 | 1~2 |
| ≥10000 | 250~300 | 2~3 |

## 四、码头油品装卸工艺流程设计原则和常用工艺流程

码头油品装卸工艺流程设计原则和常用工艺流程，见表 11-6。

表 11-6　码头油品装卸工艺流程设计原则和常用工艺流程

| | | | |
|---|---|---|---|
| 工艺流程设计原则 | 1. 应能满足油港装卸作业和适应多种作业的要求 | | |
| | 2. 同时装卸几种油品时不互相干扰 | | |
| | 3. 管线互为备用，能把油品调度到任一条管路中去，不致因某一条管路发生故障而影响操作。但对航空油料等要求严格的油品，管路应专用 | | |
| | 4. 泵能互为备用，当某台泵出现故障时，能照常工作，必要时数台泵可同时工作 | | |
| | 5. 发生故障时能迅速切断油路，并考虑有效放空措施 | | |
| 常用工艺流程 | 1. 油船上的泵卸油 | (1)直接至储油区 | 若储油区与码头距离不长、高差不大，可用油船上的泵直接将油输送至储油区 |
| | | (2)经缓冲油罐 | 若储油区与码头高差较大或距离较远时，一般在岸上设置缓冲油罐，利用船上的泵先将油品输入缓冲罐中，然后再用中继泵将缓冲罐中的油品输送至储油区 |
| | 2. 装油 | (1)自流装 | 向油船装油一般采用自流方式 |
| | | (2)泵装油 | 某些港口地面油库，因油罐与油船高差小，距离大，需用泵装油 |
| | 3. 管组 | (1)要求 | 油船装卸必须在码头上设置装卸油管路，每组油品单独设置一组装卸油管 |
| | | (2)组成 | ①集油管 |
| | | | ②集油管在线上设置若干分支管路，支管间距一般为 10m 左右 |
| | | (3)管径确定 | 分支管路的数量和直径，集油管、泵吸入管的直径等，应根据油轮驳的尺寸、容量和装卸油速度等具体条件确定 |
| | | (4)管组设置 | 在具体配置上，一般将不同油品的几个分支管路(即装卸油短管)设置在一个操作井或操作间内。平时将操作井盖上盖板，使用时打开盖板，接上耐油胶管 |
| | | (5)黏油管 | 装卸黏油时，在操作井内还应配置蒸汽短管 |

续表

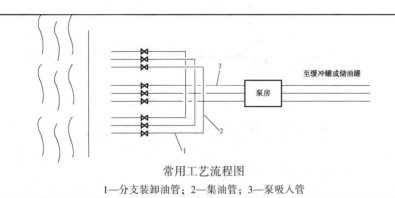

常用工艺流程图

1—分支装卸油管；2—集油管；3—泵吸入管

# 第三节　码头装卸油设计要点

码头装卸油设计要点，见表11-7。

表11-7　码头装卸油设计要点

| 项　目 | 设 计 要 点 | |
| --- | --- | --- |
| 1. 引桥、码头输油管布置要点 | 在引桥和码头的表面不应布置输油管，以免阻碍通行和作业。有条件设管沟时，可将油管敷设在管沟中。在引桥上也可将油管设在引桥旁边。易燃液体码头敷设管道的引桥宜独立设置 | |
| 2. 在码头上收发油口布置要点 | 在码头上收发油口的布置，应根据舰船的尺寸和舰船加油口和发油口的位置确定，使之尽量缩短收发油胶管的长度 | |
| 3. 卸油井、加油井设计要点 | (1)作用及定义 | 为了操作使用方便和安全管理，每个加油口和发油口做成阀门井的形式，称谓加油井和卸油井 |
| | (2)井内设备 | 井内集中安装有阀门、流量计、过滤器及快速接头等，有的将加油用的软管也放在井内 |
| | (3)井顶标高 | 井顶应高于码头面20cm左右，以防雨水进入 |
| | (4)加盖、加锁 | 井口加盖、加锁，不使用时上锁，防止无关人员随意操作 |
| | (5)设置形式 | 多数码头加油井和卸油井两者合一，只有油船和舰艇尺寸差别太大，才将两井分开 |
| 4. 切断阀门 | 在易燃和可燃液体管道位于岸边的适当位置，应设用于紧急状况下的切断阀门 | |
| 5. 密闭装卸及油气回收 | (1)装卸甲B、乙、丙A类液体的船舶应采用密闭接口形式 | |
| | (2)向船舶灌装甲B、乙A类液体，宜按GB 50759—2012《油品装卸系统油气回收设施设计规范》的有关规定设置油气回收设施 | |
| 6. 压舱水 | 停靠需要排放压舱水或洗舱水船舶的码头，应设置接受压舱水或洗舱水的设施 | |

# 第十二章　油库辅助作业设计与数据

## 第一节　油库辅助用房建设标准

油库业务用房的建筑标准见表12-1。

表 12-1　油库业务用房建筑标准

| 序号 | 项目名称 | 化验室 | 消防泵房 | 机修间 | 洗修桶间 | 油料更生间 | 器材间 | 危险品间 | 监控测试中心 |
|---|---|---|---|---|---|---|---|---|---|
| 1 | 建筑面积（m²） | 150~250 | 100~150 | 160~230 | 化学洗300,机械洗500 | 300~500 | 300~400 | 60 | 40 |
| 2 | 层高(m) | 3.2~3.5 | 3.5~4.5 | 3.2~3.4 | 3.2~3.6 | 4.7 | 3.5 | 3.5 | 3.2~3.5 |
| 3 | 耐火等级 | 一级 | 二、三级 | 二、三级 | 二级 | 一、二级 | 三级 | 一级 | 二、三级 |
| 4 | 上、下水 | 设 | 设 | 设 | 设 | 设 | 不设 | 设 | 设 |
| 5 | 通风设备（排风扇） | 操作及油样间、化验间，设 | 不设 | 不设 | 设 | 设 | 不设 | 不设 | 设 |
| 6 | 采暖设备 | 采暖地区设 | 不设 | 不设 | 不设 | 不设 | 不设 | 不设 | 采暖地区设 |
| 7 | 电器设备 | 操作及油样间一级，其他普通 | 普通 | 普通 | 2级 | 2级 | 普通 | 普通 | 普通 |
| 8 | 防雷装置 | 设 | 设 | 设 | 设 | 设 | 设 | 设 | 设 |

## 第二节　洗修桶间(厂)设计

### 一、洗修桶间(厂)设计原则

洗修桶间(厂)设计原则，见表12-2。

## 表 12-2　洗修桶间(厂)设计原则

| 项　　目 | 设 计 原 则 |
|---|---|
| 1. 设施考虑因素 | 油桶洗修设施应根据油库的任务、业务性质、油桶发放与回收数量等因素综合考虑确定，并宜相对集中设置 |
| 2. 设备组成 | 洗修桶一般应由洗桶(包括机械洗桶和化学洗桶)、整形、检漏、补焊、烘干、除锈与喷漆等设备组成 |
| 3. 配套建设项目 | 洗修桶厂必须配套建设相应的污水处理设施及空桶堆放场地等 |
| 4. 平面布置 | 洗修桶厂和油桶洗修设备的平面布置，应满足安全防火和操作工序的要求，并避免交叉作业和油桶往返搬运 |
| 5. 建筑设计规定 | (1) 主要操作间的层高不应低于 3.6m |
| | (2) 各房间的门应向外开。进出油桶的门宽不应小于 2m，门外应设斜坡道 |
| | (3) 锅炉、乙炔发生器、气焊、油冲、喷漆、空气压缩机，应各自单独设置房间，隔墙应为实体墙。锅炉间、乙炔发生器间、喷漆间应各自独立设置对外的出入口 |
| 6. 材料要求 | 采用化学洗桶时，与酸、碱直接或间接接触的设备、管道、器件以及房间的地面、墙面等，应耐酸、碱腐蚀 |
| 7. 通风要求 | 主操作间、乙炔发生器间、除锈及喷漆间等可能产生有害气体和粉尘的房间，除必须满足一定的自然通风要求外，尚应设置机械通风装置 |

## 二、油桶洗修作业程序及方法

油桶洗修作业程序及方法，见表 12-3。

### 表 12-3　油桶洗修作业程序及方法

| 洗修作业程序 | 油桶洗修作业主要经拣桶→清洗(除油除锈)→整形→检漏焊补→外部除锈→喷漆和内部防锈处理等各项工序 | | | | |
|---|---|---|---|---|---|
| 油桶的分类及清洗方法 | 1. 拣桶分类 | 级别 | 类别 | 油桶状况 | 适宜灌装油品范围 |
| | | 1 级 | 不洗桶 | 检验合格的新桶；无变形、未经整修，内部清洁无锈渣水分、无残油，外部无渗漏痕迹的油桶 | 可灌装闪点 28℃ 以下的轻质油和各种润滑油 |
| | | 2 级 | 小洗桶 | 桶身、桶底未经焊修，桶身、桶口接缝处虽经焊修但未影响油桶质量；外部油漆略有脱落，内外锈蚀不严重；外形圆整，虽有小量凹陷，但不显著 | 可装闪点 45℃ 以下的轻油，还可装锭子油、机械油、车用机油、汽缸油、车轴油、齿轮油等 |

| | | | | |
|---|---|---|---|---|
| 油桶的分类及清洗方法 | 1. 拣桶分类 | 3级 | 中洗桶 | 油桶接缝及圈边均经焊修，桶身修焊不超过4处，修焊处未经重新焊补过；桶外壁油漆脱落部分略有腐蚀，桶内壁有不超过总面积30%的局部锈蚀；桶身局部凹陷处边长不超过25cm | 装闪点45℃以上的油品，如轻柴油 |
| | | 4级 | 大洗桶 | 桶身重复修焊，但桶皮尚未脆裂；桶内锈蚀严重（锈蚀面积占总面积50%以上），但尚可洗刷；外形已不圆整 | 可装闪点120℃及其以上的油品，如重柴油和燃油 |
| | | 等外 | | 已不符合四级桶要求，但还能修复 | 灌装各级沥青 |
| | 2. 清洗方法 | （1）机械清洗 | | 链条除锈→冲洗→烘干→整形修焊→外部除锈→防护涂漆等作业程序 | |
| | | （2）化学清洗 | | 酸洗→水冲→中和钝化→乳化和油冲→整形修焊→外部除锈→防护涂漆等步骤 | |

## 三、化学洗桶的方法

化学洗桶的方法，见表12-4。

**表12-4　化学洗桶的方法**

| | | | |
|---|---|---|---|
| 1. 酸洗 | （1）目的 | | 清除桶内的铁锈，即氧化铁和氢氧化铁 |
| | （2）设备 | | 挂胶泵（FL5/13.5电机7kW4级）；塑料阀；酸冲液回流槽；酸冲液喷嘴（塑料）；抽酸管；储酸池（塑料板自焊）；酸液回流管路；控制抽酸液真空回流阀；抽桶底酸液真空塑料罐；接油桶底胶管；真空泵管路；抽酸气罩（能防酸腐蚀）；抽风机；抽风管 |
| 2. 水冲 | （1）目的 | | 洗去桶内残存的酸液。桶内残存的酸会造成桶皮的腐蚀，也会增加中和钝化作业的用碱量。防止油桶重新生锈 |
| | （2）时间 | | 酸洗后用清水冲洗3~5min |
| | （3）水利用 | | 冲洗后的水宜经处理循环使用 |
| | （4）时机 | | 酸洗完后应立即用水冲，中间的间隔时间不宜超过30min |
| 3. 中和钝化 | （1）目的 | | 中和钝化又称碱洗，目的是进一步去掉桶皮上残留的酸液 |
| | （2）原因 | | 因为水冲不能把酸液彻底清除，还需要用碱液把残留的酸中和掉 |
| 4. 乳化 | （1）目的 | | 除去桶皮上的水分 |
| | （2）时间 | | 5~10min |

续表

| 5. 油冲 | (1)目的 | 除去残留在桶内的乳化液，并可作油桶渗漏检查，油冲后油桶存放一个月不会生锈 |
|---|---|---|
| | (2)油品 | 煤油或柴油 |
| | (3)时间 | 冲洗 5~10min |
| | (4)不冲条件 | 如果油桶立刻装油，可以不用油冲，只要把乳化液吸干即可 |
| 6. 清洗方法的选择 | (1)轻油桶 | 可直接采用机械或化学方法清洗 |
| | (2)黏油桶(两种处理办法) | ①用浓度为25%的火碱水溶液，再加入铁链条进行机械式滚洗 |
| | | ②用热碱水冲洗，其速度快，效果也不错 |

## 四、油桶的整形修焊

油桶的整形修焊，见表 12-5。

**表 12-5　油桶的整形修焊**

| 1. 油桶检验 | (1)时机 | 油桶出入库和灌装以前，均应进行质量检验 |
|---|---|---|
| | (2)内容 | 检验项目有外形、桶内质量、渗漏及等级检查 |
| 2. 油桶烘干 | (1)目的 | 为了清除油桶内壁残留的酸、水，防止再发生锈蚀，必须对清洗过的油桶进行烘干 |
| | (2)方法 | ①用热空气烘干 |
| | | ②也有用蒸汽冲刷油桶内表面，使桶内残油或油蒸气经蒸洗而溢出，但易残留水分而影响油桶质量 |
| 3. 油桶修焊 | (1)原因 | 由于油桶的桶身、底顶、卷边，以及油桶盖口等部位的损伤、残缝，造成油桶渗漏 |
| | (2)方法 | ①为保证油桶质量，一般采用气焊的方法修复 |
| | | ②因修焊时能使卷边缝内的耐油防渗胶受热胶化而失效，因此必须整圈修焊 |
| | | ③油桶顶底圈渗漏，也可用修补剂临时修补 |
| 4. 油桶整形 | (1)原因 | 油桶在使用过程中由于撞击等原因，使桶身凹陷变形 |
| | (2)目的 | 不影响装油容积和防止渗漏 |
| | (3)方法 | 必须使用整形设备使之复原 |

## 五、洗桶方法选择

洗桶方法选择，见表 12-6。

表 12-6  洗桶方法选择

| 机械洗桶 | (1)最早的一种洗桶方法，随着油库建设的发展，机械洗桶已基本上被化学洗桶代替 |
| | (2)由于机械洗桶能较好地清洗油皮桶(桶内胶黏一层胶状物的润滑油桶)，是化学洗桶所不具有的优点，且化学洗桶腐蚀和污染较为严重，因此，在非商业油库目前又有用机械洗桶代替化学洗桶的趋势 |
| 化学洗桶 | (1)化学洗桶的主要特点是酸洗，而酸对金属设备均有腐蚀作用 |
| | (2)化学洗桶设备必须具备耐酸性，即对盐酸有较好的化学稳定性(抗腐蚀性)和足够的机械强度 |
| | (3)实践证明，硬聚氯乙烯塑料是制作酸液容器和管路比较好的耐酸材料 |

（1）洗修桶的各道工序占回收旧桶的百分数，见表 12-7。

表 12-7  洗修桶的各道工序占回收旧桶的百分数

| 工 序 类 别 | 占百分比(%) | 工 序 类 别 | 占百分比(%) |
|---|---|---|---|
| 拣桶 | 100 | 蒸桶 | 30 |
| 试漏(含轧边和烧焊后的复试) | 120~140 | 焊修(其中整圈烧焊的大修占25%) | 26~30 |
| 整形 | 4.5~5 | 洗桶 | 50 |
| 轧边(其中仍有60%烧焊补漏) | 13~15 | 烘干(油洗不烘干) | 15 |
| 除锈 | 10 | | |

（2）油桶整修车间的蒸汽消耗，见表 12-8。

表 12-8  油桶整修车间的蒸汽消耗

| 操 作 设 备 | 每一设备的用汽量(kg/h) |
|---|---|
| 蒸汽喷头 | 60 |
| 热水洗桶加热用汽 | 180 |
| 热空气烘桶的空气蒸汽换热器 | ~150 |

注：蒸汽压力在 0.686MPa 以下，通常喷嘴压力只有 0.294~0.392MPa。

（3）洗修桶间水的消耗量，见表 12-9。

表 12-9  洗修桶间水的消耗量

| 操 作 设 备 | 每一设备的用水量(kg/h) | 备　　注 |
|---|---|---|
| 热水洗桶 | 480 | 未计循环利用 |
| 冷水洗桶 | 480 | 未计循环利用 |

| 操 作 设 备 | 每一设备的用水量(kg/h) | 备　　注 |
|---|---|---|
| 碱水洗桶 | 100 | 约有80%的循环利用 |
| 整　形 | 640 | |
| 链条洗桶 | 100 | |
| 其　他 | 960 | 乙炔发生器、空压机、生活用水等 |

（4）洗修桶间压缩空气消耗，见表12-10。

**表 12-10　洗修桶间压缩空气消耗**

| 操 作 设 备 | 每一设备的用气量(常压下 m³/min) |
|---|---|
| 试漏 | 0.2 |
| 喷射器吸干 | 0.1 |
| 整形 | 0.25~0.35 |
| 调漆与喷漆 | 0.9 |

（5）整修桶的参考技术数据，见表12-11。

**表 12-11　整修桶的参考技术数据**

| 名　　　称 | 技 术 数 据 |
|---|---|
| （1）油桶耐压 | 油桶可承受的内压力0.049MPa(即安全允许的压力) |
| （2）整形压力 | 油桶整形可用0.343~0.49MPa的压缩空气 |
| （3）供气压力 | 供洗桶用的空压机和锅炉压力一般为0.686MPa |
| （4）洗修桶的离心水泵 | ①扬程：应在40mH₂O以上 |
| | ②流量：每个洗桶喷头的供油(或供水)量应不小于0.8kg/s |

# 第三节　油料化验室设计

## 一、油料化验室设计要求

油料化验室设计要求，见表12-12。

## 二、油料化验室建筑要求

在非商业油库中，油料化验室可分为一、二、三级。不同级别的化验室，其建筑面积、建筑要求及设备配备均有所区别，见表12-13。

表 12-12　油料化验室设计要求

| 项　目 | 设 计 要 求 | | |
|---|---|---|---|
| 1. 油料化验室位置 | (1) 与有明火作业场所的距离不应小于 30m | | |
| | (2) 应远离震源和噪声等干扰较大的场所 | | |
| 2. 油料化验室建筑要求 | (1) 建筑面积应为 150~250m² | | |
| | (2) 建筑层高宜为 3.2~3.5m | | |
| 3. 化验室配套设置 | 应按需要配套设置化验操作间、天平室、烟厨间、样品间、试剂间、仪器室、压缩机间、修理间、办公室、资料室等 | | |
| 4. 化验室内各房间的布置应满足右列基本要求 | (1) 化验操作间 | ①宜设前廊 | |
| | | ②化学试验与物理试验间宜分开布置 | |
| | | ③室内采光、通风、照明应良好 | |
| | | ④门窗 | a. 应设纱门和纱窗 |
| | | | b. 寒冷或风沙较大的地区,对外门窗应严密,窗上玻璃应采用双层或中空玻璃 |
| | | ⑤地面应采用水磨石或瓷砖地面 | |
| | | ⑥室内应设化验台及洗涮用的给排水设备 | |
| | | ⑦应设排风设备 | |
| | (2) 烟厨间 | ①与物理试验间应毗邻布置 | |
| | | ②烟厨间与其他毗邻房间的隔墙应为防火墙 | |
| | | ③烟厨间的排烟口应避免影响周围环境 | |
| | | ④应设排风设备 | |
| | (3) 天平间 | ①宜与化学试验间和物理试验间相邻布置 | |
| | | ②不应与压缩机间、修理间等有震动的房间邻近布置 | |
| | | ③天平操作台应有防震措施 | |
| | (4) 样品间 | ①应避光和通风 | |
| | | ②与其他房间的隔墙应为防火墙 | |
| | | ③应设置单独的对外出入口 | |
| | | ④并符合防爆防火要求 | |
| | (5) 试剂间、仪器室 | 应避光和通风 | |
| | (6) 压缩机间 | 压缩机间的压缩空气,应用管道送至化验操作间的用气点 | |
| 5. 化验室供电 | (1) 应有 220/380V 电源 | | |
| | (2) 照明用电应与设备等其他用电分开 | | |
| 6. 合建时 | 化验室与其他用房合建时,化验室应布置在不受其他活动干扰的一侧,并宜采用独立的防火分区和出入口 | | |

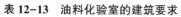

**表 12-13  油料化验室的建筑要求**

| 级别 | | | 建 筑 要 求 |
|---|---|---|---|
| 一、二级油料化验室的建筑要求 | 1. 化验操作间 | | 应按油料种类或化验项目分设房间。根据化验项目要求，室内可装通风橱、空调等设施，要求采光、照明、通风好 |
| | 2. 天平室 | | 房间要避开震源、热源，并尽量设在北面。根据需要室内可装抽湿机和降(升)温设施，墙壁要贴面(或刷涂料)，工作台要防震 |
| | 3. 计量仪器检定室 | (1)恒温室 | 供小容量仪器检定和恒温操作的化验项目用，室内应安装空调设施 |
| | | (2)温度计检定室 | 可根据检定温度计范围分设低温、中温、高温检定室，室内要安装排风设施 |
| | | (3)砝码检定室 | 室内要求同天平室，但地面要铺设软垫 |
| | | (4)黏度计、密度计检定室 | 室内要安装空调、排风设施，并有仪器洗涤处 |
| | | (5)仪器检定修理室 | 供检定和维修各种秒表、电器仪表用，室内要安装排风设施，地面要铺橡胶板 |
| | 4. 电化教室 | | 供自学和训练化验人员用，室内采光、照明、通风要好 |
| | 5. 图书资料室 | | 供存放各种图书、资料、技术档案等用，可根据需要分设房间，室内通风要好 |
| | 6. 计算机室 | | 室内要防尘，墙壁要贴面(或刷涂料)，地面要防潮 |
| | 7. 库房 | | 供存放各种化验仪器、计量仪器、试剂(药品)、油料样品及仪器配件用。室内要通风、干燥。一般要设化验仪器库房、标准计量仪器库房、试剂(药品)库房和地下室 |
| | 8. 办公室 | | 供化验人员办公学习用，房间要尽量设在离大门近的位置，室内采光、照明、通风要好 |
| | 9. 修理间 | | 供修理各种普通仪器用，室内要安装工作台、打孔机、电钻、台钳、砂轮机等 |
| | 10. 配电间 | | 要设在进出方便的位置，室内要通风、防潮，窗户等通风处要设金属网 |
| | 11. 洗澡间 | | 供化验人员洗澡用，室内要设喷淋器 |
| | 12. 另外 | | 化验楼内要有专用的消防设备，符合要求的配电设施，化验楼周围要尽量建围墙，确保安全 |

| 级别 | | 建 筑 要 求 | |
|---|---|---|---|
| 三级油料化验室的建筑要求 | 1. 化验室位置 | 化验室应建在油库办公区，与明火作业场所的距离不少于30m，如建在作业区，应符合安全规定，并避开震源和噪音较大的场所 | |
| | 2. 化验操作间 | (1)室内层高不低于3.3m | |
| | | (2)水磨石地面 | |
| | | (3)双层窗(南方含纱窗) | |
| | | (4)采光、照明、通风要好 | |
| | | (5)设上、下水道，压缩空气管道和取暖设备(北方地区) | |
| | | (6)电源有380V和220V两种，工作用电和照明用电要分开 | |
| | | (7)试验台 | ①化学试验台宜为白色瓷砖贴面 |
| | | | ②物理试验台宜为水磨石台面 |
| | | (8)设烟橱和排风设备 | |
| | | (9)热区可安装空调设备 | |
| | 3. 天平室 | (1)房间要设在北面 | |
| | | (2)避开震源和热源 | |
| | | (3)室内工作台要防震 | |
| | | (4)热区可安装空调设备 | |
| | 4. 油样 | (1)室内应避光、通风 | |
| | | (2)油样间应符合防爆防火要求 | |
| | 5. 试剂、仪器室 | 室内应避光、通风 | |
| | 6. 压缩机间、修理间 | 应尽量远离天平室 | |
| | 7. 办公室 | (1)供化验人员办公学习用 | |
| | | (2)应和化验操作间有门隔开 | |
| | | (3)室内采光、通风要好 | |

# 第四节　灌桶间设计

## 一、灌桶方法及设备

灌装油品的方法有质量法和容量法两种，质量法适用于灌装黏油，容量法适用于灌装轻油。灌桶方法及设备，见表12-14。

### 表 12-14 灌桶方法及设备

| | | | | | |
|---|---|---|---|---|---|
| 质量法 | 采用普通转心阀(直径一般为 32mm)来灌装油品 | | | | |
| | 一个灌油栓与几根平行的灌桶集油管相连,使几种油品共用同一灌油栓 | | | | |
| | 有特殊质量要求的油品,如含铅汽油、航空油料或高级润滑油等,必须设专用灌油栓,不得与其他油品共用 | | | | |
| 容量法 | 1. 标准计量罐 | 利用标准计量罐进行计量灌桶速度慢,操作也不方便,所以,已逐渐被流量表代替 | | | |
| | 2. 流量表 | (1)利用流量表灌桶具有迅速轻便等优点,并且易于自动控制,目前已得到广泛推广 | | | |
| | | (2)最常用的是腰轮流量计等 | | | |
| | | (3)为了便于检修,流量计应接旁通管 | | | |
| | | (4)为了保护流量计,在流量计前面应装过滤器 | | | |
| | | (5)为了计量准确,流量表前面的输油管上应装设油气分离器 | | | |
| | 3. 电子定量灌油装置 | (1)电子定量灌装是目前国内较成功的一种自动控制的灌桶方法。这种方法是利用电子仪表和腰轮流量计等对灌桶作业进行自动控制 | | | |
| | | (2)电子定量灌油装置由涡轮流量变送器(称为一次仪表)和电子定量灌装设备(称为二次仪表)组成,统称"电子定量灌装仪" | | | |
| | | (3)由灌装罐来油经手动闸阀、滤油器进入流量变送器,并通过它把流量转换成电脉冲信号,送给电子定量灌装设备 | | | |
| | | (4)该设备可以测量流体瞬时流量,也能累积总值,并能实施定量控制 | | | |
| | | (5)主要设备 | ①稳压元件 | a. 包括倍数段、整流段、变送器前直管段和后直管段 |
| | | | | b. 其作用是使油品在变送器前后的流线和流态稳定,以提高计量的准确性。倍数段和整流段的长度均应大于或等于 2 倍管径。变送器前直管段应大于或等于 10 倍管径;后直管段的长度应大于或等于 5 倍管径 |
| | | | ②二次表 | a. 与一次表配合使用,其作用使将一次表发出的电脉冲信号积算或转换为体积流量数 |
| | | | | b. 该表可灌装汽车罐车或灌桶。灌桶时,在仪表上定好每桶容积和需装桶的数量后,可以自动定量灌桶 |

## 二、灌油栓数量确定

质量法灌桶灌油栓数量的确定，见表 12-15。

**表 12-15　质量法灌桶灌油栓数量的确定**

| 计算公式 | 符号 | 符号含义 | | | 单位 |
|---|---|---|---|---|---|
| | $n$ | 灌油栓数量 | | | 个 |
| | $Q$ | 每日最大灌桶量 | | | t/d |
| | | $Q$=日平均装桶量×不均匀系数 | | | |
| | | 油品的日平均装桶量，可按油库的业务情况决定 | | | |
| $n=Q/qkT\rho$ 注：决定灌油栓数量时，还应适当考虑日后的桶装业务的发展情况 | | 对于有桶装仓库周转的油品 | 装桶的不均匀系数 | 取 1.1~1.2 | |
| | | 对于没有桶装仓库的油品 | | 取 1.5~1.8 | |
| | $q$ | 每个灌油栓每小时的计算生产率 | | | m³/h |
| | | 对于灌装 200L 桶 | 汽油、煤油和轻柴油等油品 | 时间控制在 1min | 流量为 12m³/h 较合适 |
| | | | 润滑油桶 | 时间应适当延长，规定为 3min | 流量为 4m³/h 比较适宜 |
| | $K$ | 灌油栓的利用系数，一般取 $K$=0.5 | | | |
| | $T$ | 灌油栓每日工作时间 | | | h |
| | $\rho$ | 灌装油品的密度 | | | t/m³ |

## 三、灌桶间的建筑要求

灌桶间的建筑要求，见表 12-16。

**表 12-16　灌桶间的建筑要求**

| 项　　目 | 建　筑　要　求 |
|---|---|
| 1. 房间设置 | (1)润滑油、含铅汽油灌桶间应单独设置 |
| | (2)不含铅汽油和煤油、柴油可同设一栋灌桶间 |
| | (3)润滑油或含铅汽油与汽、煤、柴油同一栋灌桶间灌桶时，应采用防火墙隔开 |
| 2. 润滑油 | (1)润滑油灌桶一般宜在室内 |
| | (2)润滑油高架罐可以设在润滑油灌桶间上部 |

| 项　　目 | 建 筑 要 求 | | |
| --- | --- | --- | --- |
| 3. 油泵设置 | (1)灌桶用油泵可与灌桶间设在同一栋建筑物内 | | |
| | (2)对于甲、乙类油品，应在油泵和灌油栓之间设防火隔墙 | | |
| 4. 合建问题 | 重桶堆放间可与灌桶间设在同一建筑物内，但必须设隔墙 | | |
| 5. 耐火等级 | (1)灌装甲、乙类轻质油品灌桶间耐火等级不得低于二级 | | |
| | (2)灌装其余油品灌桶间耐火等级不低于三级 | | |
| 6. 地面 | (1)灌桶间一般采用素混凝土地坪 | | |
| | (2)地面应设坡度坡向集油沟及集油井 | | |
| 7. 采光面积 | 灌桶间窗户采光面积与地坪面积之比应不小于 1∶6 | | |
| 8. 大门设置 | (1)灌桶间的门应外开 | | |
| | (2)高宽尺寸不小于 2m×2.1m | | |
| 9. 暖气与通风 | (1)灌桶间应装自然通风或机械通风设备 | | |
| | (2)每小时换气次数应不小于 12 次 | | |
| | (3)室内禁止采用明火取暖 | | |
| 10. 长、宽、高确定 | (1)长 | ①长度根据灌油栓的数量决定 | |
| | | ②每个灌油栓所占宽度应不小于一辆汽车的宽度 | |
| | (2)宽度 | ①灌桶间的宽度一般取 5~6m | |
| | | ②若用流量表在靠近灌桶间外站台旁停的汽车上的油桶直接灌桶时，灌桶间的宽度可取 3m 左右 | |
| | (3)净高为 3.3~3.5m | | |
| 11. 建筑面积 | 每个灌油栓所需的建筑面积约为 $12m^2$ | | |

# 第五节　桶装油品库房设计

## 一、桶装油品库房大小的确定

（1）在耐火等级为Ⅰ、Ⅱ级的建筑物内，易燃、可燃油品的允许储量，可参考表 12-17。

（2）桶装库房面积确定参考计算，见表 12-18。

（3）桶装油品库房容量与使用面积关系，见表 12-19。

## 二、桶装油品库房(棚)的建筑要求

（1）桶装油品库房(棚)建筑的一般要求，见表 12-20。

表 12-17　耐火等级 I 、Ⅱ级建筑物内易燃、可燃油品的允许储量参考表

| 序号 | 储 存 方 式 | 允许储量（m³） | |
|---|---|---|---|
| | | 易燃油 | 可燃油 |
| 1 | 桶装储存在不燃的墙、顶房内，有直接向外出口，且与相邻房隔开 | 20 | 100 |
| 2 | 桶装储存在丁级、戊级生产的建筑物内不隔成专门房间的 | 0.1 | 0.5 |
| 3 | 储罐设在用不燃的墙、顶盖与其相邻的房隔开，且设直接向外出口的地上房间内 | 30 | 150 |
| 4 | 储罐设在半地下或地下室内 | 不允许 | 300 |
| 5 | 储罐设在丁级、戊级生产的建筑物内，安置在不燃的支柱、托架、平台上 | 1 | 5 |

表 12-18　桶装库房面积确定参考计算

| 计算公式 | $F = Q/n\gamma HK\alpha$ 或 $F = QD^2/n\gamma Vh\alpha$ | | |
|---|---|---|---|
| 符号解释 | 符号 | 符号含义 | 单位 |
| | $F$ | 桶装库房使用面积 | m² |
| | $Q$ | 重桶的堆放量宜为 3 天的灌装量 | t |
| | | 空桶的堆放量宜为 1 天的灌装量 | |
| | $n$ | 油桶堆放层数（设计一般按一层考虑） | |
| | $\gamma$ | 油品的密度 | t/m³ |
| | $H$ | 油桶的高度 | m |
| | $\alpha$ | 一般通道宽为 2~3m，辅助道宽为 1m 时 $\alpha = 0.3\sim0.4$ | |
| | | 大中型油库 $\alpha = 0.3\sim0.36$ | |
| | | 小型油库 $\alpha = 0.45\sim0.5$ | |
| | $D$ | 油桶的最大外径 | m |
| | $V$ | 油桶的容积 | m³ |
| | $K$ | 库房容积充满系数（即油桶圆柱体的体积与油桶所占其六面长立方体的空间体积之比），值见下表 | |
| | $h$ | 油桶容积的充实系数（油桶在库房内为立放的），值见下表 | |

油桶容积的充满（实）系数 $K$、$h$ 值

| 焊接铁桶 | | | 衔接铁桶 | | |
|---|---|---|---|---|---|
| 桶容积（L） | $K$ | $h$ | 桶容积/（L） | $K$ | $h$ |
| 100 | 0.571 | 0.96 | 100 | 0.635 | 0.96 |
| 200 | 0.600 | | 200 | 0.612 | |
| | | | 275 | 0.647 | |

### 表 12-19　桶装油品库房容量与使用面积关系

| 桶装库容量(t) | 桶装库面积(m²) | | | 油桶数量(个) | | | 桶装库容量(t) | 桶装库面积(m²) | | | 油桶数量(个) | | |
|---|---|---|---|---|---|---|---|---|---|---|---|---|---|
| | 汽油 | 煤油 | 润滑油 | 汽油 | 煤油 | 润滑油 | | 汽油 | 煤油 | 润滑油 | 汽油 | 煤油 | 润滑油 |
| 1 | 6.01 | 5.26 | 4.72 | 7.19 | 6.29 | 5.65 | 55 | 330 | 289 | 260 | 395 | 346 | 311 |
| 5 | 30 | 26 | 24 | 36 | 31 | 28 | 60 | 360 | 316 | 283 | 431 | 377 | 339 |
| 10 | 60 | 53 | 47 | 72 | 63 | 57 | 65 | 390 | 342 | 307 | 467 | 409 | 368 |
| 15 | 90 | 79 | 71 | 108 | 94 | 85 | 70 | 420 | 368 | 330 | 503 | 440 | 396 |
| 20 | 120 | 105 | 94 | 114 | 126 | 113 | 75 | 450 | 395 | 354 | 539 | 472 | 424 |
| 25 | 150 | 132 | 118 | 180 | 157 | 141 | 80 | 480 | 421 | 378 | 575 | 503 | 452 |
| 30 | 180 | 158 | 142 | 216 | 189 | 170 | 85 | 510 | 447 | 401 | 611 | 535 | 481 |
| 35 | 210 | 184 | 165 | 252 | 220 | 198 | 90 | 540 | 474 | 425 | 647 | 566 | 509 |
| 40 | 240 | 210 | 189 | 288 | 252 | 226 | 95 | 570 | 500 | 448 | 683 | 598 | 537 |
| 45 | 270 | 237 | 212 | 323 | 283 | 254 | 100 | 600 | 526 | 472 | 719 | 629 | 565 |
| 50 | 300 | 263 | 236 | 359 | 315 | 283 | | | | | | | |

注：本表系按 200L 焊接铁桶计算的，表中所列面积为最小值。

### 表 12-20　桶装油品库房(棚)建筑的一般要求

| 建筑形式 | (1)油库的桶装油品库房宜为地上单层建筑 | | | | | |
|---|---|---|---|---|---|---|
| | (2)特殊情况下，丙类油品重桶可采用地下或半地下库房储存，但应符合下表的规定 | | | | | |
| 桶装油品库房每栋最大允许建筑面积和防火分区面积 | | 油品类别 | 耐火等级 | 最大允许建筑面积(m²) | 防火分区面积(m²) | 说明 |
| | | 甲 | 一、二级 | 750 | 250 | (1)当丙类油品重桶采用地下或半地下库房存放时，其建筑面积不应大于450m²，防火分区面积不应大于150m²；(2)在同一栋库房(间)内，如储存两种或两种以上的火灾危险性不同的油品时，库房最大允许建筑面积及其防火分区面积，应按存放火灾危险性高的油品确定 |
| | | 乙 | 一、二级 | 2000 | 500 | |
| | | 丙 | 一、二级 | 2000 | 1000 | |
| | | | 三级 | 1200 | 400 | |
| 净空高度要求 | (1)桶装油品库房(棚)的净空高度，不应低于 3.5m | | | | | |
| | (2)并使最上层油桶与屋顶构件或吊装设备的净空高度不小于 1.0m | | | | | |
| 大门要求 | (1)建筑面积大于100m²的重桶存放间，门的数量不得少于 2 个 | | | | | |
| | (2)并应满足搬运设备的进出要求 | | | | | |

续表

| | |
|---|---|
| 重桶堆码规定 | (1)甲、乙类油品重桶不应超过两层 |
| | (2)丙类油品重桶不应超过三层 |
| 通道宽度要求 | (1)运输油桶的主要通道宽度不应小于1.8m |
| | (2)桶垛之间的辅助通道宽度不应小于1.0m |
| 间距要求 | 桶垛与墙柱之间的距离不宜小于0.5m |

（2）GB 50074—2014《石油库设计规范》对重桶库房的设计要求，见表12-21。

表 12-21　重桶库房的设计要求

| 项　目 | 设计要求 | | | |
|---|---|---|---|---|
| 1. 平面布局 | (1)避免运桶交叉作业和往返运输。应方便操作、互不干扰 | | | |
| | (2)灌装泵房、灌桶间可与重桶库房合并设在同一栋建筑物内。 | | | |
| 2. 防火墙设置 | (1)甲B、乙类油品的灌桶泵与灌桶栓之间应设防火墙 | | | |
| | (2)甲B、乙类油品灌桶间与重桶库房合建时，两者之间应设防火墙 | | | |
| | (3)当甲B、乙类油品重桶与丙类油品重桶储存在同一栋库房内时，两者之间应设防火墙 | | | |
| 3. 灌装要求 | (1)甲B、乙、丙A类油品可在同一座棚(亭)内灌装 | | | |
| | (2)丙B类油品宜在室内灌装，其灌桶间宜单独设置 | | | |
| | (3)灌油枪出口流速不得大于4.5m/s | | | |
| 4. 单栋重桶库房允许最大建筑面积及建筑层数 | 重桶库房的单栋建筑面积不应大于下表的规定 | | | |
| | 油品类别 | 耐火等级 | 建筑面积(m²)　防火墙隔间面积(m²)　允许层数 | |
| | 甲B | 一、二级 | 750　　250 | 地上一层 |
| | 乙 | 一、二级 | 2000　　500 | 地上一层 |
| | 丙 | 一、二级 | 4000　　1000 | 地上两层或地下一层 |
| | | 三级 | 1200　　400 | 一层 |
| 5. 重桶库净空高度 | (1)单层的重桶库房净空高度不得小于3.5m | | | |
| | (2)油桶多层堆码时，最上层距屋顶构件的净距不得小于1m | | | |
| 6. 重桶库通道宽度及间距 | (1)通道宽度 | ①运输油桶的主要通道宽度，不应小于1.8m | | |
| | | ②桶垛之间的辅助通道宽度，不应小于1.0m | | |
| | (2)桶垛与墙柱之间的距离，不宜小于0.25m | | | |

续表

| 项　目 | 设计要求 | | | |
|---|---|---|---|---|
| 7. 重桶库大门设置要求 | (1)油品重桶库房应设外开门 | | | |
| | (2)丙类油品重桶库房，可在墙外侧设推拉门 | | | |
| | (3)建筑面积大于或等于100m²的重桶堆放间，门的数量不应少于两个，门宽不应小于2m | | | |
| | (4)门槛设置 | ①应设置斜坡式门槛 | | |
| | | ②门槛应高出室内地坪0.15m | | |
| 8. 空、重桶堆放、堆码要求 | (1)堆放量 | ①空桶可露天堆放，堆放量宜为1天的灌装量 | | |
| | | ②重桶应堆放在库房(棚)内，堆放量宜为3天的灌装量 | | |
| | (2)空桶宜卧式堆码。堆码层数宜为3层，但不得超过6层 | | | |
| | (3)重桶应立式堆码 | ①机械堆码时 | a. 甲类油品不得超过2层 | |
| | | | b. 乙类和丙A类油品不得超过3层 | |
| | | | c. 丙B类油品不得超过4层 | |
| | | ②人工堆码时 | 各类油品均不得超过2层 | |

# 第六节　锅炉房设计

## 一、锅炉房位置的选择和建筑要求

锅炉房位置的选择和建筑要求，见表12-22。

**表12-22　锅炉房位置的选择和建筑要求**

| 项目 | | 内　容 |
|---|---|---|
| 锅炉房位置的选择 | 1. 位置适当 | (1)锅炉房的位置既要尽量靠近黏油罐、装卸油站台、洗修桶厂和滑油更生间等用汽部位 |
| | | (2)要与油库其他建筑物及设备保持一定的安全距离 |
| | | (3)宜建在低于供热点的位置便于自流回水 |
| | 2. 场地够用 | (1)锅炉房附近有足够的燃料和灰渣堆放场地 |
| | | (2)运输方便 |
| | 3. 水源充足 | (1)锅炉房附近有足够的水源 |
| | | (2)排水方便 |
| | 4. 注意安全隐蔽 | 非商用油库的锅炉房宜选在地形隐蔽、便于伪装的地方，缩小对空目标 |

| 项目 | | | 内　　容 | | |
|---|---|---|---|---|---|
| 锅炉房建筑要求 | 1. 锅炉房面积 | | (1)锅炉房面积一般应包括锅炉操作间、休息室 | | |
| | | | (2)有条件时应考虑储煤库 | | |
| | | | (3)巷道内的燃油锅炉应设油罐间 | | |
| | 2. 锅炉房操作间 | | (1)锅炉房操作间的面积应保证烧火与清炉有允分的余地 | | |
| | | | (2)适当考虑交通及存放少量燃料的需要 | | |
| | | | (3)燃煤锅炉的炉门正面距墙壁不应小于3m，并设有储煤池 | | |
| | 3. 间距要求 | | (1)锅炉与侧墙之间或两锅炉之间的尺寸不应小于0.7m | | |
| | | | (2)锅炉后部与墙壁之间的距离不应小于1m | | |
| | | | (3)如有水平烟道时，应按烟道尺寸及烟道位置等具体条件考虑 | | |
| | 4. 锅炉房高度 | | 自锅炉上部的主管至屋顶结构底面不应小于0.7m | | |
| | 5. 锅炉房的大门设置要求 | | (1)锅炉房的大门尺寸要根据所选锅炉规格而定 | | |
| | | | (2)门口尺寸不够时，应在外墙上预制过梁，并在梁下留出临时打开洞口的位置 | | |
| | | | (3)锅炉房外门扇要向外开 | | |
| | | | (4)避免外门正对炉门正面，以免冷风直接吹向燃烧室 | | |
| | | | (5)锅炉房门外还应做斜坡道 | | |
| | 6. 锅炉房的水平烟道和烟囱的要求 | | (1)锅炉水平烟道应避免逆坡 | | |
| | | | (2)接至烟囱的水平总烟道一般应有3%左右的坡度，坡向烟囱 | | |
| | | | (3)烟道和烟囱施工时要保证严密不漏风 | | |
| | | | (4)烟囱下部须留有0.6~1.0m左右的存灰坑(低于水平烟道的底面) | | |
| | | | (5)烟道和烟囱应尽量减少局部阻力，转弯和三通等应圆滑平顺，避免死角硬弯 | | |
| | | (6)烟囱的要求 | ①烟囱的高度 | a. 保证烟气流动的引力需要 | |
| | | | | b. 考虑到目标小 | |
| | | | | c. 环境卫生和防火的要求 | |
| | | | ②烟囱应有良好的避雷接地装置 | | |
| | | | ③如有条件，可顺山坡修建，以利隐蔽 | | |

## 二、锅炉的选择

锅炉的选择，见表12-23。

表 12-23　锅炉的选择

| 项目 | | 内　容 | | |
|---|---|---|---|---|
| 锅炉的选择原则 | 1. 热负荷量选择 | 油库中一般选用小型锅炉。在选用锅炉时，应先计算油库所需的最大热负荷量。所选用锅炉的蒸发量应当等于或稍大于最大热负荷量 | | |
| | 2. 台数选择 | (1)由于油库的热负荷量随季节和作业情况而不同，因此选用锅炉时宜选用两台同型号同规格的锅炉。两台锅炉的蒸发量总和应等于或稍大于油库最大热负荷量，这样既能满足最大热负荷量的要求(两台锅炉同时使用)，也满足了一般要求(不是最冷季节或不是最大作业量时可烧一台锅炉) | | |
| | | (2)因为燃油锅炉可调节燃烧器负荷的大小，所以选用一台亦可 | | |
| | 3. 环保要求选择 | (1)锅炉选择应符合所在城镇或地区的环保要求 | | |
| | | (2)有的大城市要求只允许使用燃油锅炉，不允许选用燃煤锅炉 | | |
| | 4. 形式选择 | (1)锅炉的形式应根据需要的蒸发量和工作压力选择 | | |
| | | (2)选择参数适当、性能良好、效率高、耗燃料少、体积小的锅炉 | | |
| 锅炉的选型参考 | 1. 通常选择 | 蒸汽锅炉是油库蒸汽热源的产生设备，通常需要设置 | | |
| | 2. 蒸汽锅炉类型较多 | (1)按燃料分 | ①燃煤型锅炉 | |
| | | | ②燃气型锅炉 | |
| | | | ③燃油型锅炉等 | |
| | | (2)按结构形式分 | ①立式 | |
| | | | ②卧式 | |
| | 3. 油库常选择 | 目前油库仍以燃煤型锅炉为主，有条件时应选择燃油型锅炉 | | |

# 第十三章 油库金属设备防腐设计与数据

## 第一节 钢材表面除锈等级

### 一、除锈等级表示和除锈等级标准

按照 GB/T 8923《涂覆涂料前钢材表面处理 表面清洁度的目视评定》规定，钢材表面除锈等级因除锈方法不同，其表示方法也不同。除锈等级用"字母"加"数字"表示，"字母"表示除锈方法，"数字"表示清除表面氧化皮、铁锈和油漆涂层等附着物的程度等级。除锈等级表示和除锈等级标准，见表 13-1。

表 13-1 除锈等级表示和除锈等级标准

| 除锈方法 | | 除锈等级及其符号 | | 要　求 |
|---|---|---|---|---|
| 1. 喷射或抛射除锈 | Sa | Sa1 | 轻度的喷射或抛射除锈 | 钢材表面应无可见的油脂和污垢，并且没有附着不牢的氧化皮、铁锈和油漆涂层等附着物 |
| | | Sa2 | 彻底的喷射或抛射除锈 | 钢材表面应无可见的油脂和污垢，并且氧化皮、铁锈和油漆涂层等附着物已基本清除，其残留物应是牢固附着的 |
| | | Sa2 1/2 | 非常彻底的喷射或抛射除锈 | 钢材表面应无可见的油脂、污垢、氧化皮、铁锈和油漆涂层等附着物，任何残留的痕迹应仅是点状或条纹状的轻微色斑 |
| | | Sa3 | 使钢材表面洁净的喷射或抛射除锈 | 钢材表面应无可见的油脂、污垢、氧化皮、铁锈和油漆涂层等附着物，该表面应显示均匀的金属色泽 |
| 2. 手工或动力工具除锈(如铲刀，手动式或电动式钢丝刷，动力砂轮或砂轮等) | St | St2 | 彻底的手工和动力工具除锈 | 钢材表面应无可见的油脂和污垢，并且没有附着不牢的氧化皮、铁锈和油漆涂层等附着物 |
| | | St3 | 非常彻底的手工和动力工具除锈 | 钢材表面应无可见的油脂和污垢，并且没有附着不牢的氧化皮、铁锈和油漆涂层等附着物。除锈应比 St2 更彻底，底材显露部分的表面应具有金属光泽 |

续表

| 除锈方法 | 除锈等级及其符号 | 要求 |
|---|---|---|
| 3. 火焰除锈 | FI | 钢材表面应无氧化皮、铁锈和油漆涂层等附着物，任何残留的痕迹应仅是表面变色（不同颜色的暗影） |

注：（1）Sa 和 St 除锈前，厚的锈蚀层应当铲除，可见油脂和污垢也应清除；除锈后，钢材表面应清除浮灰和碎屑。

（2）锈蚀等级和除锈等级在 GB 8923 中有典型照片 28 张，以便对照钢材表面状况，评定锈蚀等级和除锈等级标准。

## 二、钢材表面锈蚀等级、除锈方法和除锈等级标准符号

钢材表面锈蚀等级、除锈方法和除锈等级标准符号，见表 13-2。

表 13-2　钢材表面锈蚀等级、除锈方法和除锈等级标准符号

| | 锈蚀等级 | | A | B | C | D |
|---|---|---|---|---|---|---|
| 除锈方法 | 喷射或抛射除锈 | Sa1 | — | BSa1 | CSa1 | DSa1 |
| | | Sa2 | — | BSa2 | Csa2 | DSa2 |
| | | Sa2 1/2 | ASa2 1/2 | BSa2 1/2 | Csa2 1/2 | DSa2 1/2 |
| | | Sa3 | ASa3 | BSa3 | CSa3 | DSa3 |
| | 手工和动力工具除锈 | St2 | — | BSt2 | CSt2 | DSt2 |
| | | St3 | — | BSt3 | CSt3 | DSt3 |
| | 火焰除锈 FI | | AFI | BFI | CFI | DFI |
| 油库防腐工程除锈方法选择 | 新建扩建工程使用的钢材通常采用喷射或抛射除锈方法，也有使用手工和动力工具除锈方法的 | | | | | |
| | 在役油罐除锈一般采用手工和动力工具除锈方法 | | | | | |
| | 油库设备不允许使用火焰除锈方法 | | | | | |
| 钢材表面锈蚀和除锈等级评定 | 评定条件 | | （1）应在良好散射日光下或照度相当的照明条件下进行 | | | |
| | | | （2）检查评定人员应具有正常视力 | | | |
| | 评定方法 | | 采用目视比较法评定。即将待检查评定钢材表面与 GB 8923—88 标准中的典型照片目视比较 | | | |
| | 评定要求 | | 照片应靠近钢材表面 | | | |
| | 评定结果 | | （1）锈蚀等级：以相应锈蚀较严重的照片所标示锈蚀等级作为评定结果 | | | |
| | | | （2）除锈等级：以与钢材表面外观最接近的照片所标示的除锈等级作为评定结果 | | | |

# 第二节  各种防腐涂料对钢材表面除锈质量等级要求

各种防腐涂料对钢材表面除锈质量等级要求，见表 13-3。

表 13-3  各种防腐涂料对钢材表面除锈质量等级要求表

| 防腐涂料种类 | 要求除锈质量等级 | 防腐涂料种类 | 要求除锈质量等级 |
|---|---|---|---|
| 1. 环氧沥青漆 | St2 | 11. 氯磺化聚乙烯漆 | Sa2 |
| 2. 酚醛树脂漆 | St2 | 12. 导静电特种防腐涂料 | Sa2 1/2 |
| 3. 醇酸树脂漆 | St2 | 13. 聚氨酯漆 | Sa2 |
| 4. 环氧树脂漆 | Sa2 或 St3 | 14. 环氧带锈防腐漆 | Sa2 或 St3 |
| 5. 有机硅树脂漆 | Sa1 或 St3 | 15. 特种氰凝涂料 | St3 |
| 6. 环氧富锌漆 | Sa2 或 St3 | 16. 气柜专用防腐涂料 | Sa2 |
| 7. 无机富锌漆 | Sa2 1/2 | 17. 沥青底漆 | St2 |
| 8. 环氧红丹漆 | St2 | 18. 橡胶合成树脂 | Sa2 |
| 9. 乙烯磷化底漆 | Sa2 | 19. 含硅富锌漆 | Sa2 1/2 |
| 10. 过氯乙烯树脂漆 | Sa2 | 20. 抗静电专用漆 | Sa2 1/2 |

# 第三节  防腐前金属表面处理方法及选择

## 一、防腐前金属表面处理方法比较

防腐前金属表面处理方法比较，见表 13-4。

表 13-4  防腐前金属表面处理方法比较表

| 方    法 | 主要设备及工具 | 原理及技术数据 | 适用范围及优缺点 | |
|---|---|---|---|---|
| 1. 手工方法 | 刮刀、铲、锤、锉、钢丝刷、铜刷、钢丝束、砂布 | 靠人工操作，每人每天约除锈 $1\sim3m^2$ | 优点 | 方法简单，适用于边、角处除锈 |
| | | | 缺点 | 劳动量大、功效低，质量较差 |

| 方　法 | | 主要设备及工具 | 原理及技术数据 | 适用范围及优缺点 | |
|---|---|---|---|---|---|
| 2. 机械方法 | | 风动刷、除锈枪、电动刷、电动砂轮、针束除锈器等 | 利用机械冲击与摩擦的作用去除锈蚀及污物 | 优点 | 效率较高，质量较好 |
| | | | | 缺点 | 不易去处边、角、凹处锈污 |
| 3. 机械喷射处理法 | 干喷砂处理 | 喷砂器，分单室喷砂器和双室喷砂两种；眼罩、呼吸面具、特殊盔罩；空压机 | 利用 0.35~0.6MPa 的压缩空气将砂由喷嘴喷射至金属表面，可去除表面氧化皮、铁锈、旧漆膜 | 优点 | 处理效果好，效率高 |
| | | | | 缺点 | 沙尘飞扬，必须劳动保护 |
| | 湿喷砂处理 | 湿喷砂装置，有砂罐、水罐、空压机 | 除锈原理同上，砂罐工作压力 0.5MPa，水罐 0.1~0.35MPa。需加入 1%~1.5%的防锈剂 | 优点 | 减少了沙尘飞扬，处理效果好，效率高，约除锈 3.5~4m²/h |
| | | | | 缺点 | 在零下温度时不能用 |
| | 真空喷射处理 | 真空喷射除锈装置，空压机 | 利用压缩空气喷砂除锈，又靠真空吸回砂粒，这样循环喷射 | 优点 | 除锈效率高，劳动条件好 |
| | | | | 缺点 | 不适于形状不规则的零件、型材及曲率很大的制件 |
| 4. 化学处理 | | 化学处理习惯称酸洗，其方法有浸渍酸洗，喷射酸洗，酸洗膏等。浸渍酸洗即把金属件浸泡在洗槽内，喷射酸洗即像化学洗油罐法，酸洗膏是涂抹法 | 利用酸和金属氧化物(锈)起化学反应而达到除锈，再用碱中和来保护金属，再经水冲去除液、烘干等工序。为防止钢板再生锈，有时加钝化处理 | 优点 | 除锈干净彻底，效率高 |
| | | | | 缺点 | 各个步骤掌握要求高，溶液配制要求严，否则会使金属被腐蚀 |

## 二、化学除锈法

钢铁表面化学除锈、除氧化皮是用各种无机酸或有机酸的水溶液，采用浸渍、涂刷、喷射的方法，使其与铁锈和氧化皮发生化学反应而达到除锈的目的。由于酸洗除锈时，酸液除与钢铁表面氧化物发生作用外，还会对钢铁基体腐蚀、渗氢。因此，除在酸液中添加微量缓蚀剂外，还应严格控制酸液浓度和温度。化学除锈的程序是酸液冲洗→冷水冲洗→热水冲洗→5%的碳酸钠水溶液中和→磷化和钝化处理。几种钢铁表面除锈酸溶液配方，见表13-5。

表 13-5　几种钢铁表面除锈酸溶液配方

| 项　目 | | 配 方 一 | 配 方 二 | 配 方 三 |
|---|---|---|---|---|
| 配方组成 | $H_2SO_4(d=1.84)$ | 20% | 5g | / |
| | NaCl | 5% | 200g | / |
| | HCl | / | 110g | 40g |
| | 硫脲 | 0.4% | / | / |
| | 乌洛托品 | / | 10g | 2g |
| | $H_2O$ | 75% | 1000g | 58g |
| | 木屑、耐火土 | / | / | 适量 |
| 处理温度(℃) | | 65~80 | 20~60 | 20~30 |
| 处理时间(min) | | 25~40 | 5~50 | 20 |
| 注意事项 | | 酸液中铁浓度不应大于70g/L,注意发生氢脆 | 酸液中铁浓度不大于60g/L | 先配酸液,再加入木屑及耐火土,涂层厚1~3mm |

# 第四节　钢材表面除锈后的除锈等级

钢材表面除锈后的除锈等级表,见表 13-6。

表 13-6　钢材表面除锈后的除锈等级表

| 除锈方法 | 除锈等级 | 除锈后的质量要求 | 除锈后的典型样板照片代号 |
|---|---|---|---|
| 1. 喷射或抛射除锈 | Sa1 轻度的喷射或抛射除锈 | 钢材表面应无可见的油脂和污垢,并且没有不牢的氧化皮、铁锈和油漆涂层等附着物 | BSa1<br>CSa1<br>DSa1 |
| | Sa2 彻底的喷射或抛射除锈 | 钢材表面应无可见的油脂和污垢,并且氧化皮、铁锈和油漆涂层等附着物已基本清除,其残留物应是牢固附着的 | BSa2<br>CSa2<br>DSa2 |
| | Sa2 1/2 非常彻底的喷射或抛射除锈 | 钢材表面应无可见的油脂、污垢、氧化皮、铁锈和油漆涂层等附着物,任何残留的痕迹应仅是点状或条纹的轻微色斑 | ASa21/2<br>BSa21/2<br>CSa21/2<br>DSa21/2 |
| 2. 手工和动力工具除锈 | St2 彻底的手工和动力工具除锈 | 钢材表面应无可见的油脂和污垢,并且没有不牢的氧化皮、铁锈和油漆涂层等附着物 | BSt2<br>CSt2<br>DSt2 |
| | St3 非常彻底的手工和动力工具除锈 | 钢材表面应无可见的油脂和污垢,并且没有不牢的氧化皮、铁锈和油漆涂层等附着物 | BSt3<br>CSt3<br>DSt3 |

注:(1)"附着物"包括焊渣、焊接飞溅物、可溶性盐类等。
　　(2)当氧化皮、铁锈或油漆涂层能用金属腻子刮刀从钢材表面剥离时,均应看成附着不牢。

# 第五节 防腐涂料的组成和分类

## 一、防腐涂料的组成及作用

防腐涂料的组成及作用，见表13-7。

表13-7 防腐涂料的组成及作用

| 组 成 | | | 常 用 品 种 | 作 用 |
|---|---|---|---|---|
| 液体原料 | 成膜物质（也称黏结剂） | 油类 | 1. 干性油（桐油、梓油、亚麻籽油） | 它是油料或树脂在有机溶剂中的溶液；它可将填料和颜料黏合在一起，形成能牢固附着在物体表面的漆膜。漆膜的性能主要决定于成膜物质的性能 |
| | | | 2. 半干性油（豆油） | |
| | | | 3. 不干性油（蓖麻油） | |
| | | 树脂类 天然树脂 | 生漆、虫胶（漆片）、沥青（天然石油、煤焦、硬脂）、松香 | |
| | | 人造树脂 | 1. 松香衍生物[松香钙脂、松香甘油酯（酯胶）]等 | |
| | | | 2. 纤维衍生物（硝酸纤维、醋酸-丁酸纤维等） | |
| | | | 3. 橡胶衍生物（氯化橡胶、环化橡胶等） | |
| | | 合成树脂 | 1. 缩合型合成树脂（酚醛树脂、醇酸树脂、氨基树脂、环氧树脂、聚氨酯、聚酯树脂） | |
| | | | 2. 聚合型合成树脂[乙烯基树脂、丙烯酸树脂、元素有机化合物（有机硅树脂、有机钛树脂）] | |
| | 稀释剂（溶剂） | | 松节油、汽油、松香油、苯、甲苯、二甲苯、醋酸己酯、酒精、丁醇、丙酮、乙烯、乙二醇单乙基醚、含氯溶剂 | 它是一些挥发性的液体，能稀释或溶解树脂和油料，以便于施工。不同的树脂应选用不同的稀释剂（溶剂） |
| 固体原料 | 填料 | | 瓷粉、石英粉、石墨粉、辉绿岩粉、锌钡白粉、铝粉等 | 提高漆膜的机械强度，耐腐蚀性、耐磨性、耐热性，降低热膨胀系数、收缩率及成本等。根据涂料要求不同，选用不同的填料 |

续表

| 组　　成 | | | 常用品种 | 作　　用 |
|---|---|---|---|---|
| 固体原料 | 颜料 | 着色颜料 | 1. 红(甲苯胺红、立索尔红) | 使漆膜有一定的遮盖力和颜色 |
| | | | 2. 黄(铅铬黄、耐晒黄) | |
| | | | 3. 蓝(铁蓝、酞青蓝) | |
| | | | 4. 白(钛白、锌钡白、氧化锌) | |
| | | | 5. 黑(炭黑) | |
| | | 防锈颜料 | 红丹、氧化铁红、锌铬黄、铝粉、铝酸钙等 | |
| 辅助原料 | | 固化剂 | 对甲苯磺酰氯、苯磺酰氯、硫酸己脂、乙二胺、间苯二胺等 | 促进漆膜固化 |
| | | 增韧剂 | 苯二甲酸二丁酯、胶泥改进剂等 | 增加漆膜的韧性和弹性，改善漆膜的脆性 |
| | | 催干剂 | 钴、锰、铅、锌、钙五种金属的氧化物、盐类合有机酸皂类 | 大大缩短漆膜的干燥实践 |
| | | 其他 | 润湿剂、悬浮剂、稳定剂等 | |

## 二、防腐涂料的分类

防腐涂料分类，见表 13-8。

表 13-8　防腐涂料分类表

| 涂料类别 | | 分 类 名 称 |
|---|---|---|
| 1. 清油 | | (1)加热油 |
| | | (2)氧化油 |
| | | (3)聚合油 |
| 2. 清漆 | | (1)油基清漆，如钙脂清漆，酯胶清漆，醇酸清漆，酚醛清漆等 |
| | (2)树脂清漆 | ①天然树脂清漆，如达麦清漆，山达拉克清漆，虫胶清漆(泡立水) |
| | | ②合成树脂清漆，如氨基清漆，酚醛树脂液，过氯乙烯清漆，硅有机树脂清漆等 |
| | | (3)水乳化清漆 |
| 3. 色漆 | 打底漆 | (1)腻子，分为磁性(即油性)腻子及挥发性(包括水乳系)腻子 |
| | | (2)头度底漆及二度底漆，分为磁性底漆及挥发性(包括沥青系及水乳系)底漆 |
| | | (3)防锈漆，分为油性、磁性及挥发性(包括沥青系)防锈漆 |

续表

| 涂料类别 | | | 分 类 名 称 | |
|---|---|---|---|---|
| 3. 色漆 | 面漆 | (1)油基漆 | ①油性漆，分为厚漆、调色漆、油性调和漆 | |
| | | | ②磁性漆，分为磁性调和漆及油基磁漆(如钙脂磁漆、酚醛磁漆、醇酸磁漆、氨基磁漆、环氧磁漆等) | |
| | | (2)挥发性磁漆 | ①合成树脂磁漆，如酚醛树脂磁漆、聚氯乙烯磁漆、过氯乙烯磁漆、无油沥青色漆、橡胶漆等 | |
| | | | ②纤维磁漆，如硝基纤维磁漆、醋酸纤维磁漆等 | |
| | | (3)水乳性漆，分为油基乳化漆、树脂或挥发性乳化漆 | | |
| | 特种漆 | (1)美术漆，如皱纹漆、晶纹漆、锤纹漆、裂纹漆、结晶漆等 | | |
| | | (2)绝缘漆，依其所用原料分为绝缘清漆、黑绝缘漆、各色绝缘漆三类；依其使用方法的不同可分为自干和烘干两种类型 | | |
| | | (3)船舶漆、车辆漆 | | |
| | | (4)防火漆、耐高温漆 | | |
| | | (5)其他专用油漆，如防霉漆、灭虫漆、变色漆等 | | |

# 第六节　金属油罐涂料防腐

## 一、油罐防腐对涂层性能要求

油罐防腐对涂层性能要求，见表13-9。

**表13-9　油罐防腐对涂层性能要求**

| 项　　目 | 要　　求 |
|---|---|
| 1. 电性能 | (1)通常要求材料绝缘电阻高，绝缘性能好 |
| | (2)轻油罐内壁表面涂层，还要求具有导静电性能 |
| 2. 化学性能 | 化学性质稳定，耐油、耐水，在介质的作用下不宜变质失效 |
| 3. 机械性能 | 机械强度高，黏结力大，抗冲击、抗剪力大 |
| 4. 抗阴极剥离性能 | 抗阴极剥离性能好，能与电法保护长期配合使用 |
| 5. 抗微生物侵蚀 | 能抗微生物侵蚀 |
| 6. 寿命 | 耐老化，寿命长久 |
| 7. 对生态环境影响 | 对生态环境无污染 |
| 8. 施工 | 方法简便，易施工易修补 |
| 9. 造价 | 经济、价廉，节省投资 |

### 二、金属油罐内壁防腐涂料及结构选择

"金属油罐内壁防腐涂料大体有三类，即聚氨基甲酸酯类、环氧树脂漆类和天然树脂漆类。"

（1）036系列涂料防腐结构，见表13-10。

表13-10　036系列涂料防腐结构

| 方案 | 涂层结构 | 道数 | 每道干膜厚（mm） | 用量（kg/m²） | 适用部位 |
|---|---|---|---|---|---|
| 方案一 | 036-1 | 2 | 0.04 | 0.3~0.36 | 不需导静电的罐壁和罐顶 |
| | 036-2 | 2 | 0.04 | 0.3~0.36 | |
| 方案二 | 036-1 | 1 | 0.04 | 0.15~0.18 | 不需导静电的罐壁和罐顶 |
| | 036-2 | 1 | 0.04 | 0.15~0.18 | |
| | 036-1 | 1 | 0.04 | 0.15~0.18 | |
| | 036-2 | 1 | 0.04 | 0.15~0.18 | |
| 方案三 | 036-3 | 4 | 0.04 | 0.6~0.72 | 需导静电的罐壁和罐顶 |
| 方案四 | 036-3 | 2 | 0.04 | 0.3~0.36 | 需导静电的罐壁和罐顶 |
| | 036-4 | 2 | 0.04 | 0.3~0.36 | |

注：罐底钢板每个方案均需涂5道。

（2）环氧涂料防腐结构，见表13-11。

表13-11　环氧涂料防腐结构

| 方案 | 涂层结构 | 道数 | 每道干膜厚（mm） | 用量（kg/m²） | 适用情况 |
|---|---|---|---|---|---|
| 方案一 | 环氧富锌涂料 | 1 | >0.04 | 0.2 | 不需导静电的罐内壁 |
| | 环氧云铁漆 | 2 | >0.08 | 0.6 | |
| | 环氧钛白漆 | 1 | >0.06 | 0.2 | |
| | 合计 | 4 | >0.26 | 1.0 | |
| 方案二 | 环氧富锌底漆 | 1 | >0.04 | 0.2 | 不需导静电的罐内壁 |
| | 环氧钛白漆 | 3 | >0.06 | 0.6 | |
| | 合计 | 4 | >0.22 | 0.8 | |

（3）弹性聚氨酯涂料防腐结构，见表13-12。

### 三、金属油罐外壁防腐涂料及结构选择

金属油罐外壁防腐涂料及结构选择，见表13-13。

表 13-12 弹性聚氨酯涂料防腐结构

| 序 号 | 涂层结构 | 道数 | 用量（kg/m²） | 备 注 |
|---|---|---|---|---|
| 1 | 涂第一道底漆 | 1 | 0.1 | （1）腻子只在焊缝的凹凸不平部位使用。 |
| 2 | 刮腻子 | | | （2）灰、白面漆应交替涂刷2~4道，最后一道面漆为白色面漆 |
| 3 | 涂第二道底漆 | 1 | 0.1 | |
| 4 | 涂灰色面漆 | 1 | 0.1 | |
| 5 | 涂白色面漆 | 1 | 0.1 | |

表 13-13 金属油罐外壁防腐涂料及结构选择

| | | | | | |
|---|---|---|---|---|---|
| 地面油罐外壁防腐涂料及结构选择 | 1. 底漆 | 外壁选用环氧富锌底漆 | | | |
| | 2. 面漆 | （1）氯化橡胶面漆。表层氯化橡胶漆2~3年重涂一遍 | | | |
| | | （2）为了对空隐蔽，地面油罐的面漆有的选用氟碳迷彩漆 | | | |
| | | （3）为了反光，有的常选用银粉漆作面漆 | | | |
| | 3. 设计使用寿命30年表 | | | | |
| | | 涂层结构 | 遍数 | 每遍干膜数（μm） | 用量（kg/m²） |
| | | 环氧富锌底漆 | 1 | >40 | 0.2 |
| | | 环氧玻璃鳞片涂料 | 2 | >150 | 1.0 |
| | | 氯化橡胶面漆 | 2 | >40 | 0.4 |
| | | 合 计 | 5 | >420 | 1.6 |
| | 4. 设计使用寿命20年表 | | | | |
| | | 涂层结构 | 遍数 | 每遍干膜数（μm） | 用量（kg/m²） |
| | | 无机富锌或环氧富锌底漆 | 1 | >40 | 0.2 |
| | | 环氧云铁中层漆 | 2 | >80 | 0.6 |
| | | 氯化橡胶面漆 | 2 | >40 | 0.4 |
| | | 合 计 | 5 | >280 | 1.2 |
| | 5. 设计使用寿命10年表 | | | | |
| | | 涂层结构 | 遍数 | 每遍干膜数（μm） | 用量（kg/m²） |
| | | 无机富锌或环氧富锌底漆 | 1 | >40 | 0.2 |
| | | 环氧云铁中层漆 | 1 | >40 | 0.3 |
| | | 氯化橡胶面漆 | 2 | >40 | 0.4 |
| | | 合 计 | 4 | >160 | 0.9 |

| 洞式和掩体油罐外壁防腐涂料及结构选择 | 1. 条件 | 洞式和掩体油罐处于阴暗、潮湿的环境 |
|---|---|---|
| | 2. 底漆 | 罐外壁多选用 830 铝粉沥青船底漆作底漆 |
| | 3. 面漆 | 选用 831 沥青船底漆作为罐外壁的面漆 |
| 埋土卧式油罐外壁防腐涂料及结构选择 | 1. 种类 | 埋地卧式油罐外壁防腐涂料常选用石油沥青和环氧煤沥青两种 |
| | 2. 等级 | 防腐结构根据土址的腐蚀情况，选择普通级、加强级、特别加强级等三级 |
| | 3. 贴布 | 在每刷一道涂料后应贴一层玻璃布 |
| | 4. 消耗 | 埋地卧式油罐防腐绝缘材料消耗，参见表 13-14 |

## 四、埋地卧式油罐防腐绝缘材料消耗

埋地卧式油罐防腐绝缘材料消耗，见表 13-14。

### 表 13-14　埋地卧式油罐防腐绝缘材料消耗

| 油　　罐 | | | 绝缘面积 ($m^2$) | 普通绝缘 | | | 加强绝缘 | | | | 极强绝缘 | | | |
|---|---|---|---|---|---|---|---|---|---|---|---|---|---|---|
| 容量 ($m^3$) | 直径 (m) | 长度 (m) | | 土沥青 (kg) | 石油沥青 (kg) | 高岭土 (kg) | 土沥青 (kg) | 油毡 ($m^2$) | 石油沥青 (kg) | 高岭土 (kg) | 土沥青 (kg) | 油毡 ($m^2$) | 石油沥青 (kg) | 高岭土 (kg) |
| 1 | 0.97 | 1.50 | 6.04 | 1.2 | 30.8 | 5.4 | 1.2 | 6.7 | 46.5 | 8.5 | 1.2 | 13.4 | 63.4 | 11.5 |
| 2 | 1.10 | 2.632 | 11.0 | 2.2 | 56.1 | 9.9 | 2.2 | 12.1 | 84.7 | 15.4 | 2.2 | 24.2 | 116 | 20.9 |
| 3 | 1.10 | 3.763 | 14.9 | 3.0 | 76.0 | 13.4 | 3.0 | 16.4 | 115 | 20.9 | 3.0 | 32.8 | 157 | 28.3 |
| 5 | 1.50 | 3.132 | 18.3 | 3.7 | 93.4 | 16.5 | 3.7 | 20.1 | 141 | 25.6 | 3.7 | 40.2 | 192 | 34.8 |
| 10 | 1.80 | 4.244 | 29.1 | 5.8 | 148 | 26.2 | 5.8 | 32.0 | 224 | 41.7 | 5.8 | 64.0 | 306 | 55.3 |
| 16 | 1.80 | 6.546 | 42.1 | 8.4 | 215 | 37.9 | 8.4 | 46.3 | 324 | 59.0 | 8.4 | 92.6 | 442 | 80.0 |
| 24 | 2.60 | 4.844 | 50.1 | 10.0 | 256 | 45.0 | 10.0 | 55.1 | 386 | 70.1 | 10.0 | 110.2 | 526 | 95.1 |
| 30 | 2.60 | 6.246 | 61.6 | 12.3 | 314 | 55.5 | 12.3 | 67.8 | 475 | 86.3 | 12.3 | 135.6 | 647 | 117 |
| 50 | 2.60 | 9.950 | 91.8 | 18.4 | 468 | 82.6 | 18.4 | 101 | 706 | 129 | 18.4 | 202.0 | 964 | 175 |

注：高岭土可用石棉灰代替，石棉灰的质量可取高岭土的 50%。

# 第七节　金属管路涂料防腐

## 一、地上管路防腐结构及材料用量

地上管路防腐结构及材料用量，见表 13-15。

表 13-15　地上管路防腐结构及材料用量表

| 涂刷部位 | 结构型式 | | 材料用量 | | |
|---|---|---|---|---|---|
| | | | 名称 | 单位 | 用量 |
| 不保温管线 | 红丹漆二遍 | | 红丹 | kg/m² 管 | 0.24 |
| | | | 清油 | | 0.12 |
| | | | 汽油 | | 0.024 |
| | 醇酸磁漆二遍 | | 醇酸磁漆 | kg/m² 管 | 0.18 |
| | | | 醇酸磁漆稀料 | | 0.02 |
| 保温或保冷管线 | 玻璃布或镀锌铁皮保护层 | 管外壁红丹底漆二遍（保冷也可用冷底子油） | 红丹 | kg/m² 管 | 0.24 |
| | | | 清油 | | 0.12 |
| | | | 汽油 | | 0.024 |
| | | 醇酸磁漆二遍 | 醇酸磁漆 | kg/m² 管 | 0.18 |
| | | | 醇酸磁漆稀料 | | 0.02 |
| | 黑铁皮保护层 | 管外壁红丹底漆二遍（保冷也可用冷底子油） | 红丹 | kg/m² 管 | 0.24 |
| | | | 清油 | | 0.12 |
| | | | 汽油 | | 0.024 |
| | | 铁皮内外表面红丹漆二遍 | 红丹 | kg/m² 保护层 | 0.48 |
| | | | 清油 | | 0.24 |
| | | | 汽油 | | 0.048 |
| | | 铁皮外表面刷醇酸磁漆二遍 | 醇酸磁漆 | kg/m² 铁皮 | 0.18 |
| | | | 醇酸磁漆稀料 | | 0.02 |
| | | 冷底子油 | 汽油 | kg/m² 管 | 2.4 |
| | | | 4# 沥青 | | 1.0 |

## 二、地下管路防腐结构、防腐施工及材料用量

（一）石油沥青防腐

（1）石油沥青防腐结构及防腐施工，见表 13-16。

**表 13-16　石油沥青防腐结构及防腐施工**

| | 防腐涂等级 | 土壤电阻（Ω） | 防腐涂层结构 | 每层沥青厚度（mm） | 涂层总厚度（mm） | 用料量 |
|---|---|---|---|---|---|---|
| 地下管路石油沥青防腐结构 | 普通防腐 | >50 | 沥青底漆→沥青→玻璃布→沥青→玻璃布→沥青→聚乙烯工业膜 | ≈1.5 | >4.0 | 沥青每道1.5kg/m²；汽油0.35kg/m²；玻璃布每道1.2m²/m²；聚乙烯工业膜每道1.2m²/m² |
| | 加强防腐 | 20~50 | 沥青底漆→沥青→玻璃布→沥青→玻璃布→沥青→玻璃布→沥青→聚乙烯工业膜 | ≈1.5 | >5.5 | |
| | 特强防腐 | <20 | 沥青底漆→沥青→玻璃布→沥青→玻璃布→沥青→玻璃布→沥青→玻璃布→沥青→聚乙烯工业膜 | ≈1.5 | >7.0 | |

| | | | |
|---|---|---|---|
| 管路石油沥青防腐施工 | 底漆（冷底子油）配制及涂刷 | | ①将沥青加热至160~180℃脱水 |
| | | | ②待冷却到60℃左右时，按汽油∶沥青=3∶1(重量)将汽油倒入沥青内，边倒边搅拌 |
| | | | ③将配制好的底漆涂刷到需要防腐的输油管路上，其厚度应为0.1~0.2mm，涂刷要均匀，防止流挂、空白、凝块、斑点等缺陷 |

沥青防腐涂料（沥青玛碲脂）配制及涂刷：

| ①配制方法 | a. 配制时将沥青加热至160~180℃（不超过200℃）脱水 |
|---|---|
| | b. 沥青脱水后，将温度降至120~140℃，然后将填充料逐渐加入搅拌，防止填充料沉底或产生疙瘩 |
| | c. 填充料加完后再生温，加入增韧剂搅拌均匀，则成沥青防腐涂料 |
| | d. 这里要特别注意掌握加热温度，防止焦化，影响涂层质量 |
| ②涂刷方法 | 趁热将沥青防腐涂料涂刷到刷过底漆的输油管路上，并缠足保护加强材料 |

③沥青防腐涂料配方表（一）

| 材料 | 沥青 | 红土或白土 | 再生废机油 |
|---|---|---|---|
| 夏季施工用 | 80%~86% | 11%~17% | 3% |
| 冬季施工用 | 82%~86% | 9%~13% | 5% |

④沥青防腐涂料配方表（二）

| 材料 | 春秋季施工 | | 冬季施工 | | 潮湿地管路用 | |
|---|---|---|---|---|---|---|
| | 配方一 | 配方二 | 配方一 | 配方二 | 配方一 | 配方二 |
| 4#沥青 | — | 35% | 83% | 83% | — | 81% |
| 5#沥青 | 80% | 44% | — | — | 73% | — |
| 高岭土 | 15% | 15% | 12.5% | 14.5% | — | — |
| 车轴油 | — | 3% | 4.5% | 2.5% | — | — |
| 汽缸油 | 5% | — | — | — | 1.8% | 2% |
| 石棉灰 | — | 3% | — | — | — | — |
| 松香 | — | — | — | — | 15.2% | 17% |
| 矿渣硅酸盐水泥 | — | — | — | — | 10% | — |

（2）地下管路石油沥青防腐材料消耗，见表13-17。

表13-17　地下管路石油沥青防腐材料消耗参考表

| 无缝钢管 | | 绝缘面积 | 普通绝缘 | | | | | | 加强绝缘 | | | | | | 特别加强绝缘 | | | | | |
| 公称直径(mm) | 外径(mm) | (m²) | 5#沥青(kg) | 4#沥青(kg) | 汽油(kg) | 高岭土(kg) | 牛皮纸(m²) | 玻璃布(m²) | 5#沥青(kg) | 4#沥青(kg) | 汽油(kg) | 高岭土(kg) | 牛皮纸(m²) | 玻璃布(m²) | 5#沥青(kg) | 4#沥青(kg) | 汽油(kg) | 高岭土(kg) | 牛皮纸(m²) | 玻璃布(m²) |
|---|---|---|---|---|---|---|---|---|---|---|---|---|---|---|---|---|---|---|---|---|
| 40 | 48 | 0.1508 | 0.226 | 0.136 | 0.078 | 0.090 | 0.15 | 0.15 | 0.452 | 0.271 | 0.157 | 0.181 | 0.15 | 0.18 | 0.678 | 0.407 | 0.241 | 0.271 | 0.15 | 0.36 |
| 50 | 57 | 0.1791 | 0.269 | 0.161 | 0.093 | 0.107 | 0.18 | 0.18 | 0.537 | 0.322 | 0.186 | 0.215 | 0.18 | 0.21 | 0.779 | 0.483 | 0.286 | 0.322 | 0.18 | 0.43 |
| 50 | 60 | 0.1885 | 0.283 | 0.170 | 0.098 | 0.113 | 0.19 | 0.19 | 0.565 | 0.339 | 0.196 | 0.226 | 0.19 | 0.23 | 0.848 | 0.509 | 0.302 | 0.339 | 0.19 | 0.45 |
| 70 | 76 | 0.2388 | 0.358 | 0.215 | 0.124 | 0.143 | 0.24 | 0.24 | 0.716 | 0.430 | 0.248 | 0.286 | 0.24 | 0.29 | 1.074 | 0.645 | 0.382 | 0.430 | 0.24 | 0.57 |
| 80 | 89 | 0.2796 | 0.419 | 0.252 | 0.145 | 0.168 | 0.28 | 0.28 | 0.839 | 0.503 | 0.291 | 0.335 | 0.28 | 0.33 | 1.258 | 0.755 | 0.447 | 0.503 | 0.28 | 0.67 |
| 100 | 108 | 0.3393 | 0.509 | 0.305 | 0.176 | 0.200 | 0.34 | 0.34 | 1.018 | 0.610 | 0.352 | 0.408 | 0.34 | 0.41 | 1.509 | 0.916 | 0.543 | 0.611 | 0.34 | 0.81 |
| 100 | 114 | 0.3581 | 0.537 | 0.322 | 0.186 | 0.215 | 0.36 | 0.36 | 1.074 | 0.644 | 0.372 | 0.430 | 0.36 | 0.43 | 1.611 | 0.967 | 0.573 | 0.644 | 0.36 | 0.86 |
| 125 | 140 | 0.4398 | 0.660 | 0.396 | 0.229 | 0.264 | 0.44 | 0.44 | 1.319 | 0.792 | 0.457 | 0.568 | 0.44 | 0.57 | 1.979 | 1.187 | 0.704 | 0.791 | 0.44 | 1.05 |
| 150 | 159 | 0.4995 | 0.749 | 0.449 | 0.260 | 0.299 | 0.50 | 0.50 | 1.498 | 0.899 | 0.519 | 0.599 | 0.50 | 0.60 | 2.248 | 1.343 | 0.799 | 0.899 | 0.50 | 1.20 |
| 150 | 168 | 0.5278 | 0.792 | 0.475 | 0.274 | 0.316 | 0.53 | 0.53 | 1.583 | 0.950 | 0.549 | 0.633 | 0.53 | 0.63 | 2.375 | 1.425 | 0.844 | 0.950 | 0.53 | 1.27 |
| 200 | 219 | 0.6880 | 1.032 | 0.619 | 0.358 | 0.413 | 0.69 | 0.69 | 2.064 | 1.238 | 0.615 | 0.826 | 0.69 | 0.83 | 3.096 | 1.858 | 1.100 | 1.238 | 0.69 | 1.65 |
| 250 | 273 | 0.8577 | 1.286 | 0.772 | 0.446 | 0.434 | 0.86 | 0.86 | 2.573 | 1.304 | 0.892 | 1.029 | 0.86 | 1.03 | 3.859 | 2.316 | 1.292 | 1.544 | 0.86 | 2.06 |
| 300 | 325 | 1.0210 | 1.531 | 0.909 | 0.531 | 0.612 | 1.02 | 1.02 | 3.063 | 1.834 | 1.062 | 1.045 | 1.02 | 1.04 | 4.594 | 2.757 | 1.633 | 1.838 | 1.02 | 2.09 |

（二）煤焦油磁漆防腐

具有成本低、比石油沥青吸水率小、防腐性能优异等特点，特别突出的是它具有抗细菌腐蚀、抗植物根系穿入的性能，适用于腐蚀性强、细菌繁殖发达的地区。煤焦油磁漆防腐层等级及结构，见表13-18。

表13-18　煤焦油磁漆防腐层等级及结构

| 防腐层等级 | | 普　通　级 | 加　强　级 | 特　强　级 |
|---|---|---|---|---|
| 防腐层厚度（mm） | | ≥3.0 | ≥4.0 | ≥5.0 |
| 防腐层结构 | 1层 | 底漆一层 | 底漆一层 | 底漆一层 |
| | 2层 | 磁漆一层（厚2.4mm+1.0mm） | 磁漆一层（厚2.4mm+1.0mm） | 磁漆一层（厚2.4mm+1.0mm） |
| | 3层 | 外缠带一层 | 内缠带一层 | 内缠带一层 |
| | 4层 | | 磁漆一层（厚≥1mm） | 磁漆一层（厚≥1.0mm） |
| | 5层 | | 外缠带一层 | 内缠带一层 |
| | 6层 | | | 磁漆一层（厚≥1.0mm） |
| | 7层 | | | 外缠带一层 |

（三）环氧煤沥青防腐

环氧煤沥青涂料是一种将环氧树脂优良的物理性能与煤焦沥青优良的耐水、抗微生物性能结合起来的一种涂料，它易于施工，能获得厚涂膜，在石油工业中获得广泛应用。

（1）环氧煤沥青防腐等级结构，见表13-19。

表13-19　环氧煤沥青防腐等级结构

| 防腐层等级 | 结　　　构 | 干膜厚度（mm） | 用料量参考指标 |
|---|---|---|---|
| 普通级 | 底漆—面漆—面漆 | ≥0.2 | 底漆每道0.18kg/m²； |
| 加强级 | 底漆—面漆—玻璃布—面漆—面漆 | ≥0.4 | 面漆每道0.18kg/m²； |
| 特强级 | 底漆—面漆—玻璃布—面漆—玻璃布—面漆—面漆 | ≥0.6 | 玻璃布每道1.2m/m² |

（2）环氧煤沥青涂料质量指标，见表13-20。

表13-20　环氧煤沥青涂料质量指标

| 序号 | 项　目 | 指　标 | | 检验方法 |
|---|---|---|---|---|
| | | 底漆 | 面漆 | |
| 1 | 漆膜外观 | 红棕色、半光 | 黑色有光 | GB/T 1723 |
| 2 | 黏度（涂4黏度计）（25℃±1℃）/s | 80～150 | 80～150 | GB/T 1723 |

续表

| 序号 | 项　　目 | | 指　　标 | | 检验方法 |
|---|---|---|---|---|---|
| | | | 底漆 | 面漆 | |
| 3 | 细度(刮板)(μm) | | ≤80 | ≤80 | GB/T 1724 |
| 4 | 干燥时间(25℃±1℃)(h) | 表干 | ≤1 | ≤6 | GB/T 1728 |
| | | 实干 | ≤6 | ≤24 | |
| 5 | 冲击强度 J(kgf·cm) | | ≥4.9(50) | ≤3.9(40) | GB/T 1732 |
| 6 | 柔韧性(曲率半径)(mm) | | ≤1.5 | ≤1.5 | GB/T 1731 |
| 7 | 附着力 | | 1 | 1 | GB/T 1720 |
| 8 | 硬度 | | ≥0.3 | ≥0.3 | GB/T 1730 |
| 9 | 固体含量(质量)(%) | | ≥70 | ≥70 | GB/T 1725 |

（3）环氧煤沥青涂料所用的玻璃布应用中碱、无捻、无脂玻璃布，其性能及规格，见表13-21。玻璃布的宽度，见表13-22。

表 13-21　玻璃布的性能及规格

| 项目 | 含碱量 (%) | 原纱号数×股数 (公制支数股数) | | 单纤维 公称直径 | | 厚度 (mm) | 密度(根/cm) | | 布边 | 长度 (m) | 组织 |
|---|---|---|---|---|---|---|---|---|---|---|---|
| | | 经纱 | 纬纱 | 经纱 | 纬纱 | | 经纱 | 纬纱 | | | |
| 性能及规格 | ≤12 | 22×2 (45.5/2) | 22±2 (45.4/2) | 7 | 8 | 0.12± 0.01 | 12±1 12±1 | 12±1 12±1 | 两边 封边 | 200~250 (带轴芯 φ40×3mm) | 平纹 |

表 13-22　玻璃布的参考宽度

| 宽度(mm) | 适用管径(mm) | 宽度(mm) | 适用管径(mm) |
|---|---|---|---|
| 120 | φ60~φ89 | 400 | φ377 |
| 150 | φ114~φ159 | 500 | φ426 |
| 200~250 | φ219 | 600~700 | φ720 |
| 350 | φ273 | | |

（四）胶黏带防腐

（1）胶黏带防腐的特点及适用性，见表13-23。

（2）胶黏带的等级及结构，见表13-24。

（3）聚乙烯胶黏带的规格与性能，见表13-25。

表 13-23　胶黏带防腐的特点及适用性

| 优　点 | 施工方便，所需准备工作简单，能在现场实现机械化施工，所以获得了广泛应用 |
| --- | --- |
| 适用性 | 一类是聚氯乙烯胶黏带，主要用于异形构件的防腐 |
| | 一类是聚乙烯胶黏带，主要用于管道的防腐 |

表 13-24　胶黏带的等级及结构

| 防腐等级 | 防腐层结构 | 总厚度（mm） |
| --- | --- | --- |
| 普通级 | 一层底漆——层内带（防腐带）——层外带（保护带） | ≥0.7 |
| 加强级 | 一层底漆——层内带（防腐带）——层外带（保护带） | ≥1.0 |
| 特强级 | 一层底漆——层内带（防腐带）——层外带（保护带） | ≥1.4 |
| 搭接宽度 | ①胶带宽度≤75mm 时，搭接宽度为 10mm | |
| | ②胶带宽度为 100mm 时，搭接宽度为 15mm | |
| | ③胶带宽度≥100mm 时，搭接宽度为 19mm | |

表 13-25　聚乙烯胶黏带的规格与性能

| 项　目 | 防腐胶带（内带） | 保护胶带（外带） | 测试方法 |
| --- | --- | --- | --- |
| 颜色 | 黑 | 黑或白色 | |
| 基膜厚度（mm） | 0.15~0.4 | 0.25~0.5 | |
| 胶层厚度（mm） | 0.1~0.7 | 0.1 | |
| 胶带厚度（mm） | 0.25~1.1 | 0.25~0.6 | |
| 基膜拉伸强度（MPa） | ≥12 | ≥12 | GB 1040 |
| 基膜断裂伸长率（%） | ≥175 | ≥175 | GB 1040 |
| 剥离强度（对有底漆不锈钢）（N/cm） | ≥8 | ≥8 | GB 2792 |
| 体积电阻率（$\Omega \cdot cm$） | $>1\times10^{12}$ | $>1\times10^{12}$ | GB 1048 |
| 击穿电压（kV/mm） | >30 | >30 | GB 1048 |
| 使用温度（℃） | −30~70 | −30~70 | |
| 耐老化试验（%） | <35 | ≥35 | SY/T 0414 |

注：耐老化试验，是指试件在 100℃条件下，经 2400h 热老化后，测得基膜拉伸强度、基膜断裂伸长率、剥离强度的降低率。

（4）底胶性能。为提高胶带与钢管的剥离强度，应在钢管上涂刷底胶。底胶的用量为 80~100g/m²，其性能要求见表 13-26。

表 13-26　底胶性能

| 项　目 | 指　标 | 项　目 | 指　标 |
|---|---|---|---|
| 材料 | 橡胶合成树脂 | 与胶带相容性 | 不破坏胶层的黏性、弹性 |
| 总固体组分(%) | 15~30 | 使用温度/℃ | -30~70 |
| 表干时间(min) | 3~5 | | |

### (五) 三 PE 外防腐技术

三 PE 外防腐技术，见表 13-27。

表 13-27　三 PE 外防腐技术

| 项　目 | 内　容 |
|---|---|
| 1. 结构 | 三 PE 系指底层为熔结环氧，中间层为聚合物胶黏剂，外层为挤塑聚乙烯的复合式覆盖层 |
| 2. 原理 | 防腐层体系的原理是将环氧树脂的优良的防腐蚀性能同聚乙烯的机械保护性结合起来，提高覆盖层防腐蚀性能和使用寿命 |
| 3. 优点 | 三层 PE 防腐技术是目前国内外埋地管道外防腐的一项新技术，具有防腐性能好、机械强度高，吸水率低等性能，可降低安装和维修费用 |
| 4. 适用性 | 适用于复杂地域、丘陵地区、多石地区及沼泽地区等 |

# 第十四章　油库消防设计与数据

## 第一节　油库消防水源及水量

油库消防水源及水量的要求，见表 14-1。

表 14-1　油库消防水源及水量的要求

| 项目 | 要求 | | |
|---|---|---|---|
| 1. 消防水源要求 | (1)GB 50016—2014《建筑设计防火规范》中规定，城镇给水管网、天然水源或消防水池可作为消防供水水源 | | |
| | (2)一般情况下，设有给水系统的城镇，消防用水应由城镇给水管网供给 | | |
| | (3)利用消防水池或天然水源供消防用水时，应有可靠的取水设施和通向消防水池、天然水源的消防车道，并保证天然水源在枯水期最低水位时供水的可靠性 | | |
| | (4)消防水池、天然水源不应被易燃、可燃液体所污染，否则不能作为消防水源 | | |
| 2. 消防水量要求 | 供水设施设备 | 消防供水量 | 供水延续时间 |
| | 消防总用水量考虑 | 油库的消防用水量应按系统保护范围内最大一处的用水量确定 | |
| | 油罐区消防用水量 | 应按扑救油罐火灾配置泡沫的最大用水量与冷却油罐最大用水量之和确定 | |
| | 地上卧式油罐消防用水量 | 当需冷却的相邻油罐超过 4 座时，可按其中 4 座较大的相邻油罐计算用水量；当罐组的计算总用水量小于 15L/s 时，仍应采用 15L/s | 不应小于 1h |
| | 覆土立式油罐消防用水量 | 供水强度不应小于 0.3L/(s·m)。用水量计算长度为油罐的周长。当计算用水量小于 15L/s 时，仍应采用 15L/s | 不应小于 4h |
| | 覆土卧式油罐组消防用水量 | 覆土卧式油罐组的保护用水量，可按同时使用两只移动水枪计，但不得小于 15L/s | 不应小于 1h |
| | 储油洞库 | 主洞口 | 不应小于 15L/s | 计算总用水量时，可只计算主洞口的用水量 | 不应小于 2h |
| | | 其余洞口 | 不宜小于 10L/s | | |
| | 装卸油码头 | >1000t 级 | 消防冷却用水量不应小于 30L/s | 不宜小于 2h |
| | | ≤1000t 级 | 消防冷却用水量不应小于 15L/s | |

# 第二节　油库消防水池

油库消防水池的要求，见表 14-2。

表 14-2　油库消防水池要求

| 项　目 | | | 技术要求参数 |
|---|---|---|---|
| 1. 消防水池的容量分隔 | | | 消防水池总容量大于 1000m³ 时，应分隔为两个池，并应用带阀门的连通管连通 |
| 2. 消防水池补水时间 | | | 消防水池补水时间不应超过 96h |
| 3. 供移动消防泵或消防车直接取水的消防水池 | 保护半径 | | 不应大于 150m，并应设取水口或取水井 |
| | 取水口或取水井与被保护建筑物的外墙(或罐壁)距离 | 低层建筑 | 不宜小于 15m |
| | | 高层建筑 | 不宜小于 5m |
| | | 甲、乙、丙类液体储罐 | 不宜小于 40m，不宜大于 100m |
| 4. 消防水池的底标高确定 | | | 消防水池应保证移动消防泵或消防车的吸水高度不超过 6m |
| 5. 其他要求 | (1)消防水池宜设在利用势能压力满足低压供水要求的部位 | | |
| | (2)消防水池(箱)距消防泵站较远时，消防水池(箱)应设液位自动检测装置，并在消防泵站显示与报警 | | |
| | (3)寒冷地区的消防水池应有防冻措施 | | |

# 第三节　油库消防给水系统

（1）GB 50074《石油库设计规范》中的要求，见表 14-3。

表 14-3　GB 50074《石油库设计规范》中的要求

| 1. 消防给水系统 | (1)一、二、三、四级油库应设独立的消防给水系统 |
|---|---|
| | (2)五级油库消防给水可与生产、生活给水系统合并设置 |
| | (3)缺水电的山区五级油库立式油罐可只设烟雾灭火设施，不设消防给水系统 |
| 2. 消防给水压力 | (1)当石油库采用高压消防给水系统时，给水压力不应小于在达到设计消防水量时最不利点灭火所需要的压力 |
| | (2)当石油库采用低压消防给水系统时，应保证每个消火栓出口处在达到设计消防水量时，给水压力不应小于 0.15MPa |

| | |
|---|---|
| 3. 消防给水管网 | (1)一、二、三级油库地上油罐区，消防给水管道应环状敷设，消防水环形管道的进水管道不应少于2条，每条管道能通过全部消防用水量 |
| | (2)覆土油罐区和四级、五级油库油罐区，消防给水管道可枝状敷设 |
| | (3)山区油库的单罐容量≤5000m³且油罐单排布置的油罐区，消防给水管道可枝状敷设 |
| 4. 其他 | 消防给水系统应保持充水状态。严寒地区的消防水管道，冬季可不充水 |

（2）油罐采用固定消防冷却方式时，冷却水管安装要求，见表14-4。

**表14-4 冷却水管安装要求**

| 项　　目 | 要　　求 |
|---|---|
| 1. 冷却喷水环管的设置 | 油罐抗风圈或加强圈不具备冷却水导流功能时，其下面应设冷却喷水环管 |
| 2. 冷却喷水的设置 | (1)冷却喷水环管上应设置水幕式喷头 |
| | (2)喷头布置间距不宜大于2m |
| | (3)喷头的出水压力不应小于0.1MPa |
| 3. 油罐冷却水进水立管清扫口的设置 | (1)油罐冷却水的进水立管下端应设清扫口 |
| | (2)清扫口下端应高于油罐基础顶面不小于0.3m |
| 4. 控制阀和放空阀的设置 | (1)消防冷却水管道上应设控制阀和放空阀 |
| | (2)消防冷却水以地面水为水源时，消防冷却水管道上宜设置过滤器 |

# 第四节　油罐区消防设计的一般规定

油罐区消防设计的一般规定，见表14-5。

**表14-5 油罐区消防设计的一般规定**

| 项　　目 | 一　般　规　定 |
|---|---|
| 1. 油库消防的设施设置 | 应根据油库等级、油罐形式、油品火灾危险性及与邻近单位的消防协作条件等因素综合考虑确认定 |
| 2. 油库的油罐消防的设施设置 | (1)易燃和可燃液体储罐应设置泡沫灭火系统 |
| | (2)设置泡沫灭火系统有困难，且无消防协作条件的四、五级石油库，当立式储罐不多于5座，甲B类和乙A类液体储罐单罐容量不大于700m³，乙B和丙类液体储罐单罐容量不大于2000m³时，可采用烟雾灭火方式；当甲B类和乙A类液体储罐单罐容量不大于500m³，乙B类和丙类液体储罐单罐容量不大于1000m³时，也可采用超细干粉等灭火方式 |

续表

| 项 目 | 一 般 规 定 |
|---|---|
| 3. 油罐泡沫灭火系统的设置，应符合右列规定 | (1)地上式固定顶油罐、内浮顶油罐和地上卧式储罐应设低倍数泡沫灭火系统或中倍数泡沫灭火系统 |
| | (2)外浮顶油罐以及储存甲B、乙和丙A类油品的覆土立式油罐，应设低倍数泡沫灭火系统 |
| | (3)覆土卧式油罐和储存丙B类油品的覆土立式油罐，可不设泡沫灭火系统，但应按规定配置灭火器材 |
| 4. 油罐泡沫灭火系统设施的设置方式，应符合右列规定 | (1)容量大于500m³的水溶性液体地上立式储罐和容量大于1000m³的其他甲B、乙、丙A类易燃、可燃液体地上立式储罐，应采用固定式泡沫灭火系统 |
| | (2)容量小于或等于500m³的水溶性液体地上立式储罐和容量小于或等于1000m³的其他易燃、可燃液体地上立式储罐，可采用半固定式泡沫灭火系统 |
| | (3)地上卧式油罐、覆土立式油罐、丙B类液体立式油罐和容量不大于200m³的地上油罐，可采用移动式泡沫灭火系统 |
| | (4)泡沫混合装置宜采用平衡比例泡沫混合或压力比例泡沫混合等流程 |
| | (5)单罐容量大于或等于50000m³的外浮顶油罐的泡沫灭火系统，应采用自动控制方式 |
| | (6)固定式泡沫灭火系统泡沫液的选择、泡沫混合液流量、压力应满足泡沫站服务范围内所有储罐的灭火要求 |
| | (7)当储罐采用固定式泡沫灭火系统时，尚应配置泡沫钩管、泡沫枪和消防水带等移动泡沫灭火用具 |
| | (8)泡沫液储备量应在计算的基础上增加不少于100%的富余量 |
| 5. 油罐应设消防冷却水系统。消防冷却水系统的设置应符合右列规定 | (1)单罐容量≥3000m³或罐壁高度≥15m的地上立式油罐，应设固定式消防冷却水系统 |
| | (2)单罐容量小于3000m³且罐壁高度小于15m的地上立式油罐以及其他油罐，可设移动式消防冷却水系统 |
| | (3)五级石油库的立式储罐采用烟雾灭火或超细干粉等灭火设施时，可不设消防给水系统 |
| | (4)火灾时需要操作的消防阀门不应设在防火堤内。消防阀门与对应的着火储罐罐壁的距离不应小于15m，如果有可靠的接近消防阀门的保护措施，可不受此限制 |

# 第五节　油罐区低倍数泡沫灭火和冷却水系统设计

## 一、低倍数泡沫的特性及设计规范的规定

低倍数泡沫的特性及设计规范的规定，见表 14-6。

**表 14-6　低倍数泡沫的特性及设计规范的规定**

<table>
<tr><td colspan="2" rowspan="3">1. 低倍数泡沫的特性</td><td colspan="3">①泡沫发泡倍数小于 20 倍时称为低倍数泡沫灭火系统</td></tr>
<tr><td colspan="3">②发泡倍数小、泡沫密度大、泡沫射程远、喷射的有效高度也大</td></tr>
<tr><td colspan="3">③油罐液上和液下喷射泡沫灭火系统一般都设计成低倍数泡沫灭火系统</td></tr>
<tr><td rowspan="17">2. 设计规范对低倍数泡沫灭火系统的一般规定</td><td rowspan="2">(1)非水溶性甲、乙、丙类液体</td><td colspan="3">①固定顶储罐应选用液上喷射、液下喷射或半液下喷射系统</td></tr>
<tr><td colspan="3">②外浮顶和内浮顶储罐应选用液上喷射系统</td></tr>
<tr><td>(2)高度大于 7m 或直径大于 9m 的固定顶储罐</td><td colspan="3">不得选用泡沫枪作为主要灭火设施</td></tr>
<tr><td rowspan="3">(3)储罐区泡沫灭火系统扑救一次火灾泡沫混合液设计用量</td><td>①应按罐内用量</td><td colspan="2" rowspan="3">三者之和最大的储罐确定</td></tr>
<tr><td>②该罐辅助泡沫枪用量</td></tr>
<tr><td>③管道内剩余量</td></tr>
<tr><td rowspan="2">(4)采用固定式泡沫灭火系统的储罐区</td><td colspan="3">①宜沿防火堤外均匀布置泡沫消火栓</td></tr>
<tr><td colspan="3">②泡沫消火栓的间距不应大于 60m</td></tr>
<tr><td>(5)固定式泡沫灭火系统的设计</td><td colspan="3">应满足在泡沫消防水泵或泡沫混合液泵启动后将泡沫混合液或泡沫输送到保护对象的时间不大于 5min</td></tr>
<tr><td rowspan="8">(6)设置固定式泡沫灭火系统的储罐区，应配置用于扑救液体流散火灾的辅助泡沫枪</td><td colspan="3">①每支辅助泡沫枪的泡沫混合液流量不应小于 240L/min(4L/s)</td></tr>
<tr><td colspan="3">②泡沫枪的数量及其泡沫混合液连续供给时间不应小于下表</td></tr>
<tr><td>储罐直径(m)</td><td>配备泡沫枪数(支)</td><td>连续供给时间(min)</td></tr>
<tr><td>≤10</td><td>1</td><td>10</td></tr>
<tr><td>>10 且≤20</td><td>1</td><td>20</td></tr>
<tr><td>>20 且≤30</td><td>2</td><td>20</td></tr>
<tr><td>>30 且≤40</td><td>2</td><td>30</td></tr>
<tr><td>>40</td><td>3</td><td>30</td></tr>
</table>

注：本表所指规范是 GB 50151《泡沫灭火系统设计规范》。

## 二、对固定顶油罐低倍数泡沫灭火系统的要求

固定顶储罐低倍数泡沫灭火系统的保护面积应按其横截面积确定。GB 50151《泡沫灭火系统设计规范》对固定顶油罐低倍数泡沫灭火系统的规定，见表 14-7。泡沫混合液管道、泡沫管道的设置，应符合表 14-8 的规定。

**表 14-7　对固定顶油罐低倍数泡沫灭火系统的规定**

| | 系统形式 | 泡沫液种类 | 供给强度（L/min·m²） | 连续供给时间（min）甲 B、乙类液体 | 丙类液体 |
|---|---|---|---|---|---|
| 低倍数泡沫混合液供给强度及连续供给时间 | （1）固定式、半固定式系统 | 蛋白 | 6.0 | 40 | 30 |
| | | 氟蛋白，水成膜、成膜氟蛋白 | 5.0 | 45 | 30 |
| | （2）移动式系统 | 蛋白、氟蛋白 | 8.0 | 60 | 45 |
| | | 水成膜、成膜氟蛋白 | 6.5 | 60 | 45 |
| | （3）备注 | ①如果采用大于本表规定的混合液供给强度，混合液连续供给时间可按相应的比例缩短，但不得小于本表规定时间的 80% | | | |
| | | ②沸点低于 45℃的非水溶性液体，设置泡沫灭火系统的适用性及其泡沫混合液供给强度，应由试验确定 | | | |
| 非水溶性液体储罐液下或半液下喷射系统 | （1）其泡沫混合液供给强度不应小于 5.01L(min·m²) | | | | |
| | （2）连续供给时间不应小于 40min | | | | |
| | （3）备注 | 沸点低于 45℃的非水溶性液体 | 液下喷射系统的适用性及其泡沫混合液供给强度，应由试验确定 | | |
| | | 储存温度超过 50℃或黏度大于 40mm²/s 的非水溶性液体 | | | |
| 低倍数泡沫产生器设置数量 | 序号 | 储油罐直径(m) | 泡沫产生器设置数量（个） | | |
| | ① | ≤10 | 1 | | |
| | ② | >10 且≤25 | 2 | | |
| | ③ | >25 且≤30 | 3 | | |
| | ④ | >30 且≤35 | 4 | | |
| | 备注 | 对于直径大于 35m，且小于 50m 的储罐，其横截面积每增加 300 m²，应至少增加 1 个泡沫产生器 | | | |
| | | 当一个储罐所需的泡沫产生器数量大于 1 个时，宜选用同规格的泡沫产生器，且应沿罐周均匀布置 | | | |

**表 14-8　泡沫混合液管道、泡沫管道的设置规定**

| 部　位 | 设　置　规　定 |
|---|---|
| 1. 储罐液上喷射系统泡沫混合液管道的设置 | (1)每个泡沫产生器应用独立的混合液管道引至防火堤外 |
| | (2)除立管外,其他泡沫混合液管道不得设置在罐壁上 |
| | (3)连接泡沫产生器的泡沫混合液立管应用管卡固定在罐壁上,管卡间距不宜大于3m |
| | (4)泡沫混合液的立管下端应设置锈渣清扫口 |
| 2. 防火堤内泡沫混合液或泡沫管道的设置 | (1)地上泡沫混合液或泡沫水平管道应敷设在管墩或管架上,与罐壁上的泡沫混合液立管之间宜用金属软管连接 |
| | (2)埋地泡沫混合液管道或泡沫管道距离地面的深度应大于0.3m,与罐壁上的泡沫混合液立管之间应用金属软管或金属转向接头连接 |
| | (3)泡沫混合液或泡沫管道应有3%的放空坡度 |
| 3. 防火堤外泡沫混合液或泡沫管道的设置 | (1)固定式液上喷射系统,对每个泡沫产生器,应在防火堤外设置独立的控制阀 |
| | (2)半固定式液上喷射系统,对每个泡沫产生器,应在防火堤外距地面0.7m处设置带闷盖的管牙接口 |
| | (3)半固定式液下喷射系统的泡沫管道应引至防火堤外,并应设置相应的高背压泡沫产生器快装接口 |
| | (4)泡沫混合液管道或泡沫管道上应设置放空阀,且其管道应有2‰的坡度坡向放空阀 |

## 三、对油库其他场所的低倍数泡沫灭火系统的要求

　　GB 50151《泡沫灭火系统统计规范》对油库其他场所的低倍数泡沫灭火系统的要求,见表14-9。

**表 14-9　对油库其他场所的低倍数泡沫灭火系统的要求**

| 环 境 条 件 | 要　　求 |
|---|---|
| 1. 当甲、乙、丙类液体槽车装卸栈台设置泡沫炮或泡沫枪系统时 | (1)应能保护泵、计量仪器、车辆及与装卸产品有关的各种设备 |
| | (2)火车装卸栈台的泡沫混合液流量不应小于30L/s |
| | (3)汽车装卸栈台的泡沫混合液流量不应小于8L/s |
| | (4)泡沫混合液连续供给时间不应小于30min |
| 2. 公路隧道泡沫消火栓箱的设置 | (1)设置间距不应大于50m |
| | (2)应配置带开关的吸气型泡沫枪,其泡沫混合液流量不应小于30L/min,射程不应小于6m |
| | (3)泡沫混合液连续供给时间不应小于20min,且宜配备水成膜泡沫液 |
| | (4)软管长度不应小于25m |

续表

| 环境条件 | 要求 | | | |
|---|---|---|---|---|
| 3. 设有围堰的非水溶性液体流淌火灾场所 | 保护面积应按围堰包围的地面面积与其中不燃结构占据的面积之差计算，泡沫混合液供给强度与连续供给时间为： | | | |
| | 泡沫液种类 | 供给强度（L/min·m²） | 连续供给时间（min） | |
| | | | 甲、乙类液体 | 丙类液体 |
| | 蛋白、氟蛋白 | 6.5 | 40 | 30 |
| | 水成膜、成膜氟蛋白 | 6.5 | 30 | 20 |
| 4. 当甲、乙、丙类液体泄漏导致的室外流淌火灾场所设置泡沫枪、泡沫炮系统时 | 应根据保护场所的具体情况确定最大流淌面积，泡沫混合液供给强度与和连续供给时间为： | | | |
| | 泡沫液种类 | 供给强度（L/min·m²） | 连续供给时间（min） | 液体种类 |
| | 蛋白、氟蛋白 | 6.5 | 15 | 非溶性液体 |
| | 水成膜、成膜氟蛋白 | 5.0 | 15 | |
| | 抗溶泡沫 | 12 | 15 | 水溶性液体 |

注：本表所指规范是 GB 50151《泡沫灭火系统设计规范》。

## 四、泡沫灭火系统的水力计算

泡沫灭火系统的水力计算，见表 14-10。

**表 14-10　泡沫灭火系统的水力计算**

| 1. 系统的设计流量 | (1)考虑因素 | 储罐区泡沫灭火系统的泡沫混合液设计流量，应按储罐上设置的泡沫产生器或高背压泡沫产生器与该储罐辅助泡沫枪的流置之和计算，且应按流量之和最大的储罐确定 | | | |
|---|---|---|---|---|---|
| | (2)原则 | 泡沫枪或泡沫炮系统的泡沫混合液设计流量，应按同时使用的泡沫枪或泡沫炮的流量之和确定 | | | |
| | (3)泡沫产生器、泡沫枪或泡沫炮等，泡沫混合液流量计算公式(也可按制造商提供的压力—流量特性曲线确定) | $q=k\sqrt{10p}$ | 符号 | 符号含义 | 单位 |
| | | | $q$ | 泡沫混合液流量 | L/min |
| | | | $k$ | 泡沫产生器流量特性系数 | 查产品说明书 |
| | | | $p$ | 泡沫产生器进口压力 | MPa |
| | (4)系统泡沫混合液与水的设计流量应有不小于5%的裕度 | | | | |
| 2. 管道水力计算 | (1)系统管道输送介质流速 | ①储罐区泡沫灭火系统水和泡沫混合液流速不宜大于3m/s | | | |
| | | ②液下喷射泡沫喷射管前的泡沫管道内的泡沫流速宜为3~9m/s | | | |
| | | ③泡沫液流速不宜大于5m/s | | | |

| | | | 符号 | 符号含义 | 单位 |
|---|---|---|---|---|---|
| 2. 管道水力计算 | (2) 系统水管道与泡沫混合液管道的沿程水头损失 | ①采用普通钢管时计算公式 $i=0.0000107$ $V^2/d_j^{1.3}$ | $i$ | 管道的单位长度水头损失 | MPa/m |
| | | | $V$ | 管道内水或泡沫混合液的平均流速 | m/s |
| | | | $d_j$ | 管道的计算内径 | m |
| | | ②当采用不锈钢管或铜管时计算公式 $i=105C_h^{-1.85}$ $d_j^{-4.87}q_g^{1.85}$ | 符号 | 符号含义 | 单位 |
| | | | $i$ | 管道的单位长度水头损失 | kPa/m |
| | | | $q_g$ | 给水设计流量 | m³/s |
| | | | $C_h$ | 海澄-威廉系数,铜管、不锈钢管取 130 | |
| | (3) 水管道与泡沫混合液管道的局部水头损失(宜采用当量长度法计算) | 管道公称直径 (mm) | 闸阀当量长度 | 90°弯头当量长度 | 旋启式逆止阀当量长度 |
| | | 150 | 1.25m | 4.25m | 12.00m |
| | | 200 | 1.50m | 5.00m | 15.25m |
| | | 250 | 1.75m | 6.75m | 20.50m |
| | | 300 | 2.00m | 8.00m | 24.50m |
| | (4) 水泵或泡沫混合液泵的扬程或系统入口的供给压力计算公式 | $H=\sum h+$ $p_0+h_z$ | 符号 | 符号含义 | 单位 |
| | | | $H$ | 水泵或泡沫混合液泵的扬程或系统入口的供给压力 | MPa |
| | | | $\sum h$ | 管道沿程和局部水头损失的累计值 | MPa |
| | | | $p_0$ | 最不利点处泡沫产生装置或泡沫喷射装置的工作压力 | MPa |
| | | | $h_z$ | 最不利点处泡沫产生装置或泡沫喷射装置与消防水池的最低水位或系统水平供水引入管中心线之间的静压差 | MPa |
| | (5) 液下喷射系统中泡沫管道的水力计算公式 | $h=CQ_P^{1.72}$ | 符号 | 符号含义 | 单位 |
| | | | $h$ | 每 10m 泡沫管道的压力损失 | Pa/10m |
| | | | $Q_P$ | 泡沫流量 | L/s |
| | | | $C$ | 管道压力损失系数 | |

管道压力损失系数 C 取值:

| 管径(mm) | 100 | 150 | 200 | 250 | 300 | 350 |
|---|---|---|---|---|---|---|
| $C$ 值 | 12.92 | 2.14 | 0.555 | 0.21 | 0.111 | 0.071 |

## 五、不同罐型消防冷却水供水范围、供水强度和时间

根据 GB 50074《石油库设计规范》的规定，油罐消防冷却水供水范围、供水强度、供水时间，见表 14-11。

**表 14-11　油罐消防冷却水供水范围、供水强度、供水时间表**

| 冷却方式 | 油罐型式 | | 供水范围 | 供水强度 | | 供水时间 | 附　注 |
|---|---|---|---|---|---|---|---|
| | | | | $\phi$16mm 水枪 | $\phi$19mm 水枪 | | |
| 移动式水枪冷却 | 地上立式罐 | 着火罐 | 固定顶罐 | 罐周全长 | 0.6L/(s·m) | 0.8L/(s·m) | 直径大于20m的固定顶罐和直径大于20m的浮盘用易熔材料制作的内浮顶储罐不应少于9h，其他立式储罐不应少于6h | 浮顶用易熔材料制作的内浮顶罐按固定顶罐计算 |
| | | | 外浮顶罐内浮顶罐 | 罐周全长 | 0.45L/(s·m) | 0.6L/(s·m) | | 相邻的外浮顶罐、内浮顶罐可不冷却。其他距着火罐罐壁1.5倍着火罐直径范围内相邻罐均应冷却。当相邻罐超过3座时应按3座较大的相邻罐计算 |
| | | 相邻罐 | 不保温罐 | 罐周半长 | 0.35L/(s·m) | 0.5L/(s·m) | | |
| | | | 保温罐 | | 0.2L/(s·m) | | | |
| | 地上卧式罐 | 着火罐 | | 油罐投影面积 | 6L/(min·m²) | | 卧式储罐、铁路罐车和汽车罐车装卸设施不应少于2h | 着火的地上卧式罐应冷却，距着火罐直径与长度之和的1/2范围内的相邻罐也应冷却 |
| | | 相邻罐 | | | 3L/(min·m²) | | | |
| | 地下覆土罐 | 立式罐 | | 最大罐周长 | 0.3L/(s·m)，当计算用水量小于15L/s时，应按不小于15L/s计 | | 覆土立式油罐不应少于4h | 这是人身掩护和冷却地面及罐附件的保护用水量 |
| | | 卧式罐 | | | 应按同时使用不少2支移动水枪计，且不应小于15L/s | | | |
| 固定式冷却 | 地上立式罐 | 着火罐 | 固定顶罐 | 罐壁外表面积 | 2.5L/(min·m²) | | 直径大于20m的固定顶罐和直径大于20m的浮盘用易熔材料制作的内浮顶储罐不应少于9h，其他立式储罐不应少于6h | 浮顶用易熔材料制作的内浮顶罐按固定顶罐计算 |
| | | | 外浮顶罐内浮顶罐 | 罐壁外表面积 | 2.0L/(min·m²) | | | |
| | | 相邻罐 | | 罐壁外表面积的1/2 | 2.0L/(min·m²) | | | 按实际冷却面积计算，但不得小于罐壁表面积的1/2 |

注：(1)着火罐单支水枪保护范围：$\phi$16mm 为 8~10m，$\phi$19mm 为 9~11m。
　　(2)邻近罐单支水枪保护范围：$\phi$16mm 为 14~20m，$\phi$19mm 为 15~25m。
　　(3)油罐消防冷却水供应强度应根据设计所选用的设备进行校核。

### 六、低倍数空气泡沫产生器的选择

（1）GB 50151—2010《泡沫灭火系统设计规范》对低倍数泡沫产生器的规定，见表 14-12。

表 14-12　GB 50151—2010《泡沫灭火系统设计规范》对低倍数泡沫产生器的规定

| 编　号 | 情　　况 | 规　　定 |
|---|---|---|
| 1 | 固定顶储罐、按固定顶储罐对待的内浮顶储罐 | 宜选用立式泡沫产生器 |
| 2 | 泡沫产生器进口的工作压力 | 应为其额定值±0.1MPa |
| 3 | 泡沫产生器的空气吸入口及露天的泡沫喷射口 | 应设置防止异物进入的金属网 |
| 4 | 横式泡沫产生器的出口 | 应设置长度不小于1m 的泡沫管 |
| 5 | 外浮顶储罐上的泡沫产生器 | 不应设置密封玻璃 |

（2）低倍数空气泡沫产生器的规格与性能，见表 14-13。

表 14-13　低倍数空气泡沫产生器的规格与性能

| 型　号 | 工作压力（MPa） | 混合液流量（L/s） | 空气泡沫流量（L/s） |
|---|---|---|---|
| PC4、PS4 | 0.5 | 4 | 25 |
| PC8、PS8 | 0.5 | 8 | 50 |
| PC16、PS16 | 0.5 | 16 | 100 |
| PC24、PS24 | 0.5 | 24 | 150 |
| PS32 | 0.5 | 32 | 200 |

注：PC 型是横式空气泡沫产生器，PS 型是竖式空气泡沫产生器。

### 七、油罐液下喷射低倍数泡沫灭火系统设置要求

GB 50151—2010《泡沫灭火系统设计规范》中油罐液下喷射低倍数泡沫灭火系统设置要求，见表 14-14。

表 14-14　《泡沫灭火系统设计规范》中油罐液下喷射低倍数泡沫灭火系统设置要求

| 项　目 | 要　　求 |
|---|---|
| 液下喷射系统高背压泡沫产生器设置规定 | 1. 高背压泡沫产生器，应设置在防火堤外，设置数量及型号应根据 GB 50151 第4.2.1 条和第4.2.2 条计算所需的泡沫混合液流量确定 |
| | 2. 一个储罐所需的高背压泡沫产生器数量大于1个时，宜并联使用 |
| | 3. 在高背压泡沫产生器的进口侧应设置检测压力表接口，在出口侧应设置压力表、背压调节阀和泡沫取样口 |

| 项　目 | | 要　　求 |
|---|---|---|
| 液下喷射系统泡沫喷射口的设置规定 | 1. 泡沫液体的速度 | (1) 泡沫进入甲、乙类液体，速度不应大于 3m/s |
| | | (2) 泡沫进入丙类液体，速度不应大于 6m/s |
| | 2. 泡沫喷射口的口型及设置位置 | (1) 宜采用向上斜的口型，其斜口角度宜为 45° |
| | | (2) 当设有一个喷射口时，喷射口宜设置在储罐中心 |
| | | (3) 当设有一个以上喷射口时，应沿罐周均匀设置，且各喷射口的流量宜相等 |
| | 3. 泡沫喷射管的长度，不得小于喷射管直径的 20 倍 | |
| | 4. 泡沫喷射口的安装位置及泡沫喷射口的设置数量 | (1) 泡沫喷射口应安装在高于储罐积水层 0.3m 的位置 |
| | | (2) 泡沫喷射口的设置数量不应小于右表的规定 |

泡沫喷射口设置最少数量表

| 储罐直径(m) | 喷射口数量(个) |
|---|---|
| ≤23 | 1 |
| >23 且 ≤33 | 2 |
| >33 且 ≤40 | 3 |

注：对于直径大于 40m 的储罐，其横截面积每增加 400m²，应至少增加一个泡沫喷射口

# 第六节　油罐区中倍数泡沫灭火系统设计

## 一、中倍数泡沫灭火系统的特性和泡沫液产品性能

泡沫发泡倍数为 21~200 倍称为中倍数泡沫灭火系统。中倍数泡沫灭火系统的特性和泡沫液产品性能，见表 14-15。

表 14-15　中倍数泡沫灭火系统的特性和泡沫液产品性能

| 项　目 | | 内　　容 |
|---|---|---|
| 中倍数泡沫灭火系统的特性 | 1. 适用性 | 可以用于扑救固体和液体火灾。对扑灭油罐火灾以 50 倍以下为最佳 |
| | 2. 混用特性 | 中倍数泡沫灭火系统可以利用它来发射低倍数泡沫，当油库固定式泡沫管道断裂时，可以依靠外来泡沫消防车对中倍数泡沫发生器供给低倍数泡沫 |
| | 3. 优缺点 | (1) 优点：它具有低倍数和高倍数两泡沫的优点，它比低倍数的沉降性小，比高倍数的抗泡沫破坏性好 |
| | | (2) 缺点：中倍数泡沫稳定性较差，抗复燃能力较低，受风的影响明显 |

| 项　目 | | 内　容 |
|---|---|---|
| 中倍数泡沫灭火系统的特性 | 4. 中倍数泡沫发生器的工作压力范围 | (1)压力范围在 0.25~0.4MPa 时，中倍数泡沫发生器可发射中倍数泡沫，即发泡倍数大于 21 倍 |
| | | (2)当工作压力超过 0.4MPa 后，其发泡倍数小于 21 倍，属于低倍数泡沫范围 |
| | 5. 系统的互换性 | 低倍数泡沫消防车内装储中倍数泡沫液，混合比可调为 8%，可以供手提式中倍数泡沫发生器发射中倍数泡沫。这种系统的互换性，便于目前国内各种泡沫灭火系统并存时灵活应用 |
| 中倍数泡沫液产品性能 | YEZ(8)-A 型 | 流动性好，发泡倍数为 25 倍左右，价格较高，保存期为 2 年，是一种氟蛋白泡沫液，其优点是解决了氟碳表面活性剂在蛋白泡沫液中的稳定问题 |
| | YEZ(8)-B 型 | 黏度大，发泡倍数也大，约 30 倍左右，其价格较便宜，是一种纯蛋白泡沫液，其 25%析液时间大于 12min，1%复燃时间大于 100s，因此是一种灭火后泡沫能持久不易消失的泡沫，克服了国外中倍数泡沫存在的缺点 |

## 二、对油罐固定式中倍数泡沫灭火系统要求

GB 50151《泡沫灭火系统设计规范》中对油罐固定式中倍数泡沫灭火系统要求，见表 14-16。

**表 14-16　GB 50151《泡沫灭火系统设计规范》**
**对油罐固定式中倍数泡沫灭火系统要求**

| 项　目 | 油罐固定式中倍数泡沫灭火系统要求摘编 | |
|---|---|---|
| 1. 泡沫灭火系统宜为固定式的适用条件 | (1)丙类固定顶与内浮顶油罐 | |
| | (2)单罐容量小于 10000m³ 的甲、乙类固定顶与内浮顶油罐 | |
| 2. 喷射形式 | 油罐中倍数泡沫灭火系统应采用液上喷射形式 | |
| 3. 保护面积 | 保护面积应按油罐的横截面积确定 | |
| 4. 系统扑救一次火灾泡沫混合液设计用量 | (1)应按罐内用量 | 三者之和最大的油罐确定 |
| | (2)该罐辅助泡沫枪用量 | |
| | (3)管道剩余量 | |
| 5. 系统泡沫混合液供给强度和连续供给时间 | (1)供给强度不应小于 4L/(min·m²) | |
| | (2)连续供给时间不应小于 30min | |

续表

| 项　　目 | 油罐固定式中倍数泡沫灭火系统要求摘编 | | | |
|---|---|---|---|---|
| | (1)设置固定式中倍数泡沫灭火系统的油罐区,宜设置低倍数泡沫枪,并应符合 GB 50151《泡沫灭火系统设计规范》第 4.1.4 条的规定 | | | |
| 6.泡沫枪的设置 | (2)当设置中倍数泡沫枪时,其数量与连续供给时间(不应小于) | 中倍数泡沫枪数量和连续供给时间表 | | |
| | | 油罐直径<br>(m) | 泡沫枪流量<br>(L/s) | 泡沫枪数量<br>(支) | 连续供给时间<br>(min) |
| | | ≤10 | 3 | 1 | 10 |
| | | >10 且≤20 | 3 | 1 | 20 |
| | | >20 且≤30 | 3 | 2 | 20 |
| | | >30 且≤40 | 3 | 2 | 30 |
| | | >40 | 3 | 3 | 30 |
| 7.泡沫产生器及管道 | (1)泡沫产生器应沿罐周均匀布置 | | | |
| | (2)当泡沫产生器数量大于或等于 3 个时,可每两个产生器共用一根管道引至防火堤外 | | | |

# 第七节　油码头消防规定

GB 50160—2008《石油化工企业设计防火规范》对油码头消防规定,见表 14-17。

**表 14-17　油码头消防规定**

| 油码头的消防设施考虑原则 | (1)应能满足扑救码头装卸区的油品泄漏火灾 |
|---|---|
| | (2)当设计中停泊的油船无消防设施时,应能满足扑救该船最大一个油舱火灾的消防能力的要求 |
| 扑救码头装卸区油品泄漏火灾 | ≥1000t 船型的河港或≥3000t 海港油码头 | 应设固定或半固定泡沫灭火系统 |
| | ≥5000t 船型的河港或≥10000t 海港油码头 | 宜设置不少于两个固定搭架式泡沫—水两用炮,其保护半径为 40m,混合液的喷射速度不宜小于 30L/s |
| | 消防用水量 | 河港油码头不宜小于 30L/s,海港油码头不宜小于 45L/s。消防供水延续时间,不应小于 2h |

| | | | |
|---|---|---|---|
| 扑救油舱火灾的消防能力 | 泡沫混合液 | 供给强度 | 不应小于 6L/(min·m²) |
| | | 灭火面积 | 应按最大油舱的投影面积计算 |
| | | 连续供给时间 | 不应小于 30min |
| | 消防冷却水 | 供给强度 | 不应小于 3.4L/(min·m²) |
| | | 冷却面积 | 应按不小于与着火油舱邻近的 3 个油舱的投影面积计算 |
| | | 连续供给时间 | 当着火油舱面积≤300m² 时为 4h，大于 300m² 时为 6h |
| 当邻近无消防艇提供协作时 | 停泊≥1000t 船型的河港或≥3000t 海港油码头 | | 宜配备消防兼拖轮的两用船 |

# 第八节 对油库消防的其他规定

对油库消防的其他规定，见表 14-18。

表 14-18 对油库消防的其他规定

| 项 目 | 规 定 |
|---|---|
| 1. 消防值班室 | (1)石油库内应设消防值班室。消防值班室内应设专用受警录音电话 |
| | (2)一、二、三级油库的消防值班室应与消防泵房控制室或消防车库合并设置 |
| | (3)四、五级油库的消防值班室和油库值班室合并设置 |
| | (4)消防值班室和油库值班调度室、城镇消防站之间应设直通电话 |
| | (5)油库总容量≥50000m³ 的油库的报警信号应在消防值班室显示 |
| 2. 报警设施 | (1)储油区、装卸区和辅助生产区的值班室内，应设火灾报警电话 |
| | (2)储油区和装卸区内宜设置户外手动报警设施 |
| | (3)单罐容量≥50000m³ 的浮顶油罐应设火灾自动报警系统 |
| 3. 泡沫灭火系统 | (1)单罐容量≥50000m³ 的浮顶油罐，泡沫灭火系统可采用手动操作或遥控方式 |
| | (2)单罐容量≥100000m³ 的浮顶油罐，泡沫灭火系统应采用自动控制方式 |
| | (3)当油库采用固定泡沫灭火系统时，尚应配置泡沫勾管、泡沫枪 |

# 第九节 对消防(泵)站设计

## 一、对消防泵站相关规定

对消防(泵)站相关规定，见表 14-19。

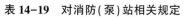

表 14-19  对消防 ( 泵 ) 站相关规定

| 项　　目 | 相　关　规　定 |
|---|---|
| 1. 设站条件 | 非商业用大型油库应设消防站 |
| 2. 消防站规模确定 | 应根据油库的规模、油品火灾危险性、固定消防设施的设置情况, 以及消防协作条件等因素确定 |
| 3. 消防站的保护范围内 | (1) 应满足接到火灾报警后消防车到达地上立式油罐的时间不超过 5min |
| | (2) 应满足接到火灾报警后消防车到达最远着火覆土立式油罐和储油洞库口部的时间不宜超过 10min |
| 4. 消防站的位置 | (1) 应便于消防车迅速通达油品装卸作业区和储油区 |
| | (2) 应避开可能遭受油品火灾危及和人流较多的场所 |
| 5. 消防站组成 | 一般由消防车库、值班室、办公室、值勤宿舍、器材库、室外训练场等必要的设施组成 |
| 6. 消防站应设的设备 | (1) 消防车库和值班室必须设置警铃 |
| | (2) 宜在车库前的场地一侧安装车辆出动的警灯和警铃 |
| | (3) 值班室、车库、值勤宿舍及通往车库走道等处应设应急照明装置 |
| 7. 场门要求 | 车库前的场地及大门应满足消防车辆的出入要求 |
| 8. 合并设置 | 站内的消防通信设备宜与消防值班室合并设置 |
| 9. 报警设施设备 | (1) 非商业用大型油库必须设置火灾报警系统 |
| | (2) 消防值班室、行政管理区, 应设接受和显示各区域发生火灾报警设施 |
| | (3) 分库或保管队, 应设本管理区域的火灾报警设施 |
| | (4) 消防值班室应设专用火灾受警电话 |
| | (5) 消防值班室与油库总值班室和消防泵房之间, 以及与油库联防单位的消防站之间, 均应设置直通电话 |
| | (6) 储油区和油品收发区的值班室, 应设火灾报警电话 |
| | (7) 警卫哨所, 应设火灾报警装置 |
| 10. 消防泵站的位置 | (1) 宜靠近消防水池设置, 不应设置在可能遭受油品火灾危及的地方 |
| | (2) 应在接到火灾报警后 5min 内能对着火的地上立式油罐进行冷却, 10min 内对覆土立式油罐和储油洞库口部提供消防用水 |
| 11. 动力源 | 消防泵站采用内燃机作为动力源时, 内燃机的油料储备量应能满足机组连续运转 6h |
| 12. 备用泵的设置 | (1) 消防水泵、泡沫混合液泵, 应各设一台备用泵 |
| | (2) 当消防冷却水泵与泡沫混合液泵的输送压力和流量接近时, 可共用一台备用泵, 但备用泵的工作能力不应小于最大一台工作泵 |
| | (3) 五级后方油库或消防总用水量不大于 25L/s 的油库, 可不设备用泵 |
| 13. 吸水管道 | (1) 同时工作的消防泵组不少于两台时, 其泵组的吸水管道不应少于两条 |
| | (2) 当其中一条吸水管道检修时, 其余吸水管道应能通过全部消防用水量 |
| 14. 出水管道 | 消防泵的出水管道应有防超压措施 |

## 二、动力供应及消防泵吸、出水管布置要求

动力供应及消防泵吸、出水管布置要求，见表 14-20。

**表 14-20　动力供应及消防泵吸、出水管布置要求**

| 项　目 | 布　置　要　求 | | |
|---|---|---|---|
| 1. 动力供应 | (1)消防泵房应设置备用动力 | | |
| | (2)当具有双电源或双回路供电时，泡沫泵和水泵均可选用电动泵 | | |
| | (3)当采用双电源或双回路供电有困难或不经济时，泡沫泵和水泵均应选用发动机泵 | | |
| 2. 吸水管布置要求 | (1)一组消防水泵的吸水管不应少于两条，当其中一条损坏时，其余的吸水管仍能通过全部用水量 | | |
| | (2)高压或临时高压消防给水系统，其每台消防泵(包括工作水泵和备用泵)应有独立的吸水管，从消防水池直接取水，保障供应火场用水 | | |
| | (3)当泵轴标高低于水源(或吸水井)的水位时，为自灌式引水。当用自灌式引水时，在水泵吸水管上应设阀门，以便于检查 | | |
| | (4)为了不使吸水管内积聚空气，吸水管应有向水泵渐渐上升坡度，一般采用≥0.5%坡度 | | |
| | (5)吸水管与泵连接，应不使吸水管内积聚空气 | | |
| | (6)吸水管在吸水井内(或池内)与井壁、井底应保持一定距离 | | |
| | (7)管径 | ①吸水管直径一般应大于水泵进口直径 | |
| | | ②计算吸水管直径时，流速一般用右列数值 | a. 当直径<250mm 时，为 1.0~1.2m/s |
| | | | b. 当直径≥250mm 时，为 1.2~1.6m/s |
| 3. 出水管布置要求 | (1)为保证环状管网有可靠的水源，当消防水泵出水管与环状管网连接时，其出水管不应少于两条。当其中一条出水管检修时，其余的出水管应仍能供应全部用水量 | | |
| | (2)设阀门 | ①消防水泵的出水管上应设置单向阀 | |
| | | ②同时为使水泵机件润滑，启动迅速，在水泵的出水管上应设检查和试验用的放水阀门 | |

## 三、泡沫液储罐的种类及安装要求

泡沫液储罐的种类及安装要求，见表 14-21。

表 14-21　泡沫液储罐的种类及安装要求

| 项　目 | | 要　求 |
|---|---|---|
| 1. 储罐种类、附件及要求 | (1) 储罐种类选择 | ①采用负压比例混合器、平衡等压比例混合器的泡沫液储罐应选常压罐 |
| | | ②采用压力比例混合器的应选压力罐 |
| | (2) 附件 | 储罐应有进气阀、人孔、出液阀、排污阀、注液口等附件 |
| | (3) 要求 | 储罐除了强度要求外，其内壁必须考虑防腐蚀措施 |
| 2. 常压罐要求 | (1) 进液阀要求 | ①常压罐的进液阀为了保证泡沫液储存质量，平时应关闭，但灭火时必须打开，因此该阀如采用手动，其安装位置必须便于操作 |
| | | ②如果采用自动开关阀可采用液动球阀，该阀当输送泡沫混合液时，由于泵的出口压力自动顶开，当停泵后阀门自动关闭 |
| | (2) 注入泡沫液方法 | 向泡沫液储罐注入泡沫液可从排污阀用泵压入，也可从人孔倒入 |
| | (3) 出液管要求 | 出液管上应设球阀、单向阀及环泵式负压比例混合器及真空表 |
| 3. 压力罐要求 | (1) 压力储罐一般为立式，其高度较高。因此所有阀门必须安装在便于操作的位置 | |
| | (2) 压力罐内装有胶囊时，罐的上部、下部各装设出液阀，以免被胶囊堵死 | |
| | (3) 泡沫液可用泵从注液口压入 | |
| | (4) 压力水可从排出管排出 | |

## 四、消防泵房建筑要求

消防泵房建筑要求，见表 14-22。

表 14-22　消防泵房建筑要求

| 项　目 | 要　求 |
|---|---|
| 1. 位置 | 消防泵房的位置宜选择在靠近油罐区，离油罐的距离应满足泵启动后将泡沫混合液送到最远油罐的时间不超过 5min |
| 2. 合建 | 泡沫和消防水泵房宜合并建设 |
| 3. 形式 | 消防泵房建筑形式宜为一层砖混结构 |
| 4. 耐火 | 耐火等级不应低于二级 |
| 5. 标高 | 地坪标高应有利于水泵吸入 |

# 参 考 文 献

[1] 邢科伟，马秀让，刘占卿．油库加油站设计数据图表手册[M]．北京：中国石化出版社，2015.

[2] 郭光臣，董文兰，张志廉．油库设计与管理[M]．东营：中国石油大学出版社，1991.

[3] 马秀让．油库设计实用手册[M]．2 版．北京：中国石化出版社，2014.

[4] 马秀让．石油库管理与整修手册[M]．北京：金盾出版社，1992.

[5] 马秀让．油库工作数据手册[M]．北京：中国石化出版社，2011.

[6]《油库技术与管理手册》编写组．油库技术与管理手册[M]．上海：上海科学技术出版社，1997.

[7] 杨进峰．油库建设与管理手册[M]．北京：中国石化出版社，2007.

[8] 樊宝德，朱焕勤．油库设计手册[M]．北京：中国石化出版社，2007.

[9] 马秀让．钢板贴壁油罐的建造[M]．北京：解放军出版社，1988.

[10] 马秀让，纪连好．加油站建设与管理手册[M]．北京：中国石化出版社，2013.

# 编 后 记

20 年前，我和老同学范继义曾参加《油库技术与管理手册》一书的编写，2012 年我们两个老战友、老同学、老同乡、"老油料"，人老心不老，在新的挑战面前不服老，不谋而合地提出合编《油库业务工作手册》。两人随即进行资料收集，拟定编写提纲，并完成部分章节的编写，正准备交换编写情况并商量下一步工作时，范继义同志不幸于 2013 年 6 月离世。范继义的离世，我万分悲痛，也中断了此书的编写。

范继义同志是原兰州军区油料部高级工程师。他一生致力于油料事业，对油库管理，特别是油库安全管理造诣很深，参加了军队多部油库管理标准的制定，编写了《油库设备设施实用技术丛书》《油库安全工程全书》《油库技术与管理知识问答》《油库安全管理技术问答》《油库加油站安全技术与管理》《油库千例事故分析》《加油站百例事故分析》《油罐车行车及检修事故案例分析》《加油站事故案例分析》等图书。他的离世是军队油料事业的一大损失，我们将永远牢记他的卓越贡献。

范继义同志走后，我本想继续完成《油库业务工作手册》的编写，但他留下的大量编写《油库业务工作手册》素材的来源、准确性无法确定及他编写的意图很难完全准确理解，所以只好放弃继续完成这本巨著。但是其中很多素材是非常有价值的，再加上自己完成的部分书稿和积累的资料和调研成果，于是和石油工业出版社副总编辑章卫兵、首席编辑方代煊一起策划了《油库技术与管理系列丛书》。全套丛书共 13 个分册，从油库使用与管理者实际工作需要出发，收集了国内外油库管理及建设的新知识、新技术、新工艺、新标准、新设备和新材料，总结了国内油库管理的新经验和新方法，涵盖了油库技术与业务管理的方方面面。希望这套丛书能为读者提供有益的帮助。

马秀让

2016.9